舟曲蜜源植物图志

王了德 主编

甘肃科学技术出版社

图书在版编目(CIP)数据

舟曲蜜源植物图志 / 王了德主编. -- 兰州 : 甘肃科学技术出版社, 2022. 12

ISBN 978-7-5424-2993-3

Ⅰ. ①舟… Ⅱ. ①王… Ⅲ. ①蜜粉源植物-植物志-舟曲县-图谱 Ⅳ. ①S897-64

中国版本图书馆CIP数据核字(2022)第238267号

舟曲蜜源植物图志

王了德 主编

责任编辑 陈 槟

封面设计 雷们起

出 版 甘肃科学技术出版社

社 址 兰州市城关区曹家巷1号 730030

电 话 0931-8121576（编辑部） 0931-8773237（发行部）

发 行 甘肃科学技术出版社 印 刷 兰州万易印务有限责任公司

开 本 880mm×1230mm 1/16 印 张 35.75 字 数 300千

版 次 2023年3月第1版

印 次 2023年3月第1次印刷

印 数 1~1 000

书 号 ISBN 978-7-5424-2993-3 定 价 298.00元

序

舟曲县地处青藏高原、黄土高原、四川盆地结合部和川甘陕三省交界处，是藏汉文化的交汇带和长江水源涵养区，既有藏区的雄浑，又有江南的灵秀，资源富集，潜力巨大，素有“藏乡小江南”之称。属暖热带气候，冬无严寒，夏无酷暑。特殊的地理位置，形成了独特的生态环境，蜜源群类丰富，是甘肃省蜜源植物种类丰富、数量繁多的地区之一，气候温暖湿润，适宜于发展养蜂产业。

蜜源植物是蜜蜂赖以生存的物质基础，也是发展养蜂产业的基本条件，蜜蜂通过采集花蜜使植物得以更好的繁衍，蜜源植物和蜜蜂是相互依存，相互促进的。随着农牧村养蜂产业的日益发展，掌握当地蜜源植物种类、数量、面积、花期和合理载蜂量是非常必要的。积极发展、保护、利用蜜源植物，维护了生态的平衡，对保护异花授粉植物的多样性、净化生态、美化城乡环境、传花授粉增加农作物产量等都具有重要意义，是践行“绿水青山就是金山银山”科学论述的有力举措。对发展养蜂生产、促进农民增收、助推产业扶贫具有重要意义。

编者通过多年在全县实地系统地调查蜜源植物的基础上，编写了《舟曲蜜源植物图志》一书，该书图文并茂，通俗易懂，共收集记载舟曲境内的500多种蜜源植物，对蜜源植物的形态特征、生境分布、开花期限、泌蜜规律和利用价值进行了描述，这对帮助当地农牧民识别蜜源、了解蜜源、发展养蜂产业具有十分重要的参考价值。特别是中华蜜蜂善于利用零星蜜源、林区蜜源的特点，充分发挥中华蜜蜂特性，加大对中华蜜蜂资源开发，有利于指导当地群众充分利用蜜源开展蜜蜂养殖，增强养蜂积极性，提高科学养蜂技术水平。

《舟曲蜜源植物图志》一书，还倡导开发人工蜜源种植，结合退耕还林和美丽乡村建设，实施乡村振兴战略，开展蜜源植物种植，对于舟曲养蜂具有重要的意义。如种植油菜，既可以秀美山川，提供油料，油菜花粉又能为蜜蜂春季繁殖提供良好的蛋白质饲料；在舟曲县全境，可在公路沿线或者撂荒的山地、河滩，人工种植草木樨、波斯菊等花期较长的鲜花，既可美化环境，促进乡村旅游发展，又能为蜜蜂补充蜜源植物；在博峪等地人工种植纹党，生产特色商品党参蜂蜜，市场开发潜力巨大，打造特色蜂蜜品牌优势明显;种植农作物荞麦，既是鲜美的小杂粮，又是非常好的秋季蜜源植物，对繁殖越冬蜂，留足越冬饲料，蜂群安全越冬有着非常重要的作用。该书的出版，既适合蜜蜂养殖者学习利用蜜源，又能促进相关部门保护开发蜜源，还能帮助少数民族地区进一步提高养蜂技术和养蜂兴趣,对促进舟曲蜂产业的持续、健康、稳定发展意义重大，也将对甘肃省蜜源保护与开发，推动蜂产业稳步有序发展起到良好作用。

特此作序，以致祝贺！

甘肃省养蜂研究所正高级畜牧师

2021年3月20日

前　言

蜜源植物是蜜蜂赖以生存的物质基础，也是发展养蜂产业的基本条件，是决定蜂群发展快慢、产量高低和养蜂成败的主要因素。蜜蜂通过采集花蜜而使蜜源植物得以更好的繁衍，蜜蜂和蜜源植物是相互依存，相互促进的。随着农牧村养蜂产业的日益发展，开展蜜源植物调查研究、掌握本地蜜源植物种类是十分必要的一项基础性工作。因此，发展蜜源植物，保护蜜源资源，普及蜜源植物知识，对发展养蜂及开发利用蜜源具有重要意义。

舟曲县是甘肃省的主要林区，蜜源植物种类丰富，气候温暖湿润，适宜于发展养蜂产业。为了让广大蜂农和科技人员掌握丰富的蜜源植物，达到普及蜜源植物知识的目的，充分保护和利用蜜源植物资源，推动舟曲养蜂事业的发展，按照县政府安排部署，我们对舟曲县境内的蜜源植物进行了专题调查，编写完成了《舟曲蜜源植物图志》一书。

本书共收集记载舟曲境内的蜜源植物87科、262属、528种，其中：主要蜜（粉）源植物42种，辅助蜜（粉）源472种，有毒蜜（粉）源14种；科按恩格勒系统排序，属、种按习性相近排列。本书重点论述了这些蜜源植物的形态特征、生境分布、主要用途、花期和蜜源利用价值。对于可生产商品蜜、粉的主要蜜源植物，还描述了其花粉形态、泌蜜规律及蜜的质量。舟曲县域内的蜜（粉）源植物包括种植作物有油菜、荞麦、玉米、豆类、党参、各类果树等；野生蜜（粉）源植物有椴属、槭属、柳属、荆条、草木樨、白花草木樨，紫苜蓿、香薷、白刺花等。对县内有分布或引种栽培，但数量少的蜜源植物没有记录，如：七叶树、紫荆、箭杆杨、毛枝垫柳、龙爪柳、西府海棠等。

《舟曲蜜源植物图志》一书内容丰富，插图清晰，图文并茂，可供养蜂、农学、林业、植保、畜牧、医药等部门工作的同志们参考。

本书在编写过程中，得到甘肃省蜜蜂研究所、舟曲县农业和农村局、舟曲县林业站、舟曲县畜牧草原站等有关单位的大力支持，感谢甘肃农业大学林学院孙学刚教授、刘晓娟副教授对标本进行了鉴定，并对本书进行了详细地审阅和指导，感谢甘肃省养蜂研究所正高级畜牧师祁文忠、迭部林技站站长正高级工程师毛王选同志提出宝贵的修改意见；感谢孙学刚教授、西双版纳植物园朱仁斌博士、成都生物所胡珺博士提供了部分照片；本书的顺利出版也得到了甘肃科学技术出版社的大力帮助和支持，这既是对本书的肯定，也是对编者的鼓励，在此一并表示衷心的感谢！

林业工作是艰辛的，个中辛苦无以言表，三十多年来的林业基层调查、研究工作为本书的编写奠定了基础，本书的出版也算是践行生态文明重要思想、对自己从事林业工作的记忆吧！

由于本人专业水平有限，加上编写完成的时间短促，蜜源植物种类记录不正确的地方必不可免，望各位同行及养蜂专家给予批评指正。此外，还有很多工作，如主要蜜源植物的种类还不够全面，有些种类的分布、数量、泌蜜规律和流蜜总量等不能做到详细记录，在今后的工作中有待进一步完善，望同仁们加以补充，为发展养蜂事业而努力。

2021年6月8日

目　录 / content

三十、蔷薇科 Rosaceae

一、银杏科 Ginkgoaceae

1.银杏属 *Ginkgo biloba L.*

(1)银杏 *Ginkgo biloba* Linn

形态特征：落叶乔木，枝分长枝与短枝。叶扇形，在长枝上螺旋状排列散生，在短枝上成簇生状。球花单性，雌雄异株；雄球花具梗，葇荑花序状，雄蕊多数，螺旋状着生；雌球花具长梗。种子核果状，常为椭圆形或近圆球形，外种皮肉质。

生境分布：八楞乡花园沟村有一丛古树，现白龙江流域沿河川各乡镇、新老城区绿化有栽培。

用途：木材可供建筑、雕刻等用。种子入药，可食用；叶可制杀虫剂；树皮含单宁。适作庭荫树、行道树或孤植树。

花期及蜜源利用价值：花期3~4月，粉量丰富，有利于群蜂的春季繁殖，但境内栽培少，可为中蜂的早春重要辅助粉源。

2.云杉属 *Picea Dietr.*

(2)云杉 *Picea asperata* Mast.

形态特征：乔木，高达45米，胸径达1米；树皮裂成不规则的鳞片状脱落；小枝基部宿存芽鳞的先端向外反曲。叶四棱状条形，螺旋状排列，横切面四方形，四面有气孔线。雌雄同株，雄球花单生叶腋，下垂；雌球花单生枝顶，常呈淡紫红色至紫红色。球果圆柱状矩形或圆柱形，成熟前绿色，熟时淡褐色或栗褐色；种子倒卵圆形，具长翅，种翅淡褐色，倒卵状矩圆形。球果9~10月成熟。

生境分布：生于海拔2200~3000米地带，分布曲瓦沟、磨沟、瓜咱沟、黑峪沟、拉尕沟及拱坝河流域各沟系中上部林区。

用途：木材优良，供建筑等用。树皮含单宁；树干可取松脂。

花期及蜜源利用价值：花期4~5月，有粉无蜜，粉量中等，可为山区辅助粉源。

(3)青海云杉　*Picea crassifolia* Kom.

形态特征：常绿乔木，高达25米，胸径70厘米；二年生枝粉红色或淡褐黄色，通常有白粉（尤以叶枕顶端的白粉显著）；小枝基部宿存芽鳞的先端常开展或反曲。叶较粗，四棱状条形，四面有气孔线。雄球花柔荑状，单生叶腋，雌球花顶生，淡紫红色至紫红色；球果圆柱形或矩圆状圆柱形，成熟前种鳞上部边缘紫红色；种子斜倒卵圆形，种翅倒卵形。球果9～10月成熟。

生境分布：生于海拔2800～3500米地带，分布于曲瓦、磨沟及拱坝河流域各沟系林区，峡子梁、西岔梁等地也有人工栽培。

用途：材质优良，供建筑等用。树皮含单宁；树干可取松脂。

花期及蜜源利用价值：花期4～5月，粉量中等，可为山区辅助粉源。

3.落叶松属 *Larix*

(4)红杉　*Larix potaninii* Batal.　土名:理木

形态特征：落叶乔木，树高达50米，胸径1米；树皮纵裂粗糙；小枝下垂，幼枝有毛；有长、短枝。叶倒披针状，窄条形，表皮有乳突。着生雄球花的短枝通常无叶，雄球花长5~7毫米；雌球花紫红色或红色，生于有叶短枝的顶端，球果短圆柱形或矩圆状圆柱形，熟时紫褐色或淡灰褐色。种子斜倒卵形，淡褐色，具不规则的紫色斑纹，种翅倒卵形。球果10月成熟。

生境分布：生于海拔2400~4000米的山脊地带组成纯林或与其他针阔叶树混生，分布曲瓦沟、沙滩林场、大海沟、嘎儿沟、插岗沟等地。

用途：材质优良，供建筑、桥梁、家具等用。树干可割取松脂；树皮可提栲胶。

花期及蜜源利用价值：花期4~5月，粉量中等，可为山区辅助粉源。

(5)华北落叶松 *Larix gmelinii var. principis-rupprechtii* (Mayr) Pilger .

形态特征：落叶乔木，高达30米，胸径1米；树皮不规则纵裂，成小块片状脱落；小枝不下垂，有白粉；叶窄条形，在长枝上螺旋状散生，短枝上簇生。雌雄同株，单生短枝顶端。球果长卵圆形或卵圆形，熟时淡褐色或淡灰褐色，中部种鳞近五角状卵形；苞鳞较种鳞短，暗紫色；种子斜倒卵状椭圆形，具不规则的褐色斑纹，种翅上部三角状。球果10月成熟。

生境分布：全县各乡荒山造林、退耕还林都有栽培，面积大，长势良好。

用途：木材优良，供建筑、桥梁、家具等用。

花期及蜜源利用价值：花期4～5月，粉量丰富，可为山区主要粉源。

4.松属 *Pinus*

(6)华山松 *Pinus armandii* Franch. 土名:小黄松

形态特征：乔木，高达35米；幼树树皮灰绿色或淡灰色，平滑，老则呈灰色，裂成方形厚块固着于树干上；一年生枝绿色或灰绿色，无毛，微被白粉；针叶5针一束，边缘具细锯齿。雄球花黄色，卵状圆柱形，多数集生于新枝下部呈穗状。球果圆锥状长卵圆形，幼时绿色，成熟时黄色或褐黄色，种鳞张开，种子脱落；种子黄褐色或黑色，无翅或两侧及顶端具棱脊。球果第二年9～10月成熟。

生境分布：生于海拔1700～2850米地带山坡杂木林中。各乡境内林区都有零星分布，在城关庙沟武坪那下桥、插岗角里山、曲告纳天干沟、八楞冷水泉、南峪黑松坪等地有小片纯林。

用途：材供建筑用。树干可割取树脂；树皮可提取栲胶；针叶可提炼芳香油；种子食用，亦可榨油供食用或工业用油。

花期及蜜源利用价值：花期4～5月，粉量丰富，但粉质差，然而蜜蜂爱采，对蜂群繁殖有一定作用，可为山区主要粉源。

(7)油松　*Pinus tabulaeformis* Carr.

形态特征：乔木，高达25米，胸径可在1米以上；树皮灰裂成不规则较厚的鳞状块片；小枝较粗，幼时微被白粉。针叶2针一束，深绿色，粗硬，边缘有细锯齿；横切面半圆形。雄球花圆柱形，在新枝下部聚生成穗状，雌球花圆形，紫色。球果卵圆形，向下弯垂，熟时淡黄色或淡褐黄色；种子卵圆形或长卵圆形，淡褐色有斑纹。球果第二年9～10月成熟。

生境分布：生于海拔1700～2600米阳坡地带，各乡镇境内都有零星分布，插岗掌坪、曲告纳铁坝沟、立节占单等乡镇有天然纯林。曲瓦黑黑、大沟，城关庙沟、武坪那下桥村有人工栽培。

用途：材质坚硬，供建筑、桥梁等用。树干可割取树脂，提取松节油；树皮可提取栲胶。松节、松针（即针叶）、花粉均供药用。

花期及蜜源利用价值：花期4～5月，粉量较少，可为山区辅助粉源。

三、柏科 Cupressaceae

5.侧柏属 *Platycladus*

（8）侧柏　*Platycladus orientalis* (Linn)Franco. 土名 扁柏

形态特征：乔木，高达20米，胸径1米；树皮薄，初时红褐色，老时灰褐色，纵裂成条片；小枝扁平，并排成一平面。叶鳞形，先端钝。雄球花黄色，卵圆形；雌球花近球形，蓝绿色，被白粉。雌雄同株，球花单生枝顶。球果当年成熟，近卵圆形，成熟前近肉质，蓝绿色，被白粉，成熟后木质，开裂，红褐色；种鳞4对，中部2对种鳞各有种子1～2；种子长卵圆形，无翅。球果10月成熟。

生境分布：城关黄土山有成片栽培面积，各乡镇境内有零星栽培，在八楞下半山等村有百年古树。

用途：种子、根、枝、叶、树皮供药用；种子可榨油。

花期及蜜源利用价值：花期4月，花粉球形，量丰富，对早春蜂群繁殖有一定作用。

四、杨柳科 SalicaceaeSalicaceae

6.杨属 *Populus*

(9) 山杨 *Populus davidiana* Dode 土名 火白杨

形态特征：落叶乔木，高20米。树皮光滑，灰绿色或灰白色。萌枝被柔毛；顶芽具数枚鳞片，无毛，微有黏质。单叶互生，三角状卵圆形或近圆形，长、宽近相等，边缘具密波状浅齿，发叶时显红色；萌枝叶三角状卵圆形，下面被柔毛；叶柄侧扁。花单性；雌雄异株；具花盘；柔荑花序轴被疏毛或密毛，下垂；雄花序长5~9厘米，花药红色；雌花序长4~7厘米；子房上位，柱头2深裂，带红色。果序长达12厘米，蒴果卵状圆锥形，2瓣裂。果期5~6月。

生境分布：生于海拔1800~2800米的山坡。常形成小面积钝林或与其他树种形成混交林。分布广，分布各乡镇山坡、沟系林区。

用途：木材供造纸、火柴杆及民用建材；树皮入药可提取栲胶。

花期及蜜源利用价值：花期4月，花粉球形，量丰富，对早春蜂群繁殖有一定作用。

(10)小叶杨 *Populus simonii* Carr.

形态特征：落叶乔木，高达20米。树皮幼时灰绿色，老时暗灰色，沟裂。幼时小枝及萌枝具明显棱脊；老树无毛；顶芽具数枚鳞片，具黏质。单叶互生，叶片菱状卵形、菱状椭圆形，中部以上较宽，叶缘平整，具细锯齿，无毛；叶柄圆筒形。花单性，雌雄异株；柔荑花序；无花被；具杯状花盘；雄花序长2~7厘米，花序轴无毛；雌花序长2.5~6厘米；子房上位，柱头2裂。果序长达15厘米，蒴果2~3瓣裂，无毛。花期3~4月，果期4~6月。

生境分布：生于海拔1400~2400米的沟谷两岸，耐寒耐旱。在白龙江各支沟系及黑峪沟、拱坝河河谷等有分布。

用途：木材供建筑、器具、造纸等用。

花期及蜜源利用价值：花期3~4月，花粉量少，花粉粒近球形，可做早期辅助粉源，有利于群蜂繁殖。

(11)青杨 *Populus cathayana* Rehd.

形态特征：落叶乔木，高达30米。树干初时光滑，灰绿色，老时沟裂；枝有长短枝之分，圆柱形，有时具角棱，无毛；顶芽具数枚鳞片，无毛，多黏质。单叶互生，短枝叶片卵形、椭圆形或狭卵形，最宽处在中部以下，叶缘具腺锯齿，齿细圆钝，上面亮绿色，下面绿白色，叶脉两面隆起，无毛；叶柄圆柱形无毛；长枝或萌枝上的叶较大，叶片卵状长圆形，基部常微心形；花单性；雌雄异株；柔荑花序；无花被；雄蕊30～35；花药2室，纵裂；柱头2～4裂。蒴果卵圆形，3～4瓣裂，稀2瓣裂。花期3～5月，果期6～7月。

生境分布：生于海拔1800～2500米的沟谷、河岸和阴坡山麓。分布于白龙江、拱坝河流域河谷两岸山坡、村庄四旁，常见种。

用途：木材供建筑、家具等用。

花期及蜜源利用价值：花期3月中旬至4月，有粉无蜜，粉量中等，为早春辅助粉源。

(12)冬瓜杨 *Populus purdomii* Rehd. 土名 水白杨

形态特征：落叶乔木，高达30米。树冠圆形，树皮幼时灰绿色，老时暗灰色，纵裂，呈片状。小枝圆柱形，无毛，浅黄褐色或灰色；芽急尖，顶具数枚鳞片，无毛，具黏质。单叶互生，叶片卵形或宽卵形，叶缘具细锯齿或圆锯齿，齿端具腺点，被缘毛，上面亮绿色，沿脉被疏柔毛，下面带白色，沿脉被毛，后渐脱落；萌枝叶长卵形，长达25厘米，宽5厘米。花单性；雌雄异株；柔荑花序；无花被；具花盘；苞片撕裂状。果序3~4瓣裂。花期4~5月，果期5~6月。

生境分布：生于海拔2000~2700米的杂木林中或山谷和小溪旁。分布曲瓦沟、磨沟、插岗沟、卡子沟、天干沟等林区。

用途：木材优良，可供建筑、家具及造纸等用。

花期及蜜源利用价值：花期4~5月，花粉圆球形，花粉粒不具萌发孔，粉量中等，为辅助粉源。

（13）新疆杨 *Populus alba var.* pyramidalis Bge.

形态特征：落叶乔木，高达30米。树皮灰白或青灰色，光滑少裂。单叶互生，在长枝上大，掌状深裂；短枝叶圆形，波状或有粗缺齿，下面绿色几无毛。花异株，葇荑花序，雄花有雄蕊6~8个；花药粉色。蒴果；种子小，有毛。

生境分布：各乡镇境内有栽培。

用途：木材供建筑、家具及造纸用。皮含单宁；可做绿化树种。

花期及蜜源利用价值：花期4~5月，有蜜有粉，花粉粒不具萌发孔，圆球形，有利于蜂群的春季繁殖。本属植物毛白杨花粉丰富，也是较好的粉源植物。

7、柳属 *Salix*

(14)小叶柳 *Salix hypoleuca* Seem.

形态特征：落叶灌木，高1～3米。枝暗棕色，无毛，枝无顶芽；单叶互生，叶片椭圆形、披针形或椭圆状长圆形，无毛，叶脉明显突起，全缘；花单性，雌雄异株；柔荑花序；无花被；雄花序梗长2.4～4.5厘米，轴无毛或有毛；雄蕊2，花丝中下部被长柔毛，花药球形，黄色；腺体1，腹生，长为苞片的一半；雌花序长2.5～5厘米，密花；花柱2裂，柱头短。蒴果卵圆形，近无柄。果期5～6月。

生境分布：生于海拔2700～2900米的山谷阴坡。分布曲瓦沟、大峪沟瓜咱沟、黑峪沟、磨沟及拱坝河流域各沟系林区。

用途：根、叶入药。

花期及蜜源利用价值：花期5月，花药球形、花粉长球形，均为黄色。蜜腺位于雄蕊基部，粉量中等，泌蜜较多，为山区重要辅助蜜源。

(15)黑水柳　*Salix heishuiensis* N. Chao

形态特征：灌木，高达4米。当年生小枝纤细，被灰色绒毛，二年生枝被毛。叶狭披针形至狭长椭圆形，基部楔形，上面初有绒毛，后毛渐脱落，下面密被平伏柔毛，边全缘或有不明显的细腺齿；叶柄细有毛。花序轴有绒毛，密花，花序梗极短无叶或有1～2小叶；雄蕊2，离生；腹腺短圆柱形，背腺小或缺；苞片倒卵状椭圆形，仅基部有毛；子房无柄，无毛，柱头短，2裂，头状。蒴果，柄极短。

生境分布：生于海拔2000～2800米的山坡或山沟。分布曲瓦沟、大峪沟、瓜咱沟、黑峪沟、磨沟及拱坝河流域各沟系林区。

花期及蜜源利用价值：花期5～6月，花粉长球形，黄色，量中等，为山区的辅助蜜源。

（16）乌柳 *Salix cheilophila* Schneid.

形态特征：落叶灌木或小乔木，高5米。小枝带紫色或黑红色，初时被贴生丝毛或柔毛，后无毛；枝无顶芽。单叶互生，叶片条形或条状倒披针形，边缘外卷，上半部具疏生腺细齿，下半部近全缘，下面灰白色，密被绢状毛；中脉显著突起。花单性，雌雄异株；柔荑花序；无花被；花序与叶同时开放；总花梗基部具2~3小叶；花序轴密被长柔毛；花多而密；雄蕊2，花丝合生；花药4室；腺体1，腹生，狭长圆形，先端浅2裂，雌花序花多而密；花柱短近无，柱头小；腺体同雄花。果期5月。

生境分布：生于海拔1800~2800米的山坡、山谷和河岸阴湿处。分布黑峪沟、曲瓦沟、大峪沟及拱坝河流域各支沟林区。

用途：枝条可供编织。

花期及蜜源利用价值：花期4~5月，花粉长球形，黄色，蜜腺在雄蕊基部，有蜜有粉，为辅助蜜源。

（17）甘肃柳　*Salix fargesii Burk.var. kansuensis* (Hao) N. Chao

形态特征：落叶小乔木或灌木，小枝紫色，当年生枝通常在基部被丝状毛；枝无顶芽。单叶互生，窄卵形或近椭圆形，叶缘具微锯齿，下面叶脉疏被柔毛或白丝状长柔毛；叶柄常具数枚腺体。花单性，雌雄异株；柔荑花序直立；无花被；花序生于有叶的顶端，花序长6~8厘米，具总花梗；腺体2；雄花序长4~6厘米；雄蕊2，无毛；花丝无毛，腹腺长方形；背腺甚小，宽卵形。雌花序长7~10厘米，花柱2，上部2裂，柱头2裂，仅1腹腺。蒴果长圆状卵形，具短梗，种子有毛。果期6月。

生境分布：生于海拔2000~2600米的灌木林、山谷溪旁和林缘处。分布曲瓦沟、磨沟、南峪沟、沙滩、角儿桥、卡子沟等林区。

花期及蜜源利用价值：花期4~5月，花药黄色，花粉近长球形，黄色，常具3拟孔沟，粉量中等，为辅助粉源。

(18)康定柳 *Salix paraplesia* Schneid.

形态特征：落叶乔木，高6~7米。枝带紫色或灰色，无毛。单叶互生，倒卵状椭圆形或椭圆状披针形，两面均无毛，叶缘具明显的细腺锯齿；叶柄先端具明显的腺点。花单性，雌雄异株；柔荑花序；无花被；花叶同时开放，密生；花序梗长，具3~5叶；花序轴被柔毛；雄花序长3.5~6厘米；雄蕊5~7枚，花丝基部被柔毛，花药宽椭圆形或近球形；黄色，具腺体2，背腺2~3浅裂，腹腺较小，先端2裂；雌花序长2~4厘米；子房上位，长卵形或卵状圆锥形，花柱和柱头都明显，2裂；雌花具背腹腺1~2，或2深裂。蒴果卵状圆锥形；花期4~5月，果期6~7月。

生境分布：生于海拔2300~3000米的河谷。分布黑水沟、大峪沟、黑峪沟及拱坝河流域林区。

用途：木材可制器具。

花期及蜜源利用价值：花期4~5月，有蜜露，蜜腺在雄蕊基部，花粉近长球形，黄色，粉量中等，可为辅助粉源。

变狭叶康定柳 *S.paraplesia* Schneid.f.lanceolatac.Wang et C.Y.Yu也为蜜粉源植物、粉量中等，可为辅助粉源植物。

(19)长叶柳　*Salix phanera* Schneid.

形态特征：大灌木或小乔木，小枝初密白色绵状毛，后变无毛。叶卵状披针形，椭圆形，椭圆状披针形，先端渐尖或纯，基部宽楔形至近心形，上面特别是脉上被白色绒毛，下面初被白色厚绵毛，后脱落，边缘有细腺齿，花序长约10厘米，花序梗具正常叶，轴有密绒毛；雄蕊2，花丝分离，腹腺通常2深裂，背腺近线形；子房密被绒毛、无柄、花柱明显、柱头2裂；果序粗、朔果被绒毛、无柄。

生境分布：生于海拔2000~3000米的山岐、沟溪旁。分布沙滩人命池沟、花草故、撞岗沟、嘎里沟、曲瓦沟、大峪沟。

花期及蜜源利用价值：花期6~7月，粉量中等，可为辅助粉源。

（20）旱柳 *Salix matsudana* Koidz.

形态特征：落叶乔木，高达18米。树皮具裂沟；枝无顶芽，幼枝被毛；单叶互生，叶片披针形，叶缘具细腺锯齿，幼叶被丝状柔毛；花单性异株；柔荑花序；具苞片；花序与叶同时开放；雄花序圆柱形，雄蕊2，苞片卵形，基部微被短柔毛；腺体2，雌花序长约2厘米，具3~5小叶；子房上位，长椭圆形，无花柱或很短，柱头卵形，近圆裂，苞片同雄花；腺体2，背生和腹生。蒴果2瓣裂。花期3~4月，果期4~5月。

生境分布：多为栽培种，各乡镇境内都有栽培。

用途：木材可作家具，枝条供编织。

花期及蜜源利用价值：花期3~4月，花粉、花药黄色，花粉近长球形，具3拟沟。为低温型蜜源植物，蜜粉较充足，蜜腺位于雄蕊基部。花期长，采集容易，是早春优良的蜜源之一。蜂群能够饲料自足，在分布集中区花期可取到少量商品蜜。

21.垂柳 *Salix babylonica* Linn.

形态特征：乔木，高12~18米,树皮灰黑色，不规则开裂；枝细，下垂，无毛。单叶互生，狭披针形或线状披针形，缘有锯齿；葇荑花序，花序先叶开放，或与叶同时开放；雄花序长1.5~2 (3)厘米；雄蕊2，花药红黄色；苞片披针形，外面有毛；腺体2；雌花序长2~3(5)厘米，基部有3~4小叶；子房椭圆形，无柄或近无柄，花柱短，柱头2~4深裂；苞片披针形，外面有毛；腺体1。蒴果2裂，带黄褐色。果期4~5月。

生境分布：耐水湿，也能生于干旱处。全县有栽培，为道旁、水边等绿化树种。

用途：木材可供制家具；枝条可编筐；树皮含鞣质，可提制栲胶。枝、叶、花、果可入药。

花期及蜜源利用价值：花期3~4月，花粉黄褐色，粉量中等，可为辅助粉源。

(22)匙叶柳 *Salix spathulifolia* Seem.

形态特征：落叶灌木，枝无顶芽，无毛；单叶互生，倒卵状长圆形、狭倒卵状椭圆形，上面深绿色，幼时被毛，后无毛，下面苍白色或被白粉，初被灰色绢状柔毛；叶缘具不规则的细锯齿。花单性，雌雄异株；花先叶开放；雄花序长2～4厘米，雄蕊2，离生；苞片宽椭圆形，具背腺和腹腺；雌花下垂，长4～6.5厘米，花密集；子房上位，卵形，花柱细长，2深裂，常扭曲，柱头2裂；腺体1，宽卵形或截形，腹生。蒴果卵状长圆形，密被灰白色柔毛；无柄或具短柄。花期5月，果期6月。

生境分布：生于海拔2400～2800米的高山灌丛或林缘。分布大峪沟、黑峪沟及拱坝河流域各支沟林区。

用途：供薪柴及水土保持之用。

花期及蜜源利用价值：花期5月，花药黄色，花粉粒近长球形，黄色。蜜量少，蜜腺位于雄蕊基部，粉量中等，可作为辅助蜜源。

23.山毛柳 *Salix permollis C.* Wang et C. Y. Yu

形态特征：乔木或灌木。幼枝密被灰色柔毛，在分枝节上部叶腋和枝腋具白色绒毛。叶对生，稀近对生，披针形或椭圆状披针形，先端短渐尖，基部圆形，稀宽楔形，上面暗绿色，具白色丝状疏柔毛，下面淡白色，具白柔毛，两面中脉黄色，密被绒毛或柔毛，边缘有疏细齿；叶柄密被绒毛。花几与叶同时开放；雌花序对生，花序轴具柔毛，无花序梗；苞片椭圆形，黑色具长柔毛；子房卵形，具柔毛，柱头头状，4裂。蒴果卵状长圆形，具柔毛。果期4~5月。

生境分布：生于海拔1800~3000米的山沟、水边、灌丛。分布于黑水沟、铁坝沟、卡子沟。

用途：枝条柔韧，含水杨素，可供药用；也可用编筐等。

花期及蜜源利用价值：花期4月，花粉粒长球形。蜜腺位于雄蕊基部，蜜、粉少量，可作为辅助蜜源。

（24）皂柳 *Salix wallichana* Anderss.

形态特征：落叶灌木或乔木，枝灰褐色幼时被柔毛。单叶互生，倒卵圆状椭圆形或长圆状披针形，幼叶发红色，全缘或萌枝叶常有细锯齿，上面暗绿色，被柔毛，后无毛，下面苍白色，被毛。花单性，雌雄异株；柔荑花序；雄花序长2~4厘米，基部被疏柔毛；腹腺稍宽而短，苞片卵状长圆形，密被绢状毛；雌花序长2~5厘米，子房上位，条状长圆形；花柱短或无，柱头2，苞片与雄花苞片相同。蒴果被柔毛，开裂后，果瓣向外反卷。果期5~6月。

生境分布：生于海拔2000~3000米的山坡、沟边灌丛中。常见种，分布于黑峪沟、白龙江以南各沟系诸林区。

用途：枝条可用编筐，根可入药用。

花期及蜜源利用价值：花期4~5月，花药、粉黄色，花粉粒长球形或近长球形。蜜腺位于雄蕊基部，蜜、粉少量，可作为辅助蜜源。

（25）中国黄花柳　*Salix sinica* (Hao) C.Wang et C.F.Fang

形态特征：灌木或小乔木。当年生幼枝有柔毛，后无毛，红褐色。叶形多变化，一般为椭圆形、椭圆状披针形、菱形，幼叶有毛，后无毛，下面发白色，多全缘，在萌枝或小枝上部的叶较大，并常有皱纹，下面常被绒毛，边缘有不规整的牙齿。花先叶开放；雄花序无梗，宽椭圆形至近球形，开花自上往下；雄蕊2，离生，花丝细长，花药长圆形，黄色；苞片椭圆状卵形或微倒卵状披针形，两面被白色长毛；仅1腺，腹生；雌花序短圆柱形，无梗，基部有2具绒毛的鳞片，子房狭圆锥形，花柱短，柱头2裂，苞片椭圆状披针形，两面密被白色长毛；仅1腹腺。蒴果线状圆锥形，果柄与苞片几等长。果期6月。

生境分布：生于海拔2000米左右的山坡或林中，分布于曲瓦沟、大峪沟、黑峪沟、磨沟及拱坝、博峪河流域各支沟。

用途：木材可作家具，树皮可提取栲胶。

花期及蜜源利用价值：花期4月，花药、粉黄色，花粉粒长球形。蜜腺位于雄蕊基部，蜜、粉少量，可作为辅助蜜源。

(26)秦岭柳　*Salix alfredi* Gorz.

形态特征：落叶小乔木或灌木，高约4米，一年生枝无毛，幼时褐紫色，枝无顶芽。单叶互生，椭圆形或倒卵状椭圆形，幼叶中脉上被长柔毛，全缘。花单性，雌雄异株；柔荑花序；无花被；花叶同时开放，具短梗；雄花序长1～3厘米；雄蕊2，离生，花丝基部被柔毛，花药球形，黄色；腹腺1，狭卵形，稀分裂为2，有时偶具1小背腺；子房上位，卵圆形，密被白色长柔毛，具短柄，花柱短，柱头4浅裂，成冠状；苞片倒卵形，外面及边缘被长柔毛；腹腺1，扁条形。蒴果近球形，被稀疏短柔毛，2瓣裂，具明显的柄。果期7月。

生境分布：生于海拔2100～2700米的山坡、沟谷杂木林中或云、冷杉林缘。分布磨沟、曲瓦沟、卡子沟、铁坝沟、阿路沟、岔路沟。

花期及蜜源利用价值：花期5~6月，花粉黄色，具3拟沟，长球形或近长球形。粉量中等，可作为辅助粉源。

（27）中华柳　*Salix cathayana* Diels

形态特征：灌木，高0.6~1.5米，多分枝。当年生小枝具绒毛。叶长椭圆形或椭圆状披针形，上面深绿色，有时被绒毛，下面苍白色，无毛，全缘。雄花密，花序梗有长柔毛，通常具3个叶子，稀3枚以上；雄蕊2，花丝下部有疏长柔毛，花药黄色，宽椭圆形或近球形；苞片具缘毛；1腹腺；雌花序梗短，密花；子房无柄，无毛，花柱短，顶端2裂，柱头短，2裂。蒴果近球形，无柄或近无柄。果期6~7月。

生境分布：生于海拔1800~3000米的山谷及山坡灌丛中，分布于各乡镇境内。

花期及蜜源利用价值：花期4~5月，花粉黄色，宽椭圆形或近球形。粉量中等，可作为辅助粉源。

本属植物洮河柳 *Sali taoensis Goera ex Rthder et kobuski* 拉马山柳 *Sailx lamas hanensis Hao ex Fang et Skvorsov* 毛枝垫脚 *Salix hirticaulis Hard-mazz* 蜜粉少量，可作为辅助粉源植物。

五、胡桃科　uglandaceae

8.胡桃属　*uglans*

(28)胡桃　*Juglans regia* L.　别名:核桃

形态特征：落叶乔木，高达30米。树皮灰色，平滑。幼枝先端被细柔毛；枝髓片状。奇数羽状复叶互生，小叶近无柄，小叶片卵圆形至卵状长圆形，全缘或具不明显锯齿，下面脉腋被微毛。花单性，雌雄同株；雄花序为柔荑花序，下垂；雄花具2个小苞片和1~4花被片；雄蕊8~10枚；雌花单生或2~3朵簇生；具1不明显的苞片和4裂的花被片；子房下位，花柱短，柱头2裂，赤红色。核果状坚果球形，灰绿色，嫩时被腺毛，具芳香气，内部坚果球形，黄褐色，表面具不规则槽纹。种子肥厚。果期9~10月。

生境分布：县域内四旁、经济林果、退耕还林有成片大量栽培。

用途：果供生食及榨油，亦可药用；木材优良，是飞机、军械、家具的优良用材；内果皮可制活性炭；树皮及外果皮可提取栲胶。

花期及蜜源利用价值：花期4~5月，花药黄色；长球形或近长球形。粉量少，可作为辅助粉源。

（29）野核桃 *Juglans cathayensis* Dode 土名：山核桃

形态特征：乔木或有时呈灌木状，高达25米；幼枝灰绿色，被腺毛，髓心薄片状分隔；奇数羽状复叶，叶柄及叶轴被毛，具9~17枚小叶；卵状矩圆形或长卵形，边缘有细锯齿，两面均有星状毛。雄性葇荑花序生于叶痕腋内，花序轴有疏毛；雄花被腺毛，雄蕊约13枚，花药黄色，有毛。雌花序轴密生棕褐色毛，雌花排列成穗状,密生腺毛，子房卵形，花柱短，柱头2深裂。果实卵形或卵圆状，外果皮密被腺毛，内果皮坚硬，有6~8条纵向棱脊，棱脊之间有尖锐的刺状凸起和凹陷，仁小。果期8~10月。

生境分布：生于海拔1600~2400米的山坡、山谷杂木林中。分布于插岗沟、嘎里沟、拱坝卡子沟、铁坝沟、曲瓦沟、瓜咱沟、磨沟。

用途：果可榨油食用；木材坚实供建筑、家具用材；内果皮可制活性炭；树皮及外果皮可提取栲胶；叶子可制农药。

花期及蜜源利用价值：花期4~5月，花粉粒近扁球形，常具3~7孔，粉量中等，可作为辅助粉源。

9、枫杨属 Pterocarya

30.甘肃枫杨 *Pterocarya macroptera* Batal. 土名:麻柳

形态特征：落叶乔木，高15米，枝具片状髓；奇数羽状复叶互生，叶柄与叶轴同被短星状毛及柔毛；小叶片7~13，椭圆形至长椭圆状披针形，被细小鳞片和盾状腺体。花单性，雌雄同株；为下垂柔荑花序；雄花序3~4条各自芽鳞痕腋生出；雄花伸出的苞片及花被片构成，雄蕊16~18枚；雌花序单生于枝顶，花被片4；子房下位，1室，花柱2裂，胚珠1。坚果无柄，果翅由两小苞片发育而成，不整齐椭圆状菱形或近宽椭圆形。果期8~9月。

生境分布：生于海拔2300~2500米山沟和河谷杂木林中。分布广，曲瓦、大峪、黑峪沟、瓜咱沟、磨沟及拱坝河流域各林区都有分布。

用途：木材可供建筑及民用建材。

花期及蜜源利用价值：花期6月，花粉粒扁球形或近扁球形，常具3~7孔，粉量少，可作为辅助粉源。

六、桦木科 Betulaceae

10、桦木属 *Betula*

(31)矮桦　*Betula potaninii* Batal.

形态特征：落叶灌木或小乔木，枝棕灰色，被灰白色细毛，具狭长或圆形皮孔。单叶互生，叶片坚纸质、卵形或椭圆形，叶缘具不整齐的重锯齿，齿锐尖。花雌雄同株；柔荑花序下垂；雄花序无鳞片包被，每苞腋内具花3朵；雄花花被4，雄蕊2枚，花丝2深裂，各具1花药；雌花序每苞片内具3朵花，花无花被；子房上位，2室，花柱2。果序单生，直立；小坚果圆卵形，具极狭的翅，果期9~10月。

生境分布：生于海拔2400~3100米的高山多岩石处。分布于沙滩、卡子沟、瓜子沟、黑峪沟、三眼峪等地。

识别要点：叶缘具不整齐的尖锐重锯齿。

花期及蜜源利用价值：花期5~6月，粉量少，可作为辅助粉源。

(32)糙皮桦 *Betula utilis* D.Don

形态特征：落叶乔木，高达15米，树皮红褐色，呈薄层片状剥裂。小枝密被黄色或棕色树脂状腺体和短柔毛。单叶互生，卵形至卵状矩圆形，近革质，缘具不规则锯齿，两面均密具腺点。花雌雄同株；柔荑花序下垂；每苞腋内具花3朵；雄花花被片4，雄蕊2枚，花丝2深裂，各具1花药；雌花序每苞腋内具3朵花，花无花被；子房上位，2室，花柱2。果苞3裂，长5~8毫米，边缘及背部均被密柔毛，两侧裂片斜伸，近圆形或倒卵形；翅果卵形，果期7~8月。

生境分布：生于海拔2000~2300米的山坡杂木林中。分布于拱坝河流域各沟系及曲瓦沟、磨沟、瓜咱沟等林区。

用途：木材为建筑、家具等优良木材；树皮可提栲胶及蒸桦皮油。

识别要点：本种树皮较厚，小枝密具树脂腺体，密被长柔毛；叶下面沿脉被丝状长柔毛，脉腋被簇毛，可与红桦区别。

花期及蜜源利用价值：花期4~5月，花粉粒具盾状区，扁形具3孔，呈三角形，粉量中等，可作为辅助粉源。

（33）白桦 *Betula platyphylla* Suk.

形态特征：落叶乔木，高达20米。树皮白色，平滑。小枝灰绿色，无毛，具圆形皮孔及树脂腺体。单叶互生，卵状三角形或近菱形，叶缘具不整齐钝锯齿，两面侧脉间具腺点，尤以脉上为密。花雌雄同株，柔荑花序下垂；雄花常成对顶生，每苞腋内具花3朵；雄花花被4片，雄蕊2枚，花丝2深裂，各具一花药；雌花序单生下垂，每苞片内具3朵花，无花被，子房上位，2室，花柱2。果苞3裂；果翅狭椭圆形，小坚果倒卵圆形，果期9~10月。

生境分布：生于海拔2000~2800米的山坡，可形成小片纯林。分布于各乡镇境内林区。为本县主要的森林组成树种。

用途：树皮可提取焦油；干皮为解热药；木材为制家具和建筑的良材；叶可作黄色染料。

花期及蜜源利用价值：花期5~6月，花粉粒赤道观宽椭圆形，极面观具棱，具3孔呈三角形，色淡黄，粉量丰富，为主要粉源。

（34）红桦 *Betula albosinensis* Burk.

形态特征：落叶乔木，高达30米。树皮橘红色或紫红色，有光泽，薄纸片状剥落。小枝紫红色，具灰白色皮孔；单叶互生，卵形或卵状长圆形，叶缘具不规则重锯齿；花雌雄同株，柔荑花序，下垂；雄花花序圆柱形，苞片卵形，内具3朵花，花被4片，雄蕊2枚，花丝2深裂，各具一花药；雌花序无花被，雌花每苞片内具3朵花，子房上位，2室，花柱2。果序长圆状圆柱形；果苞3裂；小坚果倒卵状长圆形，具膜质翅，成熟时与果实同落，果期10月。

生境分布：生于海拔2000～2300米的山坡杂木林中，有时可形成纯林。分布于曲瓦沟、磨沟、瓜咱沟及拱坝、博峪河各沟系林区。

用途：树皮提取焦油及蒸桦皮油、栲胶，木材可制家具和胶合板；叶可作黄色染料。

花期及蜜源利用价值：花期6月，花粉粒具3孔呈三角形，粉量少，为辅助粉源。

七、榛科 Corylaceae

11、鹅耳枥属 *Carpinus*

(35)千金榆 *Carpinus cordata* Bl.

形态特征：落叶乔木，高约10米。树皮灰褐色。幼枝被细毛，老时无毛，具皮孔。单叶互生，叶片卵形或长圆状卵形，叶缘具不规则重锯齿，齿尖，被柔毛或无毛。雄花柔荑花序生于上年生枝顶；无花被；苞片长圆状卵圆形；雌花序生当年生枝顶。果序轴被密毛；苞片宽卵状长圆形，基部被长毛，上部及外缘具牙齿，具5条显著脉纹；内缘平坦，在基部有一大形内卷的裂片覆盖小坚果；小坚果卵圆形，棕褐色，具数条不明显的肋纹，果期9~10月。

生境分布 生于海拔1800~2400米的山坡、河谷杂木林中。分布于曲瓦沟、南峪沟、沙滩、角儿桥、铁坝沟等林区。

用途：木材可作农具；种子可榨润滑油；树皮含鞣质可提取栲胶。

花期及蜜源利用价值：花期5月，花粉粒赤道观宽椭圆形或近圆形，极面观近圆形具棱，具3~4孔，粉量中等，为辅助粉源。

（36）鹅耳枥　*Carpinus turczaninowii* Hance　土名:麦桑

形态特征：落叶灌木或小乔木，高达5米。树皮深褐色或浅褐色，浅裂。小枝初被细毛；单叶互生，卵形至宽卵形或卵状菱形，叶缘具不整齐重锯齿，上面无毛或沿脉被疏毛，下面脉上被毛。花单性，雌雄同株，雄柔荑花序生于上年生枝顶，下垂，无花被；雌花序生当年生枝顶。苞片近半卵形，具5～8条脉纹，外缘具锯齿状缺刻，内缘在顶端具1～3齿；小坚果卵圆形，略扁，无毛，果期9～10月。

生境分布：生于海拔1900～2400米的山坡、山谷沟边杂木林中，常与白桦、山杨等混生成林。各乡镇境内林区都有分布。

用途：为制农具和家具等用材。树皮和叶含鞣质可提取栲胶。种子可榨油，含油量达21%，供食用或工业用。

花期及蜜源利用价值：花期6月，花粉粒赤道观宽椭圆形或近圆形，极面观近圆形具棱，具3～4孔，粉量较多，为林区主要辅助粉源。

12.榛属 *Corylus*

（37）藏刺榛 *Corylus ferox Wall. var. thibetica* (Batal.) Franch.

形态特征：落叶小乔木，高达15米。树皮灰褐色。枝幼时被细毛，老时光滑，具灰色皮孔；单叶互生，宽卵形或倒卵形，叶缘具不规则的细重锯齿，有时具不显著的浅裂，上面疏被细毛。花单性，雌雄同株；雄花为柔荑花序，常下垂；雄花序圆柱形，数枚簇生；无花被；苞片幼时外部密被细毛；花药带紫红色；雌花序球状，每苞片内具2朵花；子房上位。果实3~6个簇生，组成刺状球体；总苞裂片针刺状；坚果球形，微偏，光滑，果皮骨质，果期9~10月。

生境分布：生于海拔2000~2800米的山坡杂木林中。分布于曲瓦沟、磨沟、卡子沟、瓜咱沟、沙滩、插岗等地。

用途：坚果含淀粉，可供食用也可榨油，供制肥皂、蜡烛等。

花期及蜜源利用价值：花期5月，花药紫红色，花粉粒扁形，具3~4孔，粉量丰富，利于群蜂的春季繁殖。

(38)毛榛　*Corylus mandshurica* Maxim.　别名:角榛

形态特征：落叶灌木，高4～5米。幼枝密被淡褐色绒毛，老枝具灰色皮孔；单叶互生，椭圆形或倒卵形，叶缘具重锯齿或具浅裂片，幼时两面密被灰色细毛。花单性，雌雄同株；雄花为柔荑花序，常下垂；雄花序2～3个并生于叶腋，外被密毛，无花被；雌花序球状，2～4朵簇生于小枝顶，通常2～3朵发育成果实；小苞片合生；子房上位；总苞片在坚果上部收缩成管状，外面密被粗毛及刺毛，先端具披针形裂片。坚果球形，包于总苞内不外露，果期9～10月。

生境分布：生于海拔2000～2800米的山坡杂木林下及灌丛中。分布于沙滩、插岗、拱坝卡子沟、真堆村、大年山、铁坝沟等地。

用途：坚果含淀粉20%左右，可食用；可榨油供食用和制肥皂、蜡烛等用；茎皮、叶和总苞均可提取栲胶；果壳可制活性炭。

花期及蜜源利用价值：花期5月，花粉表面具颗粒，赤道观宽椭圆形，极面观呈近三角形，常具3孔，粉量丰富，为重要的林区粉源。

（39）华榛　*Corylus chinensis Franch.*

形态特征：落叶乔木或小乔木，高达12米，树皮灰褐色，纵裂。小枝被细毛及腺毛；单叶互生，卵形至卵状长圆形，基部斜心形，叶缘具不整齐重锯齿，下面沿脉被短毛。花单性，雌雄同株；雄花为柔荑花序，常下垂；雄花序4~6个簇生，无花被；苞片菱形，外被短毛；雌花序球状，每苞片内具2朵花，小苞片合生；子房上位。果实4~6个簇生于小枝顶；总苞管状，于果实上部收缩，表面密被细毛及刺毛状腺体，顶端具腺形常向外反曲的裂齿；坚果球形，果期9~10月。

生境分布：生于海拔2500米左右的山谷杂木林中以及山谷的阔叶林内。分布于曲瓦沟、磨沟、瓜咱沟、沙滩、插岗、卡子沟等林区。

用途：木材为建筑、家具等优良木材。种子可食用或榨油。

花期及蜜源利用价值：花期4~5月，花粉赤道面观宽椭圆形，极面观三角形，常具3孔，粉量丰富，为重要的林区粉源植物。

(40)披针叶榛　*Corylus fargesii* (Franch.) Schneid.

形态特征：落叶小乔木，高达15米。树皮黄褐色，鳞片状裂开。幼枝初被短柔毛，后无毛。单叶互生，叶片坚纸质，长卵形或长圆状披针形，基部偏斜，边缘具不整齐重锯齿，两面均被稀疏长柔毛，脉上更密。花单性，雌雄同株；雄花为柔荑花序，常下垂；无花被，雄花序4~6个簇生，雌花序球状，每苞片内具2朵花；子房上位。果实常数个簇生；总苞管状，被黄色细柔毛，稀有刺毛状腺体，在上部极度收缩，顶端裂片向外反曲；坚果球形，果期9~10月。

生境分布：生于海拔1800~2300米的山坡和山沟杂木林中。分布于沙滩、插岗、卡子沟、铁坝沟、大峪沟、曲瓦沟、磨沟、瓜咱沟。

用途：树皮、叶和总苞可提取栲胶，种子可食用或榨油，制肥皂。

花期及蜜源利用价值：花期3~4月，花粉粒具3孔，表面具颗粒，粉量丰富，花期早，为重要的林区粉源植物。

(41)榛　*Corylus heterophylla* Fisch. ex Trautv.

形态特征：落叶灌木，高2米；树皮灰褐色。枝被腺毛，具白色皮孔。单叶互生，宽卵形或倒卵形，基部心形或圆形，边缘具重锯齿，下面沿脉被柔毛。花单性，雌雄同株；柔荑花序，下垂；雄花序2~3个簇生，圆柱状，无花被；苞片倒卵形，先端尖；雄蕊8枚，花药黄色；雌花无梗，2~6个簇生枝端，雌花花柱丝状，紫色，外露，子房上位，平滑无毛。坚果1~4个簇生，扁球形，上部露出；总苞叶状或钟形，长于果体，先端具不规则裂片。果期9~10月。

生境分布：生于海拔1600~2000米的山坡和沟谷两岸的杂木林及灌丛中。分布广，全县各乡镇境内都有分布。

用途：树皮、叶和总苞含鞣质可提取栲胶。叶可作柞蚕饲料，嫩叶晒干可为冬季猪饲料，种子含淀粉、油，可食用或榨油。

花期及蜜源利用价值：花期3~4月，花药黄色，花粉粒赤道面观宽椭圆形，极面观呈近三角形，粉量丰富，花期早，为重要的粉源植物。

13.虎榛子属 *Ostryopsis*

（42）虎榛子　*Ostryopsis davidiana (Baill.)* Decne.

形态特征：落叶丛生灌木，高2～3米。幼枝密被细毛并具腺点，老枝无毛。单叶互生，宽卵形，叶缘具不整齐重锯齿及不明显浅裂片；上面稍被短毛，下面密具小腺点和短柔毛，脉上较密。花单性，雌雄同株；雄花序为柔荑花序状；雄花无花被；苞片内具4～6枚雄蕊，花丝先端2裂，花药黄色；雌花序组成短穗状，每6～14个密集成簇，具总花梗；每苞片内具2朵花；雌花包于总苞内；花被附着于子房；子房下位，2室，每室含1枚胚珠；花柱深紫色，2裂，向外反曲。小坚果卵圆形，略扁，果期7～8月。

生境分布：生于海拔1900～2700米的山谷和山坡杂木林或灌丛中；分布广，分布于全县各地。

用途：种子可食用或榨油，供食用和制肥皂；枝条供编筐等，树皮及叶可提取栲胶。

花期及蜜源利用价值：花期4～5月，花药黄色，粉量中等，可做辅助粉源植物。

八、壳斗科 Fagaceae

14.栎属 Quercus

（43）刺叶高山栎 *Quercus spinosa David. ex* Franch. （铁橡树 铁匠木 刺叶栎）土名:黑铁匠

形态特征：常绿灌木或小乔木，高达4米。树皮粗糙。小枝密生，被星状短柔毛。单叶互生，叶片宽椭圆形或卵状长圆形，叶面不平整，侧脉间常具突起，叶缘具刺状锯齿，稀全缘，叶脉隆起。花单性，雌雄同株；雄花序为柔荑花序，下垂；单生或簇生于当年枝叶腋；花黄绿色；花被片4，被柔毛；雄蕊4枚，稀5枚；雌花单生或数朵簇生于当年生枝顶或上部叶腋；子房下位，花柱短，柱头3裂，壳斗碗状。坚果椭圆体状或近球形，果期10月。

生境分布：生于海拔1800～2400米的干旱石质山梁、山坡灌丛或杂木林中。分布于全县境内各林区。广布种。

用途：木材可作农具和民用建筑等用材；壳斗和树皮含鞣质，可提取栲胶；种子含淀粉，供食用或作酿酒的原料，也可作猪饲料。

花期及蜜源利用价值：花期5月，花粉粒具3孔沟，长球形或长球形，粉量丰富，可做主要辅助粉源植物。

（44）橿子栎 *Quercus baronii* Skan 土名：黄铁匠

形态特征：半常绿灌木或小乔木。幼枝较细初被柔毛，具皮孔；老干皮纵裂。单叶互生，近革质，披针形、卵状披针形或卵形，叶缘具4~7对刺状小齿，下面疏被星状毛或无毛，基部密被柔毛。花单性，雌雄同株；雄花序为柔荑花序，下垂,被粗硬毛；雄花的苞片卵状圆形，花被片4~5，与苞片均被疏柔毛；雄蕊2~4枚，无毛；雌花单生或3~7朵簇生，无梗，有时具短梗；子房下位；苞片反曲，被星状绒毛。坚果卵状长椭圆形或倒卵状长椭圆形，1/2至3/4高出壳斗，具宿存的花柱，果期10月。

生境分布：生于海拔1900~2200米的山坡、山脊或河沟岸边。常与毛黄栌、辽东栎等针阔叶树混生成，分布于各乡林区。

用途：种子含淀粉60%~70%，可食用或酿酒；树皮、壳斗含鞣质，可提取栲胶；木材可作家具、车辆及建筑用材。

花期及蜜源利用价值：花期4月，粉量中等，可做辅助粉源。

（45）辽东栎 *Quercus wutaishanica* Mayr. 土名:青冈

形态特征：落叶乔木，高达10米。树皮深纵裂。单叶互生，叶片倒卵状长圆形或倒卵状披针形，硬纸质，叶缘常具5~8对波状锯齿，两面常被星状柔毛或仅下面叶脉被疏星状柔毛。花单性，雌雄同株；雄花序为柔荑花序，生于当年生枝叶腋，雄蕊8枚；雌花3朵簇生或单生于当年叶腋；花被6浅裂，裂片半圆形；子房下位，花柱3个；壳斗碗状，苞片卵形，扁平，被短柔毛，覆瓦状紧密排列。坚果卵圆形或长椭圆体状，三分之一为壳斗包被。果期9月。

生境分布：生于海拔1700~2700米的山坡杂木中或成小片纯林。常见种，全县各乡镇境内都有分布。

用途：种子含淀粉，可作浆纱酿酒的原料，叶含鞣质，叶、壳斗可提取栲胶、也可养柞蚕。木材可供建筑、器具等。

花期及蜜源利用价值：花期5月，花粉粒具3孔沟，近长球形至长球形，粉量丰富，可做重要粉源植物。

九、榆科 Ulmaceae

15.榆属 *Ulmus*

(46)榆　*Ulmus pumila* Linn.

形态特征：落叶小乔木或灌木状，高达15米。树皮粗糙，纵裂。小枝被短柔毛或近无毛。单叶互生，叶成2列排列，叶片倒卵形至椭圆状披针形，叶缘具单锯齿，叶柄被毛。花两性，先叶开放，簇生于新枝基部；花被钟状，裂片4~5；雄蕊4~5枚，着生于裂片的基部，与裂片对生；花药离生，紫色，伸出于花被片之外，2室，纵裂；子房上位，由2心皮合生，2室，每室具一枚胚珠；花柱2。翅果倒卵形或近圆形，顶端凹陷，种子位于中央。果期5月。

生境分布：大川、南峪、城关、峰迭等乡沿河川各村有分布。

用途：为家具、农具、车辆及建筑用材；树皮(磨成粉为榆皮面)、幼叶、嫩果(榆钱)可食用；树皮纤维可代麻；种子可榨油。

花期及蜜源利用价值：花期3~4月，花药紫色，花粉粒具4~5孔，扁球形，粉量少，亦有少量蜜露，可为蜜蜂早期提供优质花粉，为早期重要的辅助蜜源。

(47)春榆 *Ulmus davidiana var. japonica (Rehd.)*Nakai 土名:榆木树

形态特征：落叶小乔木或灌木状，高可达10米。树皮浅裂。小枝被粗毛，常有发达的木栓质翅。单叶互生，叶成2列排列，叶片宽倒卵形或椭圆形，叶缘具重锯齿，被粗毛。花两性，5~9朵簇生，先叶开放；花被片4~5裂，绿色；雄蕊4，着生于裂片的基部，花药大，带黄玫瑰色，离生，2室，纵裂，雌蕊绿色，子房上位，由2心皮合生，1~2室，每室具一枚胚珠；花柱2。果翅宽倒卵状圆形，近圆形或宽椭圆形，两面及边缘均短柔毛，种子接近翅果凹缺处。果期5月。

生境分布：生于海拔1800~2200米的山谷、山坡杂木林中或地边。分布于武坪沙滩、插岗角儿桥、乔落河坝、卡子沟。

用途：木材可制器具；茎皮可用于造纸或代麻用。

花期及蜜源利用价值：花期4月，花药紫色，扁球形，粉量少，为辅助粉源。

（48）兴山榆 *Ulmus bergmanniana* Schneid.

形态特征：落叶乔木，高达26米；树皮纵裂，粗糙；当年生枝无毛，小枝无木栓翅；叶椭圆形、长圆状椭圆形、长椭圆形、倒卵状矩圆形或卵形，先端尖头边缘有明显的锯齿，上面幼时密生硬毛，萌发枝上的叶两面较粗糙，边缘具重锯齿。花两性，先叶开放，在去年生枝上排成簇状聚伞花序，或在混合芽而密集于当年生枝基部。翅果宽倒卵形、倒卵状圆形，果核部分位于翅果的中部或稍偏下，宿存花被钟形，上端4～5浅裂，裂片边缘有毛。果期4～5月。

生境分布：常生于海拔1500～2600米地带的山坡及溪边的阔叶林中。分布于曲瓦沟、瓜咱沟、磨沟、插岗嘎沟、拱坝卡子沟。

用途：木材坚实，可作家具、器具、车辆及室内装修等用材，树皮纤维可作糊料及造纸原料；果实可食，种子含油。

花期及蜜源利用价值：花期3～4月，花粉粒具萌发孔，具4～5孔，扁球形，可为蜂群早春繁殖提供优质花粉，利于蜂群春繁，为辅助粉源。

16.刺榆属 *Hemiptelea*

(49)刺榆　*Hemiptelea davidii* Planch.　土名:狼牙树

形态特征：落叶乔木或呈灌木状；树皮不规则的条状深裂；小枝被灰白色短柔毛，具粗而硬的棘刺；叶互生，具短柄，卵形，边缘有钝锯齿；托叶脱落；花杂性，具柄，1～4朵聚生于当年生的枝上；花萼杯状，4～5裂；雄蕊通常4，与萼裂片对生；果为一有半翅的小核果，基部为宿存的花被所包，在背侧具窄翅，翅端渐狭呈缘状。果期9～10月。

生境分布：常生于海拔2000米以下的坡地次生林中或村落路旁、土堤上、地坎边。分布于东山境内、果耶甘子沟、磨里、城关西半山、铁坝沟。

用途：嫩叶可食用。

花期及蜜源利用价值：花期5月，花药紫色，花粉粒具4～6孔，扁球形至近扁球形，粉量中等，为辅助粉源。

16.榉属 Zelkova

(50)大果榉　*Zelkova sinica* Schneid. 土名:抱洋树

形态特征：落叶乔木，高达20米。小枝常无毛；单叶互生，叶片卵形或卵状长圆形，叶缘具钝尖单锯齿，微尖，下面脉腋被簇生毛；叶柄密被柔毛。花单性，雌雄同株；花先叶开放；雄花簇生于当年生枝下部叶腋；花被片4~5，雄蕊4~5枚，花药背着；雌花单生于当年生枝的上部叶腋，花被片4~5；子房上位，无柄，1室，具下垂的胚珠一枚，花柱2个偏生，里面呈乳头状。核果较大，斜三角状，无毛；种子无胚乳。果期10~11月。

生境分布：生于海拔1400~2500米的山谷杂木林中，地坎、村旁。除大川、东山镇外，其余各乡镇境内都分布。

用途：材质坚硬而具弹性，可供造船、建筑、车辆及家具等用材。茎皮纤维强韧，可作人造棉、绳索及造纸的原料。种子可榨油。

花期及蜜源利用价值：花期3~4月，粉量中等，为早期辅助粉源。

本属植物榉树 *Zelkova settara*(Thunb)Makino 花期4~5月，粉量中等，也为辅助粉源。分布在大峪沟阿果坡、年藏沟、建立坝等地。

十、桑科　Moracaea

17、桑属　*Morus*

(51)蒙桑　*Morus mongolica (Bureau)* Schneid.

形态特征：落叶小乔木或灌木；含淡乳汁。树皮常被白粉；单叶互生，叶片卵形至长椭圆状卵形，叶缘具粗牙齿，齿尖具刺芒，两面皆无毛或被有细毛。花单性，雌雄异株；雄花被片4，暗黄色，背面及边缘均被长毛；雄蕊4，在花芽时内弯，花丝扁，花药2室，纵裂；雌花序矩圆柱状；雌花被管状，裂片3~4；子房上位，包于花被管中；花柱短，侧生，柱头2个。聚花果（葚果）初红色，后变黑色，稀白色带红，果期6月。

生境分布：生于海拔1900~2300米的干旱阳坡及干燥河谷。分布于各乡镇境内。

用途：根皮可入药，韧皮纤维可造高级纸张，脱胶后可作混纺或单纺原料。木材供制器具、家具及薪炭材。

花期及蜜源利用价值：花期4~5月，粉量中等，为辅助粉源。

（52）鸡桑　*Morus australis* Poir.

形态特征：落叶灌木或小乔木，高2～3米；含淡乳汁。树皮纵裂。嫩枝被疏毛；单叶互生，叶片卵形，叶缘不裂或有时3～5裂，具粗锯齿，上面粗糙，密被短刺毛，下面被稀疏粗毛。花单性，雌雄异株；雄花绿色，具短梗，花被片4，长卵形；雄蕊4，花丝扁，花药黄色，雌花序为球形头状，花序轴被柔毛；花被管状，裂片3～4，顶端边缘被微毛；子房上位，包于花被管中；花柱侧生，线形，柱头2裂，线状。聚花果(葚果)白色、红色或暗紫色，果期6～7月。

生境分布：生于海拔1400～2000米的山坡林下或灌丛中、田坎、路旁。分布于各乡镇境内林区。

用途：树皮纤维可造蜡纸和绝缘纸，也可制人造棉；叶可为蚕饲料；果实可生食，又可为酿酒、制醋的原料。

花期及蜜源利用价值：花期4～5月，粉量中等，可为辅助粉源。

(53)桑　*Morus alba* Linn.

形态特征：落叶灌木或乔木,高3~7米；含淡乳汁。单叶互生，卵形或广卵形，边缘锯齿粗钝，有时叶为各种分裂，下面脉腋被毛；花单性，雌雄异株，均排成穗状花序，花被片4，雄花花被片宽椭圆形，花丝在芽时内折，花药2室，花柱无，柱头2裂，聚花果卵状椭圆形，成熟时红色或暗紫色，果期5~8月。

生境分布：大峪、巴藏、大川等乡镇境内有成片栽培。其他乡零星栽植。

用途：树皮纤维可作纺织、造纸原料；根皮、果实及枝条入药。叶养蚕的主要饲料，并可作土农药。桑莲可以生食及酿酒，称桑子酒。

花期及蜜源利用价值：花期4~5月，花粉粒两侧对称或辐射对称，具2~4孔，扁球形至长球形，黄色，粉量中等，可促进蜂群繁殖，为辅助粉源。

18.构树属 *Broussonetia*

(54)构树 *Broussonetia papyrifera* (L.) L Herit.et Vent. 土名:构叶

形态特征：落叶乔木，含乳汁，高10～16米。小枝粗壮，密被绒毛。单叶互生，宽卵形至长圆状卵形，常有2～5深裂，叶缘具细锯齿或粗锯齿，上面被粗糙毛，下面被密柔毛。花单性，雌雄异株；雄花序为圆柱状柔荑花序，腋生；雄花具2～3小苞片，花被片4；雄蕊4；雌花序为球形头状花序；苞片棒状，先端毛笔状，花被管状，具3～4裂齿；子房上位，包于花被管中；花柱侧生，线状，被刺毛，具黏性。聚花果(葚果)球形，鲜红色，肉质。果期8～9月。

生境分布：生于海拔1500～1800米的山坡杂木林中，或林缘、路旁、沟旁。分布于曲瓦沟、大峪沟、果耶甘子沟，插岗、拱坝、铁坝等乡境内。

用途：树皮纤维为人造棉和各种纸的原料，亦可提取栲胶；叶可为猪饲料；果可食或酿造，果、叶、皮可入药。

花期及蜜源利用价值：花期4～5月，花粉粒两侧对称或辐射对称，具2～4孔，扁球形至长球形，有蜜有粉，量少，可为辅助蜜源。

19.葎草属 *Humulus*

(55)葎草　*Humulus scandens* (Lour.) Merr.

形态特征：缠绕草本，茎、枝、叶柄均具倒钩刺。叶纸质，对生，肾状五角形，掌状5~7深裂稀为3裂，长宽7~10厘米，裂片卵状三角形，边缘具锯齿；花单性，雌雄异株；雄花小，黄绿色，圆锥花序，雄蕊5枚；雌花序球果状，苞片纸质，三角形，顶端渐尖，具白色绒毛。瘦果淡黄色，扁圆形，成熟时露出苞片外。花期春夏，果期秋季。

生境分布：常生于沟边、荒地、林缘边。白龙江及拱坝、博峪河流域各沟系均有分布。

用途：本草可作药用，茎皮纤维可作造纸原料，种子油可制肥皂。

花期及蜜源利用价值：花期8~9月，花粉粒两侧对称或辐射对称，扁球形至长球形，粉黄色，量极多，对繁殖越冬蜂有重要作用，可为辅助粉源。

（56）啤酒花　*Humulus lupulus* Linn.

形态特征：多年生攀援草本，茎、枝和叶柄密生绒毛和倒钩刺。叶卵形或宽卵形，不裂或3~5裂，边缘具粗锯齿，表面密生小刺毛，背面疏生小毛和黄色腺点；叶柄长不超过叶片。雄花排列为圆锥花序，花被片与雄蕊均为5；雌花每两朵生于一苞片腋间；苞片呈覆瓦状排列为一近球形的穗状花序。果穗球果状；宿存苞片干膜质，果实增大，长约1厘米，无毛，具油点。瘦果扁平，每苞腋1～2个，内藏。

生境分布：生于沟谷、林缘和稀疏灌丛，分布于白龙江、拱坝河、博峪河流域各支沟系。

用途：果穗供制啤酒用，雌花药用。

花期及蜜源利用价值：花期7~8月，蜜、粉少量，可为辅助蜜源。

十一、蓼科 Polygonaceae

20.酸模属 *Rumex*

(57)酸模　*Rumex acetosa* Linn.

形态特征：多年生草本。茎直立，高40~100厘米，具深沟槽，通常不分枝。基生叶和茎下部叶箭形，全缘或微波状；茎上部叶较小，具短叶柄或无柄；托叶鞘膜质，易破裂。花序狭圆锥状，顶生，分枝稀疏；花单性，雌雄异株；花被片6，成2轮，雄花内花被片椭圆形，外花被片较小，雄蕊6;雌花内花被片果时增大，近圆形，全缘，基部具极小的小瘤，外花被片椭圆形，反折，瘦果椭圆形，具3锐棱，黑褐色，有光泽，果期6~8月。

生境分布：生于海拔1100~4100米的山坡、林缘、沟边、路旁。分布于各乡镇境内。

用途：全草供药用；嫩茎、叶可作蔬菜及饲料。

花期及蜜源利用价值：花期5~7月，花粉粒具3~4孔沟，扁圆球形至长球形；蜜、粉量较少，可为辅助蜜源。

21.蓼属 *Polygonum*

（58）水蓼　*Polygonum hydropiper* Linn.

形态特征：一年生草本，高40~70厘米。茎直立，多分枝，无毛，节部膨大。叶互生，披针形或椭圆状披针形，全缘具缘毛，两面无毛，具辛辣味；托叶鞘筒状，具短缘毛，通常托叶鞘内藏有花簇。总状花序呈穗状，顶生或腋生，通常下垂，花稀疏；苞片漏斗状，绿色，每苞内具3~5花；花被5深裂，稀4裂，绿色，上部白色或淡红色，花被片椭圆形；雄蕊6，稀8，比花被短；花柱2~3，柱头头状。瘦果卵形，双凸镜状或具3棱，黑褐色，无光泽，包于宿存花被内。果期6~10月。

生境分布：生于海拔1200~3900米的河滩、水沟边、山谷湿地。分布于全县各乡镇境内。

用途：全草入药，消肿解毒、利尿、止痢。古代为常用调味剂。可提黄色染料。

花期及蜜源利用价值：花期6~9月，花粉粒具3~4孔沟，扁圆球形至长球形；蓼花泌蜜丰富，蜜琥珀色，有异味，质量较差。

(59)红蓼 *Polygonum orientale* Linn.

形态特征：一年生草本。茎直立，粗壮，高1～2米，多分枝，密被长柔毛。叶宽卵形或宽椭圆形，边缘全缘，密生缘毛，两面密生短柔毛；托叶鞘筒状，具长缘毛，通常沿顶端具草质、绿色的翅。总状花序呈穗状，顶生或腋生，花紧密，通常数个再组成圆锥状；苞片宽漏斗状，边缘具长缘毛，每苞内具3～5花；花被5深裂，淡红色或白色；花被片椭圆形；雄蕊7，比花被长；花盘明显；花柱2，柱头头状。瘦果近圆形，双凹，黑褐色，有光泽，果期8～10月。

生境分布：生于海拔1300～2700米的沟边湿地、村边路旁。分布于白龙江及拱坝河流域等地。

用途：果实入药，有活血、止痛、利尿功效。

花期及蜜源利用价值：花期6～9月，泌蜜丰富，在分布集中地方，可取到商品蜜。为秋季重要的辅助蜜源。

(60)苦荞麦 *Fagopyrum tataricum* (Linn.) Gaertn.

形态特征：一年生草本。茎直立，高30~70厘米，分枝，有细纵棱，一侧具乳头状突起，叶宽三角形，两面沿叶脉具乳头状突起；托叶鞘偏斜，膜质。花序总状，顶生或腋生，花排列稀疏；苞片卵形，每苞内具2~4花，花梗中部具关节；花被5深裂，白色或淡红色，花被片椭圆形，雄蕊8，比花被短；花柱3，短，柱头头状。瘦果长卵形，具3棱及3条纵沟，上部棱角锐利，下部圆钝有时具波状齿，黑褐色，无光泽，比宿存花被长，果期8~10月。

生境分布：在曲瓦、大峪、巴藏、东山、果耶、武坪、插岗等地海拔1500~2000米的农村有种植，有时在田边、路旁、山坡野生。

用途：种子供食用、药用、酿酒或作茶料。能降血压、降血脂、降血糖。辅助治疗糖尿病，是糖尿病患者主粮的最佳选择。

花期及蜜源利用价值：花期6~9月，有粉有蜜。花粉粒具3~4孔沟，扁圆球形至长球形；蜜深琥珀色，有异味，可作蜜蜂饲料，为重要的辅助蜜源。

(61)荞麦 *Fagopyrum esculentum* Moench

形态特征：一年生草本。茎直立，高40～90厘米，上部分枝，绿色或红色，具纵棱。叶三角形或卵状三角形，顶端渐尖，基部心形，两面沿叶脉具乳头状突起；下部叶具长叶柄，上部较小近无梗；托叶鞘膜质，短筒状，易破裂脱落。花序总状或伞房状，顶生或腋生，花序梗一侧具小突起；苞片卵形，每苞内具3～5花；花梗比苞片长，无关节，花被5深裂，白色或淡红色，花被片椭圆形；雄蕊8，比花被短，花药淡红色；花柱3，柱头头状。瘦果卵形，具3锐棱，顶端渐尖，暗褐色，无光泽，果期9～10月。

生境分布：栽培作物，全县各地有种植，曲瓦、大峪、果耶及拱坝河流域播种较多，有时在荒地、路边逸为野生。耐旱、耐瘠薄，为主要秋季杂粮作物。

用途：种子含丰富淀粉，供食用和入药。

花期及蜜源利用价值及泌蜜规律：花期8～9月，花粉粒暗黄色，长球形；主要开花泌蜜时间20多天，荞麦花雄蕊基部有8个蜜腺，圆形，黄色。泌蜜的适宜温度25℃～30℃，湿度80%以上；夜间重露，清晨轻雾，日间高温高湿，泌蜜丰富。在肥力中等、稀播、光照充足的地方泌蜜多。在开花泌蜜期怕下雨和刮风。蜜深琥珀色，结晶颗粒粗，为琥珀色，含有浓郁的荞麦花香，为舟曲县秋季最重要的大宗蜜源之一。

22.何首乌属 Fallopia

（62）木藤蓼　*Fallopia aubertii* (L. Henry) Holub

形态特征：落叶灌木或半灌木。茎缠绕，长1～4米，灰褐色，无毛。叶簇生稀互生，叶片长卵形或卵形，基部近心形，两面均无毛。花序圆锥状，少分枝，稀疏，腋生或顶生，花序梗具小突起；苞片膜质，顶端急尖，每苞内具3～6花；花梗细下部具关节；花被5深裂，淡绿色或白色，花被片外面3片较大，背部具翅，果时增大，基部下延；花被果时外形呈倒卵形；雄蕊8，比花被短，花丝基部具柔毛；花柱3，极短，柱头头状。瘦果卵形，具3棱，黑褐色，密被小颗粒，微有光泽，包于宿存花被内。果期8～9月。

生境分布：生于海拔1200～1800米的田边、路旁、山坡、山谷灌丛，在白龙江河谷两岸山坡及拱坝河中下游两岸山坡广泛分布。

用途：茎可药用。具有抗肿瘤、保护心脏的作用。

花期及蜜源利用价值：花期7～9月，可为秋季辅助蜜源。

十二、商陆科 Phytolaccaceae

23.商陆属 *Phytolacca*

（63）多雄蕊商陆 *Phytolacca polyandra* Batal.

形态特征：草本，高0.5～1.0米。叶片椭圆状披针形或椭圆形，具腺体状的短尖头，基部楔形，渐狭，两面无毛。总状花序顶生或与叶对生，圆柱状，直立；花梗基部有一线形苞片，花梗上着生两枚小苞片，线形；花两性；花被片5，开花时白色，以后变红；雄蕊12～16，两轮着生，花丝基部变宽，花药白色；子房通常由8心皮合生，有时6或9，花柱直立或顶端微弯，比子房长1倍半，柱头不明显。浆果扁球形，干后果皮膜质，贴附种子；种子肾形，黑色，光亮。

生境分布：普遍野生于海拔1200～3000米的沟谷、山坡林下、林缘路旁或房前屋后及园地中。各乡镇境内都有分布。

用途：根入药，以白色肥大者为佳，红根有剧毒，仅供外用。也可作兽药及农药。果实含鞣质，可提制栲胶。嫩茎叶可供蔬食。

花期及蜜源利用价值：花期5～8月，为有毒蜜源。

十三、藜科 Chenopodiaceae

24.甜菜属 *Beta*

(64)甜菜 *Beta vulgaris* Linn.

形态特征：二年生草本，根圆锥状至纺锤状，肥厚，富含糖分，多汁。茎直立，具条棱及色条。基生叶矩圆形，上面皱缩不平，略有光泽，下面有粗壮凸出的叶脉，全缘或略呈波状；叶柄粗壮，下面凸，上面平或具槽；茎生叶互生，较小，卵形或披针状矩圆形。花2~3朵团集，雄蕊5，生花盘上，果时花被基底部彼此合生；花被裂片条形或狭矩圆形，果时变为革质并向内拱曲。胞果下部陷在硬化的花被内，上部稍肉质。种子双凸镜形，红褐色，有光泽，果期7月。

生境分布：栽培作物，各乡农村均有零星栽培。

用途：根供制糖，叶可作蔬菜用或作猪的青贮饲料。

花期及蜜源利用价值：花期5~6月，有粉有蜜。花粉粒多圆孔，具颗粒。留籽甜菜开花后可供蜜蜂取食，可为辅助蜜源。

25.青葙属 *Celosia*

(65)鸡冠花 *Celosia cristata* Linn.

形态特征：一年生草本，高60～90厘米，茎直立粗壮。叶片卵形、卵状披针形或披针形；花序顶生，多数，极密生，成扁平肉质鸡冠状、卷冠状或羽毛状的穗状花序，一个大花序下面有数个较小的分枝，圆锥状矩圆形，表面羽毛状;花被片红色、紫色、黄色、橙色或红色黄色相间。胞果卵形，包裹在宿存花被片内，种子凸透镜状肾形。花果期7～9月。

生境分布：沿河川各乡镇境内庭园有栽培。

用途：栽培供观赏；花和种子供药用，有止血、止泻功效。

花期及蜜源利用价值：花期7～9月，花粉粒具圆孔，蜜、粉量少，可为辅助蜜源。

十五、石竹科 Caryophyllaceae

26.蝇子草属 *SileneCelosia*

(66)麦瓶草 *Silene conoidea* Linn. 土名:米瓦罐

形态特征：一年生草本，高25~60厘米，茎单生直立。基生叶片匙形，茎生叶片长圆形或披针形，两面被短柔毛。二歧聚伞花序顶生具数花；花直立，花萼圆锥形，基部脐形，果期膨大；雌雄蕊柄几无；花瓣5淡红色，爪不露出花萼，狭披针形，无毛，耳三角形，瓣片倒卵形，全缘或微凹缺，有时微啮蚀状；副花冠片狭披针形，白色，顶端具数浅齿；雄蕊微外露或不外露，花丝具稀疏短毛；花柱微外露。蒴果梨状或卵形，种子肾形，暗褐色，果期6~7月。

生境分布：田间杂草，常生于麦田中或荒地草坡。各乡镇境内有分布。

用途：嫩苗可作野菜，全草药用。

花期及蜜源利用价值：花期5~6月，粉量中等，可为辅助粉源。

27.石竹属 *Dianthus*

（67）瞿麦　*Dianthus superbus* Linn.

形态特征：多年生草本，高50～60厘米。茎丛生，直立，上部分枝。叶片线状披针形，基部合生成鞘状。花1或2朵生枝端，有时顶下腋生；苞片2～3对，倒卵形；花萼圆筒形，常染紫红色晕；爪包于萼筒内，瓣片宽倒卵形，边缘裂至中部或中部以上，通常淡红色或带紫色，稀白色，喉部具丝毛状鳞片；雄蕊和花柱微外露。蒴果圆筒形，与宿存萼等长或微长，顶端4裂；种子扁卵圆形，黑色，有光泽，果期8～10月。

生境分布：生于海拔2400～3100米的林缘、草坡、沟谷溪边。分布于曲瓦沟、大峪沟、憨班黑峪沟、坪定九原梁及拱坝河流域。

用途：全草入药，有清热、利尿功效。也可作农药，能杀虫。

花期及蜜源利用价值：花期7～8月，粉量少，可为辅助粉源。

十六、马齿苋科 Portulacaceae

28.马齿苋属 *Portulaca*

（68）马齿苋 *Portulaca oleracea* Linn.

形态特征：一年生草本，全株无毛。茎平卧或斜倚，伏地铺散，多分枝，圆柱形，淡绿色或带暗红色。叶互生，有时近对生，叶片扁平，肥厚，倒卵形，似马齿状，全缘。花无梗，常3~5朵簇生枝端，午时盛开；苞片2~6，叶状，膜质，近轮生；萼片2，对生；花瓣5，稀4，黄色，倒卵形；雄蕊通常8，或更多，花药黄色；子房无毛，花柱比雄蕊稍长，柱头4~6裂，线形。蒴果卵球形，盖裂；种子细小，偏斜球形，黑褐色，有光泽，果期6~9月。

生境分布：生于菜园、农田、花园、路旁，为田间常见杂草，生命力强。广布于白龙江河川各乡镇境内。

用途：全草供药用，有清热利湿、消炎、利尿作用；种子明目；嫩茎叶可作蔬菜，也是很好的饲料。

花期及蜜源利用价值：花期5~8月，花粉粒具绉。扁球形至长球形。花期长，蜜粉较少，可为辅助蜜源。

(69)大花马齿苋 *Portulaca grandiflora* Hook.

形态特征：一年生草本，茎平卧或斜升，节上丛生毛。叶密集枝端或分开，不规则互生，叶片细圆柱形，叶腋常生一撮白色长柔毛。花单生或数朵簇生枝端，日开夜闭；总苞8~9片，叶状，轮生，具白色长柔毛；萼片2，淡黄绿色，卵状三角形；花瓣5或重瓣，倒卵形，红色、紫色或黄白色；雄蕊多数，花丝紫色，基部合生；花柱柱头5~9裂，线形。蒴果近椭圆形，盖裂；种子细小，多数，圆肾形，灰褐色或灰黑色，有珍珠光泽，果期8~11月。

生境分布：庭院、公园常有栽培，或野生。是一种美丽的花卉。

用途：全草可供药用，有止痛、解毒功效，也可作为园林花卉。

花期及蜜源利用价值：花期6~9月，花粉粒具绉，粉量中等，可为辅助粉源。

十七、木兰科 Magnoliaceae

29.木兰属 *Magnolia*

（70）望春玉兰　*Magnolia biondii* Pamp.

形态特征：落叶乔木，高可达12米，胸径达1米；树皮淡灰色，光滑；小枝细长，灰绿色，无毛。叶椭圆状披针形、卵状披针形，狭倒卵或卵形，基部阔楔形，或圆钝，上面暗绿色，下面浅绿色，初被平伏棉毛，后无毛。花先叶开放，芳香；花梗顶端膨大，具3苞片脱落痕；花被9，外轮3片紫红色，中内两轮近匙形，白色，外面基部常紫红色，内轮的较狭小；花丝紫色。聚合果圆柱形，常因部分不育而扭曲；蓇葖浅褐色，近圆形，侧扁，具凸起瘤点；种子心形，外种皮鲜红色。花期3月，果熟期9月。

生境分布：生于海拔1300～2000米的山林间或灌丛中。分布于八楞西岔村、阴山村、博峪古地坝村。

用途：花可提出浸膏作香精；本种为优良的庭院绿化树种。亦可作玉兰及其他同属种类的砧木。经考证，本种是中药辛夷的正品。

花期及蜜源利用价值：花期4月，蜜粉中等，为早春辅助蜜源。

30.五味子属 *Schisandra*

（71）华中五味子 *Schisandra sphenanthera Rehd.* et Wils. 土名：五林子

形态特征：落叶木质藤本，无毛。小枝近圆柱形，具较密的隆起皮孔。单叶互生，倒卵形、宽卵形或倒卵状长椭圆形，叶缘具波状齿或锯齿；叶柄具极窄的翅。花单生于近基部叶腋，两性，橙黄色，花被5~9，2~3轮，覆瓦状排列，稍肉质；雄蕊群倒卵形，雄蕊10~40；雌蕊群近球形多数，离生，螺旋状排列在花托上；子房上位。聚合果穗状；浆果。种子2粒，或仅1粒发育，椭圆形种皮光滑。

生境分布：生于海拔1800~2600米的湿润山坡密林或灌丛中；分布于拱坝河流域及南峪沟、庙沟、磨沟、拉尕沟等林区。

用途：果供药用，为五味子的代用品。种子榨油可制肥皂或作润滑油。

花期及蜜源利用价值：花期4~6月，蜜粉量中等，为夏季辅助蜜源。

（72）红花五味子 *Schisandra rubriflora* Rehd. & E. H. Wils.

形态特征：落叶木质藤本，全株无毛。小枝紫褐色，后变黑。叶纸质，倒卵形，椭圆状倒卵形或倒披针形，边缘具胼胝质齿尖的锯齿，中脉及侧脉在叶下面带淡红色。花红色，雄花：花被片5~8，外花被片有缘毛，大小近相似，椭圆形或倒卵形，最外及最内的较小；雄蕊群椭圆状倒卵圆形或近球形；雄蕊40~60枚，花药长外向开裂，有腺点；雌花：花被片与雄花的相似，雌蕊群长圆状椭圆体形，心皮60~100枚，具明显鸡冠状凸起。聚合果轴粗壮，小浆果红色，椭圆体形或近球形，有短柄。果期8~10月。

分布甘肃南部、湖北、四川、云南西部及西南部、西藏东南部。生于海拔1000~1300米的河谷、山坡林中。

生境分布：生于海拔1800~2600米的湿润山坡密林或灌丛中；分布于茶岗、武坪、拱坝、曲瓦、大峪乡境内林区及南峪沟、庙沟、磨沟、拉尕沟等林区。

用途：果供药用，为五味子的代用品。种子榨油可制肥皂或作润滑油。

花期及蜜源利用价值：花期5~6月，蜜粉量中等，为夏季辅助蜜源。

十八、樟科 Lauraceae

31.木姜子属 *Litseanolia*

(73)木姜子 *Litsea pungens* Hemsl. 土名:香林儿

形态特征：落叶小乔木或灌木，具香气，小枝黄绿色或褐绿色，老枝条黑褐色。高3~7米。花枝细长。单叶互生，多簇聚于枝端，纸质，披针形或倒披针形，全缘；初有绢丝状短柔毛，后渐变为平滑；叶柄有毛。花单性，雌雄异株；伞形花序，由8~12朵花组成，具短梗；花先于叶开放；总苞片表面有毛，早落；花被黄色，基部合生，有绢丝状粗毛；花被6，倒卵形；花药瓣裂，全内向；花梗细小，雌花较大，有粗毛。浆果球形，蓝黑色；果梗上部稍膨大。

生境分布：生于海拔1800~2200米的山坡、山谷杂木林中。分布于曲瓦沟、拉尕沟、大峪沟、黑峪沟、磨沟及拱坝河流域各沟系林区。

用途：果实可提取食用香精和化妆品香精，种子可榨油。果实药用，温中行气止痛、燥湿健脾消食、解毒消肿。

花期及蜜源利用价值：花期4~5月，蜜量少，可为辅助蜜源。

32.山胡椒属 *Lindera*

(74)红果山胡椒　*Lindera erythrocarpa* Makino.

形态特征：落叶灌木或小乔木，具香气，高可达5米。树皮灰褐色，幼枝常灰白或灰黄色，多皮孔；单叶互生，叶片为倒披针形，纸质，上面绿色，被疏贴伏柔毛或无毛，下面常绿苍白色，被贴伏柔毛，羽状脉4~5对。雌雄异株；伞形花序着生于腋芽两侧，总苞片4，被缘毛，内有花15~17朵。雄花花被片6，黄绿色，外面被疏柔毛；雄蕊9，第三轮的近基部着生2枚腺体；花梗被疏柔毛；雌花较小，花被片6，外面被较密柔毛，里面被贴伏疏柔毛；退化雄蕊9，条形，第三轮的中下部外侧生2无柄腺体。浆果球形，红色。

生境分布：生于海拔2000~2300米的山谷杂木林中；分布于拱坝河流域各支沟及磨沟、二喜山。

用途：果和叶可提芳香油，供制香精。

花期及蜜源利用价值：花期4月，蜜粉少量，为辅助蜜源。

（75）三桠乌药　*Lindera obtusiloba* Bl.

形态特征：落叶乔木或灌木，具香气；高达10米。树皮棕黑色。小枝黄绿色，当年生枝条较平滑，老枝具稀疏的木栓质皮孔；单叶互生，叶片近圆形或扁圆形，纸质，3裂或全缘，下面灰绿色，有时带红色，被黄色毛或近无毛。花单性；雌雄异株；伞形花序生于总苞内；每一花序有5朵花；花被裂片6，外面被长柔毛；雄花具发育雄蕊7～9，3轮，每轮3，第三轮花丝基部有2具柄腺体，退化雄蕊细小；花丝无毛；雌花常具退化雄蕊9，子房上位，柱头通常盘状。浆果近球形，暗红色或紫黑色；果托浅杯状；果期8～9月。

生境分布：生于海拔2000～2300米的湿润山坡灌木林中。分布于曲瓦沟、拉尕沟、磨沟、插岗沟、嘎尔沟、拱坝卡子沟等林区。

用途：树皮可药用，治跌打损伤、瘀血肿痛等；种子含油率61%～64%。

花期及蜜源利用价值：花期3～4月，蜜粉量丰富，为林区早春的重要蜜源。

（76）川钓樟　*Lindera pulcherrima(Wall.) Benth. var. hemsleyana* (Diels) H. P. Tsui

形态特征：常绿小乔木或灌木，高1.5～6米。树皮灰色，小枝密被灰白色柔毛，后脱落。单叶互生，革质，椭圆形，长圆形或长卵形，全缘，下面苍白色，初被灰白色短柔毛，后脱落无毛。花单性，雌雄异株，小形；伞形花序腋生，密被柔毛，总花梗极短或无；总苞片早落，背面密生绢毛；花被片6枚，黄色，长圆形，背面密生长柔毛；雄花具可育雄蕊9枚，分3轮排列，内轮雄蕊基部具腺体；雌花常具退化雄蕊9枚，子房上位，近球形，花柱膨大。核果椭圆形，熟时黑色。种子1粒，无胚乳，果期10～11月。

生境分布：生于海拔1300～1600米山坡、沟谷灌丛中，分布于拱坝河流域插岗河坝、杨庄坝、铁坝及八楞花园沟、南峪磨坪沟。

花期及蜜源利用价值：花期4月，蜜粉少量，为辅助蜜源。

33.樟属 *Cinnamomum*

（77）樟　*Cinnamomum camphora* (Linn.) J. Presl

形态特征：常绿大乔木，高可达30米；枝、叶及木材均有樟脑气味；树皮黄褐色，有不规则的纵裂。枝条圆柱形无毛。叶互生，卵状椭圆形，边缘全缘，软骨质，有时呈微波状，下面黄绿色或灰绿色，两面无毛或下面幼时略被微柔毛，具离基三出脉，中脉两面明显，侧脉及支脉脉腋上面明显隆起下面有明显腺窝，窝内常被柔毛。圆锥花序腋生，花绿白或带黄色，花梗无毛。花被外面无毛或被微柔毛，内面密被短柔毛，花被裂片椭圆形。能育雄蕊9，花丝被短柔毛。退化雄蕊3，被短柔毛。子房球形。果卵球形或近球形，紫黑色；果托杯状，顶端截平，具纵向沟纹，果期8~11月。

生境分布：新老城区园林绿化及行道树有栽培。

用途：木材及根、枝、叶可提取樟脑和樟油，供医药及香料工业用。

花期及蜜源利用价值：花期4~5月，蜜粉少量，为辅助蜜源。

十九、连香树科 Cercidiphyllaceae

34.连香树属 *Cercidiphyllum*

(78)连香树 *Cereidiphyllum japonicum* Sieb. et Zucc.

形态特征：落叶乔木，高达25米，胸径达1米。老树皮灰褐色，纵裂，呈薄片状剥落。小枝褐色，皮孔明显。单叶具柄，长枝上叶对生，叶片卵形或近菱形，叶缘具细圆齿；短枝叶单一，心形，上面深绿色，下面灰绿白色，叶缘具浅波状圆锯齿；长、短枝叶缘齿端均有黄褐色腺点；叶柄紫红色或暗紫色。花单性；雌雄异株；花萼4裂；无花瓣；雄蕊15~20，花药红色；雌花具梗，离心皮雌蕊2~6，胚珠多数，排成2列。蓇葖果2~6，圆柱形弯曲，沿腹缝线开裂；花柱宿存，喙状。种子多数，具翅；果期8月。

生境分布：散生于海拔1500~2500米的山谷、沟旁或杂木林中。分布于卡子沟、曲瓦沟、磨沟、角儿山、嘎尔沟。

用途：树皮及叶均含鞣质可提制栲胶。国家二类保护植物。

花期及蜜源利用价值：花期6月，花粉粒具3沟，近长球形，粉少量，为辅助蜜源。

二十、毛茛科 Ranunculaceae

35.芍药属 *Paeonia*

(79)紫斑牡丹　*Paeonia rockii* (S.G.Haw & Lauener) T. Hong & J. J. Li　土名:野牡丹

形态特征：落叶灌木，高0.5~2米。小枝圆柱形。二至三回羽状三出复叶，茎上部叶常为一回羽状复叶，互生，小叶狭卵形或椭圆形，不分裂或3裂，裂片狭卵形，全缘；花两性，单生枝条顶端；花瓣约10个，白色，腹面基部有深紫色大斑块；雄蕊多数，黄色；心皮5~8，离生，密被黄色短硬毛，花柱短粗。蓇葖果卵形，密被黄色短柔毛，熟时沿腹缝线开裂；种子倒圆锥形，黑色有光泽。

生境分布：生于海拔1100~2800米的山坡灌丛中或杂木林下，分布于曲瓦沟、巴藏后北山、黑峪沟、庙沟、磨沟、南峪磨坪、插岗、拱坝、曲告纳、博峪境内。

用途：我国特有的珍贵花卉种质资源，根皮可供药用。

花期及蜜源利用价值：花期4~5月，花粉粒具3孔沟，长圆球形，粉量较少，可为辅助粉源。

（80）牡丹　*Paeonia suffruticosa* Andr.

形态特征：落叶灌木。茎高达2米；分枝短而粗。叶通常为二回三出复叶，偶尔近枝顶的叶为3小叶；顶生小叶宽卵形，3裂至中部，裂片不裂或2~3浅裂；侧生2裂至3浅裂或不裂，近无柄。花单生枝顶；苞片5，长椭圆形；萼片5；花瓣5，或为重瓣，玫瑰色、红紫色、粉红色至白色，通常变异很大；花丝紫红色、粉红色，上部白色；花盘革质，杯状，紫红色，在心皮成熟时开裂；心皮5，密生柔毛。蓇葖卵形或长圆形，密生黄褐色硬毛；果期6月。

生境分布：县内花园、公园、庭院有栽培。

用途：根皮供药用。较好的园林花卉。

花期及蜜源利用价值：花期5月，花药黄色，花粉粒具3孔沟，蜜、粉量较少，可为辅助粉源。

（81）芍药 *Paeonia lactiflora* Pall.

形态特征：多年生草本。根粗壮。茎高40～70厘米，无毛。下部茎生叶为二回三出复叶，上部茎生叶为三出复叶；小叶狭卵形，椭圆形或披针形，边缘具白色骨质细齿。花数朵，生茎顶和叶腋，有时仅顶端一朵开放，而近顶端叶腋处有发育不好的花芽；苞片4～5，披针形；萼片4；花瓣9～13，倒卵形，白色，有时基部具深紫色斑块；花丝黄色；花盘浅杯状，包裹心皮基部；心皮4～5（～2），无毛。蓇葖果锥形，顶端具喙；果期8月。

生境分布：生于海拔1400～2300米的山坡草地及林下，分布于曲瓦、大峪、憨班、丰迭等乡镇境内有栽培或野生。

用途：根药用，称“白芍”，能镇痛、祛瘀、通经；种子含油量约25%，供制皂和涂料用。也可园林栽培。

花期及蜜源利用价值：花期5～6月，花粉粒具螺旋萌发孔，具3孔沟，长圆球形，蜜、粉量较少，可为辅助粉源。

（82）美丽芍药 *Paeonia mairei* Levl.

形态特征：多年生草本。茎高0.5~1米，无毛。叶为二回三出复叶；顶生小叶长圆状卵形至长圆状倒卵形，全缘，两面无毛；侧生小叶长圆状狭卵形。花单生茎顶，苞片线状披针形，比花瓣长；萼片5，绿色；花瓣7~9，红色；花丝无毛，花盘浅杯状，包住心皮基部；心皮通常2~3，密生黄褐色短毛，花柱短，柱头外弯，干时紫红色。蓇葖果倒卵形，有黄褐色短毛或近无毛，顶端具外弯的喙。

生境分布：生于海拔1500~2700米的山坡林缘阴湿处。分布于大峪沟、瓜咱沟、磨沟及拱坝河流域林区。

用途：根药用，有行瘀活血、止痛之效。种子含油，供制皂或涂料用，可作观赏花卉。

花期及蜜源利用价值：花期4~5月，花药黄色，长圆形，花粉粒具3孔沟，长圆形，蜜、粉量较少，可为辅助粉源。

（83）川赤芍　*Paeonia veitchii* Lynch　土名：赤芍

形态特征：多年生草本。根圆柱形。茎高30～80厘米。叶为二回三出复叶，叶片轮廓宽卵形；小叶成羽状分裂，裂片窄披针形至披针形，全缘，无毛。花2～4朵，生茎顶端及叶腋，有时仅顶端一朵开放，而叶腋有发育不好的花芽；苞片2～3，分裂或不裂，披针形；萼片4，宽卵形；花瓣6～9，倒卵形，紫红色或粉红色；雄蕊多数；花盘肉质，仅包裹心皮基部；心皮2～3(5)，密生黄色绒毛。蓇葖长1～2厘米，密生黄色绒毛，果期7月。

生境分布：生于海拔1800～2500米的山坡林下草丛中及路旁、山坡疏林中。分布于曲瓦沟、大峪沟、黑峪沟、瓜咱沟、磨沟及拱坝河流域。

用途：根供药用，称“赤芍”，能活血通经，清热解毒。

花期及蜜源利用价值：花期5～6月，花粉粒具3孔沟，蜜、粉量较少，可为辅助蜜源。

(84)草芍药　*Paeonia obovata* Maxim.　土名:白芍

形态特征：多年生草本。根粗壮，长圆柱形。茎高30~70厘米，无毛。茎下部叶为二回三出复叶；顶生小叶倒卵形或宽椭圆形，全缘，表面深绿色，背面淡绿色，无毛或沿叶脉疏生柔毛；侧生小叶比顶生小叶小，同形，具短柄或近无柄；茎上部叶为三出复叶或单叶。单花顶生，直径7~10厘米；萼片3~5，淡绿色，花瓣6，白色、红色、紫红色，倒卵形；花丝淡红色；花盘浅杯状，包住心皮基部；心皮2~3，无毛。蓇葖卵圆形，成熟时果皮反卷呈红色；果期9月。

生境分布：生海拔1400~2600米的山坡草地及林缘。拱坝河林区有分布。

用途：根药用，有养血调经、凉血止痛之效。

花期及蜜源利用价值：花期5~6月，蜜、粉量较少，可为辅助蜜源。

36.驴蹄草属 *Caltha*

(85)驴蹄草　*Caltha palustris* Linn.

形态特征：多年生草本，全部无毛，有多数肉质须根。茎高20~50厘米，实心，具细纵沟。基生叶3~7，有长柄；叶片圆形，圆肾形或心形，边缘全部密生正三角形小牙齿；茎生叶通常向上逐渐变小，圆肾形或三角状心形，具较短的叶柄或最上部叶完全不具柄。茎或分枝顶部有由2朵花组成的简单的单歧聚伞花序；萼片5，黄色；雄蕊多数，心皮(5)7~12，与雄蕊近等长，无柄，有短花柱。蓇葖果狭倒卵形，具横脉；种子狭卵球形，黑色，有光泽。

生境分布：生于海拔1800~2600米的山地、山谷溪边或湿草甸，有时也生在草坡或林下较阴湿处。分布白龙江及拱坝河各沟系林区。

用途：全草含白头翁素和其他植物碱，有毒，可制土农药；全草可供药用，有除风、散寒之效。

花期及蜜源利用价值：花期5~8月，花粉粒黄色，近球形或长球形，花粉丰富，有利于蜂群繁殖，可为辅助粉源。

37.金莲花属 *Trollius*

(86)金莲花 *Trollius chinensis* Bunge

形态特征：株全体无植毛。茎高30~70厘米，不分枝，疏生(2~)3~4叶。基生叶1~4个有长柄；叶片五角形，三全裂，全裂片分开，中央全裂片菱形，边缘密生稍不相等的三角形锐锯齿，上面深裂片与中全裂片相似，下面深裂片较小，斜菱形；叶柄基部具狭鞘。茎生叶似基生叶。花单独顶生或2~3朵组成稀疏的聚伞花序；苞片三裂；萼片金黄色；花瓣18~21个；心皮20~30。蓇葖果具脉网；种子黑色，光滑，具4~5棱角，8~9月结果。

生境分布：生海拔1600~2600米山地草坡或疏林下。分布于曲瓦大沟、拉尕山、沙滩花草坡坪定九原等地。

用途：花入药，治慢性扁桃体炎，与菊花和甘草合用，可治急性中耳炎、急性结膜炎等症 。

花期及蜜源利用价值：花期6~7月，花粉粒黄色，近扁球形或长球形，有蜜腺5数以上，位于花瓣基部。蜜、粉中等，可为辅助蜜源。

38.铁筷子属　*Helleborus*

(87)铁筷子　*Helleborus thibetanus* Franch. 土名:蒙头花

形态特征：多年生草本，茎高30～50厘米，无毛。叶片肾形或五角形，鸡足状三全裂，中全裂片边缘有密锯齿，侧全裂片具短柄，扇形，不等三全裂；茎生叶近无柄，中央全裂片狭椭圆形，侧全裂片不等二或三深裂。花1（～2）朵生茎或枝端，无毛；萼片初粉红色，在果期变绿色，椭圆形或狭椭圆形；花瓣8～10，淡黄绿色，腹面稍二裂；心皮2～3。蓇葖扁，有横脉；种子椭圆形，扁，光滑，果期5月。

生境分布：生海拔1300～3700米间荒坡、山地林中或灌丛中。分布于曲瓦缠藏、大峪沟、瓜咱沟、黑峪沟、磨沟、插岗、拱坝、曲告纳、博峪等乡境内。

用途：根可供药用，治膀胱炎、肿毒和跌打损伤等症（陕西中草药）。也可作观赏花卉。

花期及蜜源利用价值：花期3～4月，花粉近长球形，具萌发孔，花粉粒具3沟，花粉量中等，花期早，可为早春辅助粉源。

39.黄三七属 *Souliea*

（88）黄三七 *Souliea vaginata* (Maxim.) Franch. 长果野黄连

形态特征：多年生草本，茎高25～75厘米。基部生2～4片膜质的宽鞘，在鞘之上约生2枚叶。叶二至三回三出全裂，无毛；叶片三角形；一回裂片具长柄，卵形至卵圆形，中央二回裂片具较长的柄，轮廓卵状三角形，再1～2回羽状分裂，边缘具不等的锯齿；总状花序有4～6花；苞片卵形，膜质；花先叶开放；萼片呈不规则浅波状；花瓣具多条脉，顶部稍平或略圆；柱头面中央微洼陷。蓇葖果；种子12～16粒，成熟时黑色，表面密生网状的洼陷，果期7～9月。

生境分布：生于海拔2200～3500米山地林中、林缘或草坡中。分布于曲瓦、大峪、武坪、插岗、拱坝、曲告纳、博峪等乡镇境内林区。

用途：根状茎供药用代“黄连”，治眼结膜炎、咽炎、痢疾等症。

花期及蜜源利用价值：花期5～6月，花粉无萌发孔，蜜、粉中等，可为辅助蜜源。

40.升麻属 *Cimicifuga*

(89)升麻　*Cimicifuga foetida* Linn.

形态特征：多年生草本，茎高1～2米，基部粗达1.4厘米，微具槽，分枝。叶为二至三回三出状羽状复叶；茎下部叶三角形；顶生小叶具长柄，菱形，常浅裂，边缘有锯齿，侧生小叶具短柄或无柄，斜卵形。花序圆锥形具分枝3～20条，长达45厘米；花两性；萼片5倒卵状圆形；退化雄蕊宽椭圆形，几膜质；花药黄色或黄白色；心皮2～5，无柄或有极短的柄。蓇葖长圆形，顶端有短喙；种子椭圆形，褐色，有横向的膜质鳞翅，四周有鳞翅，8～10月结果。

生境分布：生海拔1700～2300米的山地林缘、林中或路旁草丛中。分布于曲瓦沟、大峪沟、憨班黑峪沟、磨沟及拱坝河各沟林区。

用途：根状茎药用，治风热头痛、咽喉肿痛等症。也可作土农药。

花期及蜜源利用价值：花期7～8月，蜜腺1～8个，蜜、粉丰富，可为主要辅助蜜源。

41.类叶升麻属 *Actaea*

(90)类叶升麻　*Actaea asiatica* Hara

形态特征：根状茎坚实，外皮黑褐色，生多数细长的根。茎高30～80厘米，圆柱形，微具纵棱，下部无毛，中部以上被白色短柔毛，不分枝。叶2～3枚，茎下部的叶为三回三出近羽状复叶，具长柄；叶片三角形；顶生小叶卵形至宽卵状菱形，三裂边缘有锐锯齿，侧生小叶卵形至斜卵形。总状花序长2.5～4(～6)厘米；轴和花梗密被白色或灰色短柔毛；花梗长短；萼片倒卵形，花瓣匙形；心皮与花瓣近等长。果实紫黑色；种子约6粒，卵形，有3纵棱，深褐色，7～9月结果。

生境分布：生于海拔1350～3100米山地林下或沟边阴处，河边湿草地。分布于曲瓦沟、大峪沟、磨沟、庙沟及拱坝河流域林区。

用途：根状茎在民间供药用，茎、叶可作土农药。

花期及蜜源利用价值：花期5～6月，蜜腺位于花瓣基部，蜜量中等，可为辅助蜜源。

42.耧斗菜属 *Aquilegia*

（91）无距耧斗菜　*Aquilegia ecalcarata* Maxim.

形态特征：多年生草本，根粗，圆柱形。茎高20~60（80）厘米，上部常分枝。基生叶数枚，有长柄，为二回三出复叶；中央小叶楔状倒卵形至扇形，长、宽几相等或稍宽，三深裂或三浅裂，裂片有2~3个圆齿，侧面小叶不等二裂；茎生叶1~3，较小。花2~6朵，直立或有时下垂；苞片线形；萼片5紫色，椭圆形，顶端急尖或钝；花瓣5直立，瓣片长方状椭圆形，无距；雄蕊长约为萼片之半，花药近黑色；心皮4~5，直立。蓇葖果，花柱宿存；种子黑色，倒卵形，表面有凸起的纵棱，光滑，果期6~8月。

生境分布：生于海拔1800~3500米山地林下或路旁。分布广，白龙江、拱坝河、博峪河流域林区、林缘都有分布。

花期及蜜源利用价值：花期5~6月，花粉粒具沟，近扁球形或长球形。粉量少，可为辅助粉源。

(92)甘肃耧斗菜(甘肃尖萼耧斗菜) *Aquilegia oxysepala var. kansuensis* Brühl

形态特征：茎高40～80厘米，近无毛或被极稀疏的柔毛，上部多少分枝。基生叶数枚，为二回三出复叶；叶片中央小叶通常具短柄，楔状倒卵形，三浅裂或三深裂，裂片顶端圆形，表面绿色，无毛，背面淡绿色，无毛或近无毛；叶柄被开展的白色柔毛或无毛，基部呈鞘状。茎生叶数枚，具短柄，向上渐变小。花3～5朵，较大而美丽，微下垂；苞片三全裂；萼片紫色，萼片较短，长1.6～2.5厘米；花瓣瓣片黄白色，距末端强烈内弯呈钩状；雄蕊与瓣片近等长，花药黑色。蓇葖长1.2～1.7厘米；种子黑色。7～8月结果。

生境分布：生于山地草坡或林边。零星分布于各乡镇境内。

用途：根含糖类，可作饴糖或酿酒。种子含油，可供工业用。

花期及蜜源利用价值：花期6～7月，花药黑色，近扁球形或长球形。粉量少，可为辅助粉源。

43.唐松草属 *Thalictrum*

（93）长喙唐松草　*Thalictrum macrorhynchum* Franch.

形态特征：多年生草本，茎直立，茎高45～150厘米，有分枝无毛。基生叶和茎下部叶有较长柄，为二至三回三出复叶；小叶草质，顶生小叶圆菱形或宽倒卵形，偶尔椭圆形，顶端圆形，基部圆形或浅心形，三浅裂，有圆牙齿；托叶薄膜质，全缘。圆锥状花序有稀疏分枝；萼片4白色，椭圆形，早落；花瓣无；花药长椭圆形；心皮10～20，有短柄，花柱与子房近等长，拳卷。瘦果狭卵球形，基部突变成短柄，有8条纵肋，花柱宿存，拳卷。

生境分布：生于海拔1500～2900米山地林中或山谷灌丛中。分布于曲瓦、大峪、武坪、插岗、拱坝等乡境内。

识别要点：这种的小叶和瘦果较大，花梗较长，心皮有短柄是其特点，易与近缘种区别。

花期及蜜源利用价值：花期5～6月，花粉粒具圆孔，近扁球形或长球形。粉多蜜少，可为辅助蜜源。

(94)绢毛唐松草 *Thalictrum brevisericeum* W.T.Wang et S.H.Wang

形态特征：多年生草本，茎高30~80厘米，被短柔毛，有细纵槽，分枝。基生叶在开花时枯萎。茎中部叶有稍长或短柄，为三回三出复叶；小叶坚纸质，顶生小叶近圆形或菱状倒卵形，三浅裂，边缘有钝粗齿，小叶柄密被短柔毛。花序圆锥状，不等二叉状分枝；萼片5，淡紫色，椭圆状倒卵形，早落；雄蕊多数；心皮8~16。瘦果纺锤形，有6条纵肋，无柄，花柱拳卷。

生境分布：生于海拔1400~2300米山地林边、草坡。分布于拱坝河流域各沟系林区。

花期及蜜源利用价值：花期6~8月，花药黄色，长圆形，花粉粒具圆孔。蜜少、粉多，可为辅助粉源。

(95)瓣蕊唐松草　*Thalictrum petaloideum* Linn.

形态特征：多年生草本，植株全部无毛。茎高20~80厘米，上部分枝。基生叶数个，为三至四回三出或羽状复叶；小叶草质，形状变异很大，顶生小叶倒卵形、宽倒卵形。菱形或近圆形，先端钝，基部圆楔形或楔形，三浅裂至三深裂，裂片全缘；叶柄基部有鞘。花序伞房状，有少数或多数花；萼片4，白色，早落，卵形，长3~5毫米；雄蕊多数，心皮4~13，花柱短。瘦果卵形，有8条纵肋，宿存花柱。

生境分布：生于海拔1800~2800米的山坡草地；分布于各乡境内。

用途：根含小檗碱，可治黄疸型肝炎、腹泻等症。

花期及蜜源利用价值：花期6~7月，粉多蜜少，可为辅助蜜源。

(96)贝加尔唐松草　*Thalictrum baicalense* Turcz.

形态特征：多年生草本，植株全部无毛。茎高50～80厘米，不分枝或分枝。为三回三出复叶；小叶草质，顶生小叶宽菱形、扁菱形或菱状宽倒卵形，三浅裂，裂片有圆齿，叶柄长1～2.5厘米，基部有狭鞘；托叶狭，膜质。花序圆锥状；萼片4，绿白色，早落，椭圆形；雄蕊（10）15～20；心皮3～7。瘦果卵球形或宽椭圆球形，稍扁，有8条纵肋。

生境分布：生于海拔2400～2800米的山地林下或湿润草坡；分布于拱坝河及白龙江流域各沟系林区。

用途：根含小檗碱，可代替黄连用。

花期及蜜源利用价值：花期5～6月，粉多蜜少，可为辅助蜜源。

(97)长柄唐松草 *Thalictrum przewalskii* Maxim.

形态特征：多年生草本，茎高50~120厘米，直立中空，通常分枝，约有9叶。为四回三出复叶，叶片长达28厘米；小叶薄草质，顶生小叶卵形、菱状椭圆形、倒卵形或近圆形，三裂常达中部，有粗齿，叶柄基部具鞘。圆锥花序顶生或腋生，多分枝，无毛；萼片白色或稍带黄绿色，早落；雄蕊多数，花丝白色；心皮4~9，有子房柄，花柱与子房等长。瘦果扁，斜倒卵形，有4条纵肋，宿存花柱。

生境分布：生于海拔1500~3500米的山地灌丛边、林下或草坡上；分布于白龙江及拱坝河流域林区。

用途：花和果可治肝炎、肝肿大等症，根有祛风之效。

花期及蜜源利用价值：花期6~8月，花药线形，花粉具圆孔，近扁球形或长球形，粉多蜜少，可为辅助蜜源。

(98)唐松草 *Thalictrum aquilegifolium* Linn. *var. sibiricum* Regel et Tiling

形态特征：多年生草本，植株全部无毛。茎粗壮，高60~150厘米，粗达1厘米，分枝。茎生叶为三至四回三出复叶；小叶草质，顶生小叶倒卵形或扁圆形，三浅裂，裂片全缘或有1~2牙齿；叶柄有鞘，托叶膜质，不裂。圆锥花序伞房状，有多数密集的花；萼片白色或外面带紫色，早落；雄蕊多数；心皮6~8，有长心皮柄，花柱短，柱头侧生。瘦果倒卵形，有3条宽纵翅，柱头宿存。

生境分布：生于海拔1200~1800米间草原、山地林边草坡或林中。各乡镇境内都有分布。

用途：根可治痈肿疮疖、黄疸型肝炎、腹泻等症。

花期及蜜源利用价值：花期6~7月，花粉丰富，粉粒具圆孔，为重要粉源。

44.乌头属 *Aconitum*

（99）伏毛铁棒锤　*Aconitum flavum* Hand.-Mazz.

形态特征：茎高35～100厘米，中部以下无毛，在中部或上部被反曲而紧贴的短柔毛，密生多数叶，通常不分枝。茎下部叶在开花时枯萎，中部叶有短柄；叶片宽卵形，基部浅心形，三全裂，全裂片细裂，末回裂片线形，两面无毛，边缘疏被短缘毛。顶生总状花序有12～25朵花；轴及花梗密被紧贴的短柔毛；下部苞片似叶，中部以上的苞片线形；萼片黄色带绿色，或暗紫色，外面被短柔毛；花瓣疏被短毛；心皮5，无毛或疏被短毛。蓇葖无毛；种子倒卵状三棱形，光滑，沿棱具狭翅。

生境分布：生于海拔2600～4500米山地草坡或林边。全县各乡镇林区都有零星分布。

用途：块根有剧毒，供药用，治跌打损伤、骨折、风湿腰痛、冻疮等症。

花期及蜜源利用价值：花期8月，花粉少，可为辅助粉源。

(100)乌头　*Aconitum carmichaelii* Debx.

形态特征：多年生草本，茎高60~150厘米，中上部疏被反曲的短柔毛。茎中部叶片五角形，三裂达近基部，中央裂片近羽状分裂，二回裂片约2对，生1~3枚牙齿，间或全缘，侧裂片不等二深裂，表面和背面沿脉疏被短柔毛。顶生总状花序；轴及花梗具短柔毛；萼片蓝紫色，外面被短柔毛，上萼片高盔形；花瓣无毛，微凹，通常拳卷；雄蕊无毛或疏被短毛，花丝有2小齿或全缘；心皮3~5，子房疏或密被短柔毛。蓇葖果；种子三棱形，只在二面密生横膜翅。

生境分布：生于山地草坡或灌丛中，分布于大峪、瓜咱沟及插岗、武坪、拱坝等乡境内。

用途：块根供药用，有毒。

花粉形态：花粉粒近球形至长球形，表面具不明显颗粒状雕纹。

花期及对蜜蜂的危害：花期8~9月，蜜量中等，蜜中含有乌头碱等生物碱，花蜜和花粉对蜜蜂有毒，人食后也会引起中毒。

(101)松潘乌头 *Aconitum sungpanense* Hand.-Mazz.

形态特征：茎缠绕，长达2.5米，无毛，分枝。叶片草质，五角形，三全裂，全裂片几无柄或明显的柄，中央全裂片在下部三裂，两面有稀疏短柔毛；总状花序有5~9花；轴和花梗无毛或疏被反曲的短柔毛；花梗常排列于花序之一侧；萼片淡蓝紫色，有时带黄绿色，外面无毛或疏被短柔毛，上萼片高盔形，花瓣无毛或疏被短毛，唇微凹；花丝无毛或疏被短毛，全缘；心皮（3）5。蓇葖果，无毛或疏被短柔毛；种子三棱形，沿棱生狭翅，只在一面密生横膜翅。

生境分布：生于海拔1400~3000米山地林中或林边或灌丛中，分布于拱坝河以南各沟系。

用途：根有大毒，供药用，治跌打损伤、风湿性关节痛等。

花期及对蜜蜂的危害：花期8~9月，蜜量中等，蜜中含有乌头碱等生物碱，花蜜和花粉对蜜蜂和人有毒。

(102)露蕊乌头　*Aconitum gymnandrum* Maxim.

形态特征：茎高25～55（100）厘米，被疏或密的短柔毛，下部有时变无毛，常分枝。基生叶1～3（～6）枚，叶片宽卵形或三角状卵形，三全裂，全裂片二至三回深裂，小裂片表面、背面沿脉疏被长柔毛或变无毛；下部叶柄具狭鞘。总状花序有6～16花；萼片蓝紫色，少有白色，外面疏被柔毛，有较长爪，上萼片船形，侧萼片与爪近等长；花瓣的瓣片疏被缘毛，距短，头状；花丝疏被短毛；心皮6～13，子房有柔毛。蓇葖果；种子倒卵球形，密生横狭翅。

生境分布：生于海拔1550～3800米山地草坡、田边草地。分布于大峪沟、黑峪沟。

用途：全草供药用，治风湿等症。全草有毒。

花期及对蜜蜂的危害：花期7～8月，蜜粉少量，蜜中含有乌头碱等生物碱，花蜜和花粉对蜜蜂和人有毒。

(103)高乌头 *Aconitum sinomontanum* Nakai

形态特征：茎高60～150厘米，上部近花序处被反曲的短柔毛，生4～6枚叶，不分枝或分枝。基生叶1枚，与茎下部叶具长柄；叶片肾形或圆肾形，三深裂，中深裂片狭菱形，三裂边缘有不整齐锐齿，两面疏被短柔毛或变无毛。总状花序具密集的花；轴及花梗多少密被紧贴的短柔毛；萼片蓝紫色或淡紫色，外面密被柔毛；花瓣无毛，唇舌形，向后拳卷；雄蕊无毛，花丝具1～2枚小齿；心皮3，无毛。蓇葖果；种子倒卵形，具3条棱，褐色，密生横狭翅。

生境分布：生于海拔1600～2700米山地草坡、田边草地。分布于铁坝沟、大年山。

用途：根药用，治心悸、胃气痛、跌打损伤等症。

花期及蜜源利用价值：花期6～9月，蜜粉少量，为辅助蜜源。

本属植物铁棒锤也可为辅助粉源植物。

45.毛茛属 *Ranunculus*

(104)毛茛 *Ranunculus japonicus* Thunb.

形态特征：多年生草本。须根多数簇生。茎直立，高30～70厘米，中空，有槽，具分枝。基生叶多数；叶片圆心形或五角形，通常3深裂不达基部，中裂片倒卵状楔形或宽卵圆形或菱形，3浅裂，边缘有粗齿或缺刻，侧裂片不等地2裂；最上部叶线形，全缘，无柄。聚伞花序有多数花，疏散；萼片5椭圆形；花瓣5，黄色，倒卵状圆形，基部蜜槽有鳞片长。聚合果近球形；瘦果扁平边缘有棱，无毛，喙短直或外弯。果期6～9月。

生境分布：生于海拔1200～3500米的田沟旁和林缘路边的湿草地上。广布种，全县境内都有分布。

用途：全草含原白头翁素，有毒，为发泡剂和杀菌剂，捣碎外敷，可截疟、消肿及治疮癣。

识别要点：为基生叶和下部叶的叶片3深裂不达基部，聚伞花序疏散，花托无毛，瘦果扁平。

花期及蜜源利用价值：花期4～9月，花瓣基部有蜜槽，花粉粒具圆孔，近扁球形至长球形。蜜、粉量少，可为辅助蜜源。

(105)茴茴蒜 *Ranunculus chinensis* Bunge

形态特征：一年生草本。须根多数簇生。茎直立粗壮，高20~70厘米，中空，有纵条纹，分枝多。3出复叶，叶片宽卵形至三角形，小叶2~3深裂，叶片3全裂。花序有较多疏生的花；萼片5狭卵形；花瓣5，宽卵圆形，黄色或上面白色，基部有短爪，蜜槽有卵形小鳞片；花托在果期显著伸长，圆柱形。聚合果长圆形；瘦果扁平，边缘有棱，喙极短，呈点状。果期5月至9月。

生境分布：生于海拔1200~2500米的溪边、田旁的水湿草地。全县有分布。

用途：全草药用，有毒；外敷引赤发泡，有消炎、退肿、截疟及杀虫之效。

识别要点：本种为一年生草本，叶为3出复叶，小叶再分裂；瘦果喙极短，多数着生于圆柱形密生短毛的花托上，很易识别。

花期及蜜源利用价值：花期5~9月，花瓣基部具蜜槽，花粉粒具圆孔，近扁球形至长球形。蜜、粉量少，可为辅助蜜源。

(106)扬子毛茛 *Ranunculus sieboldii* Miq.

形态特征：多年生草本。茎铺散，斜升，高20～50厘米，下部节偃地生根，多分枝，密生开展的白色或淡黄色柔毛。基生叶与茎生叶相似，为3出复叶；叶片圆肾形至宽卵形，3浅裂至较深裂，边缘有锯齿，生开展柔毛；侧生小叶不等地2裂，背面或两面疏生柔毛；花与叶对生，萼片外面生柔毛，花期向下反折，迟落；花瓣5，黄色或上面变白色，有5～9条或深色脉纹，蜜槽小鳞片位于爪的基部；雄蕊20余枚；花托粗短，密生白柔毛。聚合果圆球形，瘦果扁平，边缘有宽约0.4毫米的宽棱，成锥状外弯。果期6月～10月。

生境分布：生于海拔1300～2500米的山坡林边及草坡湿地。分布于大峪沟、磨沟、瓜咱沟、黑峪沟及拱坝河各支沟。

用途：全草药用，捣碎外敷，发泡截疟及治疮毒，腹水浮肿。

识别要点：本种以花萼向下反折，花瓣有长爪，瘦果宽大，边缘有宽棱以及茎偃卧，节上生根，花与叶对生而易于识别。

花期及蜜源利用价值：花期5～10月，花瓣基部具蜜槽，花粉粒具圆孔，近扁球形或长球形。蜜、粉量少，可为辅助蜜源。

46.侧金盏花属 *Adonis*

(107)短柱侧金盏花　*Adonis brevistyla* Franch.

形态特征：多年生草本。茎高（10~)20~40(~58）厘米，常从下部分枝，无毛。茎下部叶有长柄，上部有短柄或无柄，无毛;叶片五角形或三角状卵形，三全裂，全裂片有长或短柄，二回羽状全裂或深裂，有锐齿；萼片5~7，无毛；花瓣7~14，白色，有时带淡紫色；雄蕊与萼片近等长；心皮多数，子房卵形，有疏柔毛，花柱极短，柱头球形。瘦果倒卵形，疏被短柔毛，有短宿存花柱。

生境分布：生于海拔1900~3500米山地草坡、沟边、林边或林中。分布于曲瓦沟、大峪、黑峪沟，插岗、拱坝、果耶等乡镇境内。

花期及蜜源利用价值：花期4~8月，花粉黄色，量中等，可为辅助粉源。利于蜂群繁殖。

(108)蜀侧金盏花　*Adonis sutchuenensis* Franch.

形态特征：多年生草本。茎高（15～）25～40厘米，分枝或不分枝，无毛，基部有膜质鞘。叶无毛；叶片卵状五角形，三全裂，全裂片有柄，二回羽状全裂或深裂，小裂片有锐齿。萼片约6，淡绿色，多为倒披针形，无毛或外面有稀疏短柔毛；花瓣8～12，黄色，倒披针形或长圆状倒披针形；雄蕊长约为花瓣的1/3；心皮多数，子房疏被短柔毛，花柱短或近不存在，柱头小，球形。

生境分布：生于海拔1300～3300米山地林中、灌丛中或草坡上。分布于插岗沟、卡子沟、天干沟等地。

用途：全草药用，治痈疮、目赤、呕吐泻痢等症。

花期及蜜源利用价值：花期4～6月，花粉黄色，量中等，可为辅助粉源。利于蜂群繁殖。

47.银莲花属 *Anemone*

（109）阿尔泰银莲花　*Anemone altaica* Fisch.　土名　菖蒲

形态特征：植株高11～23厘米。根状茎横走或稍斜。基生叶1或不存在，有长柄；叶片薄草质，宽卵形，三全裂，中全裂片有细柄，又三裂，边缘有缺刻状牙齿，侧全裂片不等二全裂，两面近无毛;花单生枝顶，花葶近无毛；苞片3，有近贴伏的柔毛，萼片8～9，白色，无毛；雄蕊多数，花丝近丝形；心皮20～30，子房密被柔毛，花柱短，柱头小。瘦果卵球形，有柔毛。

生境分布：生于海拔1600～1800米山地谷中林下，草丛中或沟边。分布于曲瓦沟、大峪、磨沟、瓜咱沟、金钱沟及拱坝河流域林区。

用途：根状茎药用，治神经衰弱、风湿关节痛等症。

花期及蜜源利用价值：花期4～5月，花粉量中等，可为春季辅助粉源。利于蜂群繁殖。

(110)林荫银莲花 *Anemone flaccida* Fr. Schmidt

形态特征：植株高15～40厘米。基生叶1～2，有长柄；叶片薄草质，五角形，基部深心形，三全裂，中全裂片三裂，末回裂片有1～3齿或全缘，侧全裂片不等二深裂，表面有疏毛，背面通常无毛或近无毛，脉平；花葶只在上部有疏柔毛；苞片3，似基生叶，无柄，三深裂；花梗有疏柔毛；萼片5，白色，外面有疏柔毛；雄蕊长约萼片之半，花药椭圆形，花丝丝形；心皮约8，子房密被淡黄色短柔毛，无花柱，柱头近三角形。

生境分布：生于海拔1300～2600米山地、草地或林下。分布于瓜咱沟、磨沟、庙沟及插岗、拱坝、曲告纳乡境内林区。

用途：根状茎可药用，治跌打损伤。

花期及蜜源利用价值：花期4～6月，花粉少量，可为辅助粉源。

(111)草玉梅　*Anemone rivularis* Buch.-Ham.

形态特征：多年生草本，植株高10～65厘米。根状茎木质。基生叶3～5，有长柄；叶片肾状五角形，三全裂；叶柄基部有短鞘。花葶1(3)，直立；聚伞花序(1)2～3回分枝；苞片3(4)，有柄，近等大，宽菱形，三裂近基部；萼片(6)7～8(10)，白色；雄蕊多数，花丝丝形；心皮30～60。瘦果狭卵球形，稍扁，宿存花柱钩状弯曲。

生境分布：生山地草坡、路旁、山沟、小溪边。各乡镇境内都有分布。

用途：根状茎和叶供药用，治喉炎、扁桃腺炎、肝炎、痢疾、跌打损伤等症。全草可作土农药。

花期及蜜源利用价值：5至8月开花，粉量中等，可为辅助粉源。

（112）大火草　*Anemone tomentosa* (Maxim.　)Pei　土名：野棉花

形态特征：多年生草本，植株高40～150厘米。基生叶3～4，有长柄，为三出复叶，有时有1～2叶为单叶；中央小叶片卵形至三角状卵形，三浅裂至三深裂，边缘有不规则小裂片和锯齿，与花葶都密被白色或淡黄色短绒毛。聚伞花序2～3回分枝；苞片3，与基生叶相似，不等大，有时1个为单叶，三深裂；萼片5，淡粉红色或白色，倒卵形、宽倒卵形或宽椭圆形；心皮400～500。聚合果球形，直径约1厘米；瘦果微小有细柄，密被绵毛。

生境分布：生于海拔1200～3400米山地草坡或路边等处。全县有分布，广布种。

用途：根状茎供药用，治痢疾等症，也可作小儿驱虫药。茎含纤维，脱胶后可搓绳；种子可榨油，含油率为15%左右。

花期及蜜源利用价值：花期7～10月，粉量少，可为辅助粉源。

48.铁线莲属 *Clematis*

(113)秦岭铁线莲　*Clematis obscura* Maxim.

形态特征：落叶木质藤本，干时变黑。一至二回羽状复叶，有5~15小叶，茎上部有时为三出叶，基部二对常不等2~3深裂、全裂至3小叶；小叶片或裂片纸质，卵形至披针形，或三角状卵形，全缘，偶有1缺刻状牙齿或小裂片。聚伞花序3~5花或更多，有时花单生，腋生或顶生，与叶近等长或较短；萼片4~6，开展，白色，长圆形或长圆状倒卵形，雄蕊多数、无毛。瘦果椭圆形至卵圆形，扁，宿存花柱，有金黄色长柔毛，果期8~11月。

生境分布：生于海拔1200~2600米的山地丘陵灌丛中或山坡、山谷阳坡。分布于上巴藏、及铁坝沟、卡子沟、博峪境内。

花期及蜜源利用价值：花期5~8月，粉量中等，可为辅助粉源。

（114）粗齿铁线莲　*Clematis argentilucida* (Levl. et Vant.) W. T. Wang

形态特征：落叶藤本。小枝密生白色短柔毛，老时外皮剥落。叶对生，一回羽状复叶，有5小叶，有时茎端为三出叶；小叶片卵形或椭圆状卵形，常有不明显3裂，边缘有粗大锯齿状牙齿。腋生聚伞花序常有3~7花，或成顶生圆锥状聚伞花序多花；萼片4，开展，白色，近长圆形；雄蕊多数，无毛。瘦果扁卵圆形，有柔毛，宿存花柱长达3厘米。果期7~10月。

生境分布：生于海拔1500~3200米的山坡或山沟灌丛中。分布于拱坝河、博峪河流域各沟系。

用途：根药用，能行气活血、祛风湿、止痛，主治风湿筋骨痛、跌打损伤等症；茎藤药用，能杀虫解毒。

花期及蜜源利用价值：花期5~7月，粉量少，为零星辅助粉源。

(115)钝萼铁线莲　*Clematis peterae* Hand.-Mazz.

形态特征：落叶藤本。一回羽状复叶，有5小叶；小叶片卵形或长卵形，少数卵状披针形，边缘疏生一至数个以至多个锯齿状牙齿或全缘。圆锥状聚伞花序多花；花序梗基部常有1对叶状苞片；萼片4，开展，白色，倒卵形至椭圆形；雄蕊多数无毛。瘦果卵形，稍扁平，宿存花柱长达3厘米。果期9~12月。

生境分布：生于海拔1100~2200米的山坡、沟边、山谷林下。分布于瓜咱沟、磨沟、黑峪沟及卡子沟、铁坝沟、瓜子沟、博峪。

用途：全株入药，能清热、利尿、止痛；外用治风湿性关节炎。

花期及蜜源利用价值：花期6~8月，花粉具圆孔，近扁球形或长球形，粉量少，为零星辅助粉源。

(116)短尾铁线莲　*Clematis brevicaudata* DC.

形态特征：藤本。枝有棱，一至二回羽状复叶或二回三出复叶，有5~15小叶，有时茎上部为三出叶；小叶片长卵形、卵形至宽卵状披针形或披针形，边缘疏生粗锯齿或牙齿，有时3裂。圆锥状聚伞花序腋生或顶生；萼片4，开展，白色，狭倒卵形；无花瓣，雄蕊和心皮多数。瘦果卵形，花柱宿存。果期9~10月。

生境分布：生于海拔1500~2600米的山地灌丛或疏林中。广布种，各乡镇境内都有分布。

用途：藤茎入药，清热利尿、通乳、消食、通便，主治尿道感染、尿频、口舌生疮、腹中胀满、乳汁不通。

花期及蜜源利用价值：花期7~9月，花粉具圆孔，近扁球形，粉量少，为林区辅助粉源。

(117)美花铁线莲 *Clematis potaninii* Maxim.

形态特征：落叶木质藤本。茎、枝有纵沟，紫褐色，老时外皮剥落。一至二回羽状复对生，或数叶与新枝簇生，有5~15小叶，茎上部有时为三出叶，基部二对常2~3深裂、全裂至3小叶，顶生小叶片常不等3浅裂至深裂；小叶片薄纸质，倒卵状椭圆形、卵形至宽卵形，边缘有缺刻状锯齿。花单生或聚伞花序有3花，腋生；萼片5~7，开展，白色；雄蕊多数。瘦果，扁平，倒卵形或卵圆形。果期8~10月。

生境分布：生于1700~3000米的山坡或山谷林下或林边。分布于拉尕沟、磨沟、瓜咱沟及拱坝河流域各沟系林区。

用途：茎入药，有祛风湿、清肺热、止痢、消食等效。

花期及蜜源利用价值：花期6~8月，粉量少，为零星辅助粉源。

（118）绣球藤　*Clematis montana* Buch.～Ham. ex DC.

形态特征：木质藤本。茎圆柱形，有纵条纹；小枝有短柔毛，后变无毛；老时外皮剥落。三出复叶，数叶与花簇生，或对生；小叶片卵形、宽卵形至椭圆形，边缘缺刻状锯齿由多而锐至粗而钝，顶端3裂或不明显，两面疏生短柔毛。花1～6朵与叶簇生；萼片4，开展，白色或外面带淡红色，外面疏生短柔毛，内面无毛；雄蕊无毛。瘦果扁，卵形或卵圆形，无毛。果期7～9月。

生境分布：生于海拔1600～1800米的山坡、山谷灌丛中、林边或沟旁。分布于曲瓦沟、大峪沟、黑峪沟、磨沟及拱坝河流域各支沟。

用途：茎藤入药，能利水通淋、活血通经、通关顺气。又花大而美丽，可作观赏树种。

花期及蜜源利用价值：花期5～6月，花药椭圆形，花粉粒长球形或近扁球形，具圆孔。粉量中等，可作山区辅助粉源。

二十一、木通科 Lardizabalaceae

49.八月瓜属 *Holboellia*

(119)牛姆瓜　*Holboellia grandiflora* Reaub.

形态特征：常绿木质大藤本。枝圆柱形，具线纹和皮孔；茎皮褐色，小枝绿色，掌状复叶具长柄，有小叶3~7片；倒卵状长圆形或长圆形，有时椭圆形或披针形，通常中部以上最阔，边缘略背卷，上面深绿色，有光泽。花淡绿白色或淡紫色，花单性，雌雄同株，数朵组成伞房式的总状花序，2~4个簇生于叶腋。雄花花瓣极小，雄蕊直，药隔伸出花药顶端而成小凸头，退化心皮锥尖。雌花花瓣与雄花的相似；退化雄蕊小，近无柄，心皮披针状柱形。果长圆形，紫色，肉质，常孪生；种子多数，黑色。果期7~9月。

生境分布：生于海拔1100~2000米的山地杂木林或沟边灌丛内。分布于磨沟、磨坪、花园沟、拱坝卡子、铁坝沟、插岗鬼门关一带。

用途：果可食及酿造用，藤、叶药用；皮作纤维；种子可榨油。

花期及蜜源利用价值：花期4~5月，花瓣基部具有6个蜜腺，蜜、粉量少，为辅助粉源。

二十二、小檗科 Berberidaceae

50.小檗属 *Berberislia*

(120)假豪猪刺　*Berberis soulieana* Schneid.

形态特征：常绿灌木，高1～2米。老枝圆柱形，有时具棱槽；茎刺粗状，三分叉，腹面扁平。叶革质，坚硬，长圆形、长圆状椭圆形或长圆状倒卵形，先端急尖，具1硬刺尖，叶缘平展，每边具5～18刺齿。花两性，7～20朵簇生；花黄色；小苞片2，卵状三角形，带红色；萼片3轮；花瓣倒卵形，雄蕊6；胚珠2～3枚。浆果倒卵状长圆形，熟时红色，顶端具明显宿存花柱，被白粉。种子2～3枚。果期6～9月。

生境分布：生于海拔1300～1800米的山沟河边、灌丛中、山坡、林中或林缘。分布于白龙江两岸。

用途：根、茎皮可药用。

花期及蜜源利用价值：花期4～5月，花瓣基部具有2个蜜腺，蜜、粉量少，为辅助蜜源。

(121)疣枝小檗 *Berberis verruculosa Hemsl. et Wils.*

形态特征：常绿灌木，高0.5~1米。枝棕黄色，密生疣点，圆柱形，幼枝黄绿色，密被柔毛和疣点；茎刺长1~2厘米，淡黄色，腹面具浅槽。单叶互生、革质，倒卵状椭圆形，椭圆形，具1刺尖头，背面密生乳突，被白粉，叶缘常波状或稍向背面反卷，每边具2~4硬直刺齿；近无柄。花单生，无毛；花黄色；萼片3轮；花瓣椭圆形或倒卵形，具2枚分离腺体；雄蕊6；胚珠4~6枚。浆果长圆状卵形，顶端不具宿存花柱，被白粉。果期7~9月。

生境分布：生于海拔1500~2000米林下、山坡灌丛中或山谷岩石上及林下。分布铁坝沟。

用途：根部含小檗碱、药根碱，小檗胺等生物碱。作清热退火药。

花期及蜜源利用价值：花期5~6月，花瓣基部具有2个蜜腺，蜜、粉量中等，为辅助蜜源。

(122)堆花小檗 *Berberis aggregate* Schneid. 土名:小黄刺

形态特征：半常绿或落叶灌木，高1～2米，小枝具显著条棱，老枝具侧生短枝；叶长枝上变态成刺，3分叉，细瘦。单叶，互生，在短枝上簇生，近革质，倒卵形或倒卵状长圆形，边缘具2～8刺状锯齿或全缘。花两性，淡黄色，10～30朵组成密集的短圆锥花序，生于短枝叶丛中，无总花梗；萼片6枚，二轮排列；花瓣6枚，倒卵形，腹面基部具2蜜腺；雄蕊6，二轮排列，与花瓣对生，花药2室，瓣状开裂，柱头头状。浆果椭圆形或球形，熟时鲜红色，先端具宿存短花柱；种子2粒。果期8～10月。

生境分布：生于海拔1300～2600米的山坡、沟谷灌丛中。各乡镇境内都有分布。

用途：根含小檗碱，入药。

花期及蜜源利用价值：花期7月，花瓣基部具有2个蜜腺，蜜量中等，为重要的辅助蜜源。

(123)西固小檗　*Berberis arido~calida* Ahrendt.

形态特征：半常绿直立灌木，高1~2米。小枝具条棱，被多数黑色疣点和短柔毛，具侧生短枝；叶在长枝上变态成刺，三叉细瘦。单叶互生，在短枝上簇生，近革质，宽椭圆形至椭圆状倒卵形，边缘疏生2~8个刺状细锯齿，有时全缘。花两性，黄色，5~12朵簇生成短总状花序；总花梗极短，生于短枝叶丛中；萼片6枚，二轮排列；花瓣6枚，二轮排列，腹面基部具二蜜腺；雄蕊6枚，二轮排列，花药2室，瓣状开裂；子房上位，花柱单一，较短，柱头头状。浆果椭圆状长圆形，先端宿存短花柱。种子2粒。果期9月。

生境分布：生于海拔1600~2500米的向阳干旱山坡或岩石缝隙中。分布于白龙江流域沿岸。

花期及蜜源利用价值：花期6月，花瓣基部具有2个蜜腺，蜜、粉量少，可为辅助蜜源。

（124）洮河小檗　*Berberis haoi* T.S.Ying

形态特征：落叶灌木，高约1米。枝具棱槽，紫褐色，无毛，具稀疏黑色疣点；茎刺单一或三分叉，淡黄色。叶纸质，狭倒卵状披针形或狭椭圆形，先端急尖，具1刺尖头，基部楔形，上面绿色，中脉扁平，背面淡绿色，不被白粉，无毛，中脉明显隆起，侧脉2~3对，隆起，网脉显著，叶缘略增厚，全缘；近无柄。总状花序具6~10朵花，基部偶有1~2朵花簇生；总梗无毛。苞片卵形，先端锐尖；浆果长椭圆形，顶端无宿存花柱，微被白粉；含种子2枚。果期6月。

生境分布：生于海拔1400~1800米的半干旱山坡、路边、林缘或沟边灌丛中。分布白龙江两岸及缠坪、立族山。

用途：根、茎含小檗碱，入药，可替代黄连。

花期及蜜源利用价值：花期5~6月，花瓣基部具有2个蜜腺，蜜量中等，为林区夏季的辅助蜜源。

(125) 少齿小檗　*Berberis potaninii* Maxim.

形态特征：常绿小灌木，高0.3~1米，具显著条棱，密生多数黑色小疣点，具侧生短枝；叶在长枝上变态成刺，三叉，较细锐。单叶，互生，在短枝上簇生，革质，长椭圆形或披针形，缘具1~6个粗壮刺状锯齿或全缘，但枝顶叶常全缘。花两性，黄色；2~10朵组成短总状花序，生于短枝叶丛中；花瓣6枚，卵形或椭圆形，腹面基部具二蜜腺；雄蕊6枚，二轮排列；子房上位，花柱极短，柱头头状。浆果椭圆状倒卵形，熟时红色；种子2粒，果期7~8月。

生境分布：生于海拔1100~1600米的干旱山坡灌丛中。分布于舟曲白龙江流域各沟系、沿岸及拱坝河下游两岸的山坡、河谷。

花期及蜜源利用价值：花期5~6月，花瓣基部具有2个蜜腺，蜜量少，可为中蜂的辅助蜜源。

（126）秦岭小檗 *Berberis circumserrata (Schneid.)* Schneid.

形态特征：落叶灌木，高0.5~1.5米，分枝密集，具明显的条棱和稀疏黑色疣点，具侧生短枝；叶在长枝上变态成刺，三叉，粗壮。单叶互生，在短枝上簇生，坚纸质，倒卵形、长圆状倒卵形或倒卵状圆形，边缘密生15~40刺状锯齿。花两性，黄色，2~5朵簇生短伞状花序；萼片6枚，二轮排列，花瓣状；花瓣6枚，倒卵形，腹面基部具二蜜腺，全缘；雄蕊6枚，二轮排列；浆果椭圆形，熟时橙红色，微被白粉，宿存短花柱；种子3~6粒，果期7~9月。

生境分布：生于海拔2500~3000米的山坡、林缘、沟边、灌丛中。分布于舟曲黑峪沟、拱坝河流域各沟林区。

用途：根皮含小檗碱，供药用，为苦味健胃剂，也有解毒，抗菌、消炎作用。

花期及蜜源利用价值：花期5~6月，花瓣基部具有2个蜜腺，可为辅助蜜源。

（127）鲜黄小檗 *Berberis diaphana* Maxim.

形态特征：落叶灌木，高1～2米，具显著条棱和黑色疣点，具侧生短枝；刺三叉。单叶互生，在短枝上簇生，坚纸质，倒卵形或长圆状倒卵形，边缘疏生刺状细锯齿，少数全缘。花两性，鲜黄色，1～5朵簇生于短枝叶丛中；萼片6枚，二轮排列；花瓣6枚，倒卵形或卵状椭圆形，稍短于内轮萼片，腹面基部具二蜜腺；雄蕊6枚，二轮排列，与花瓣对生。浆果卵状长圆形，熟时红色，微被白粉，先端宿存短花柱，斜弯；种子5～6粒；果期8～9月。

生境分布：生于海拔2400～3700米山坡灌丛中。分布于舟曲县曲瓦、大峪、拉尕、磨沟及拱坝河流域林区。

用途：根皮含小檗碱，入药。

花期及蜜源利用价值：花期5～6月，花瓣基部具有2个蜜腺，蜜量少，可为中蜂所利用。

(128)置疑小檗　*Berberis dubia* Schneid.

形态特征：落叶灌木，高达1米，枝稍具条棱，微具疣点，具侧生短枝；叶在长枝上变态成刺，三叉或单一。单叶互生，在短枝上簇生，纸质，倒卵形或倒卵状椭圆形，边缘6~14个刺状细锯齿。花两性，黄色，5~10朵组成近伞形总状花序或簇生状；萼片6枚，二轮排列，宽倒卵形，花瓣状，下有2枚披针形小苞片；花瓣6枚，倒卵形，腹面基部具二蜜腺；雄蕊6枚，与花瓣对生。浆果倒卵状椭圆形，熟时红色，先端具宿存柱头；种子2粒，果期8~9月。

生境分布：生于海拔1800~3100米的山坡灌丛中及河谷岸边。分布于大峪沟、磨沟、瓜咱沟、黑峪沟、后北山等林区。

花期及蜜源利用价值：花期5~6月，花瓣基部具有2个蜜腺，蜜、粉量少，为辅助蜜源。

（129）短柄小檗 *Berberis brachypoda* Maxim.

形态特征：落叶灌木，高1～2.5米，小枝黄灰色，具纵条棱，具侧生短枝；叶在长枝上变态成刺，常三叉。单叶，互生，在短枝上簇生，坚纸质，倒卵形、长圆状椭圆形或椭圆状倒披针形，缘具20～40个刺状细锯齿。花两性，淡黄色，20～30朵密集成穗状总状花序。小苞片、萼片常带红色，花瓣6枚，椭圆形，先端2锐裂，腹面基部具二蜜腺；雄蕊6枚，二轮排列，与花瓣对生，花药2室，瓣状开裂；子房上位，花柱缺，柱头头状。浆果长圆形，熟时红色，微被白粉，先端具宿存柱头；种子1～2粒，果期7～8月。

生境分布：生于海拔1500～2800米的山坡灌丛中及杂木林下。分布于各乡镇境内。

用途：根皮含小檗碱，入药可代黄连。

花期及蜜源利用价值：花期5～6月，花瓣基部具有2个蜜腺，蜜量少，可为辅助蜜源。

(130)大黄檗　*Berberis francisci~ferdinandii* Schneid.

形态特征：落叶灌木，高达2米；叶在长枝上变态成刺，常单一，稀三叉，腹面具浅槽，有时无刺。单叶，互生，在短枝上簇生，坚纸质，卵状披针形，边缘疏生近开展的刺状锯齿15~30个。花两性，黄色；多数花组成狭长总状花序；萼片2~3轮排列，卵形，花瓣状，外轮萼片2枚，下有二轮排列的4枚小苞片；花瓣6枚，倒卵状长圆形，腹面基部具二蜜腺；雄蕊6枚，与花瓣对生，短于花瓣。浆果卵圆形或椭圆形，熟时鲜红色；种子2粒，果期9月。

生境分布：生于海拔1400~2800米的山坡灌丛中、疏林下、林缘、山沟或草坡。分布于曲瓦、大峪及拱坝河流域各支沟。

用途：根皮含小檗碱，入药。

识别要点：本种花序明显为圆锥花序，叶缘具多数不明显细刺齿或近全缘，叶先端近钝圆。

花期及蜜源利用价值：花期5~6月，花瓣基部具有2个蜜腺，蜜量少，可为辅助蜜源。

(131)甘肃小檗 *Berberis kansuensis* Schneid.

形态特征：落叶灌木，高达3米。小枝鲜红色，具条棱；茎刺弱，单生或三分叉，腹面具槽。单叶，互生，在短枝上簇生，纸质，近圆形或宽倒卵形，缘具刺毛状细密锯齿。花两性，淡黄色，10~30朵组成总状花序；萼片6枚，二轮排列，花瓣状；花瓣6枚，长圆状椭圆形，先端缺裂，腹面基部具二蜜腺，雄蕊6枚，二轮排列，与花瓣对生。浆果椭圆形，熟时红色，先端具宿存花柱；种子2粒，果期7~8月。

生境分布：生于海拔1400~2800米的山坡灌丛中或杂木林下。分布于曲瓦沟、大峪沟、瓜咱沟、磨沟、黑峪沟、卡子沟、铁坝沟。

用途：根皮含小檗碱，可入药。

识别要点：本种外形十分近似直穗小檗极易混淆，主要区别在于前者花瓣先端缺裂；后者花瓣先端全缘。

花期及蜜源利用价值：花期5~6月，花瓣基部具有2个蜜腺，蜜量少，可为辅助蜜源。

(132)直穗小檗　*Berberis dasystachys* Maxim.

形态特征：落叶灌木，高1.5～2.5米；老枝灰色，稍具细纵条棱及稀疏细小疣状突起；叶在长枝上变态成刺，单一或三叉。单叶，互生，在短枝上簇生，纸质，宽倒卵形、近圆形或椭圆形，缘具刺芒状细密锯齿。花两性，淡黄色，15～50朵组成总状花序；萼片6枚，二轮排列，卵形，花瓣状；花瓣6枚，倒卵形，与萼片等长或稍短，全缘，腹面基部具二蜜腺；雄蕊6枚，二轮排列，与花瓣对生。浆果椭圆形，熟时红色，无白粉，先端具宿存的柱头。种子1～2粒。果期8～9月。

生境分布：生于海拔1700～2700米的向阳山地灌丛中、山谷溪旁、林缘、林下、草丛中。分布于曲瓦沟、磨沟及拱坝河流域各沟。

用途：根皮、树皮及花、果可入药。主治消化不良、腹泻等。

花期及蜜源利用价值：花期6月，花瓣基部具有2个蜜腺，蜜、粉量少，可为辅助蜜源。

（133）黄芦木 *Berberis amurensis* Rupr.

形态特征：落叶灌木，高1～3米，老枝淡黄色或灰色，稍具棱槽，无疣点；茎刺三分叉，稀单一。单叶，互生，在短枝上簇生，纸质，长圆形、倒卵形或椭圆形，叶缘具刺芒状细密锯齿。花两性，淡黄色，总状花序具10～25朵花；萼片6枚，二轮排列，倒卵形，花瓣状；花瓣6枚，长卵形，先端微凹，腹面基部具二蜜腺；雄蕊6枚，二轮排列，与花瓣对生。浆果椭圆形，熟时鲜红色，被白粉，先端无宿存花柱；种子2粒，果期6～9月。

生境分布：生于海拔2000～3000米的山坡、沟谷灌丛中及杂木林下。分布于曲瓦沟、大峪沟、磨沟、插岗、拱坝、曲告纳、博峪等乡境内。

用途：全株含小檗碱，以根皮含量高，供药用；也可作黄色染料；种子可榨油，供制肥皂和润滑油。

花期及蜜源利用价值：花期5～6月，花瓣基部具有2个蜜腺，蜜量中等，可为林区重要的辅助蜜源，生长集中地方，可取得商品蜜。

二十三、猕猴桃科 Actinidiaceae

51.猕猴桃属 *Actinidia*

(134)狗枣猕猴桃　*Actinidia kolomikta* (Maxim.et Rupr.)Maxim

形态特征：落叶藤本，长5~15米。幼枝疏被柔毛；老枝具显著皮孔；单叶互生，薄纸质或膜质，宽卵形、长圆状卵形，基部心形，两侧不对称，缘具尖锐单锯齿或重锯齿，两面近无毛或沿脉略被短柔毛，上面常散生软弱的小刺毛。花单性或两性，雌雄异株，生于叶腋或花枝下部；雄花通常3朵组成聚伞花序；雌花常单生；总花梗被黄褐色绒毛；花瓣5枚，白色或粉红色；雄蕊多数，花药黄色，花丝丝状；子房上位，花柱多数，离生。浆果长圆形或卵圆形，无毛，无斑点，熟时淡橘红色，并有深色纵纹；果熟时萼片脱落。

生境分布：生于海拔1100~2000米的沟谷杂木林或河边灌丛中。分布于西岔梁、卡子沟、铁坝沟、嘎沟。

用途：果可生食，也可供制果酱或糖浆。

花期及蜜源利用价值：花期5~6月，蜜、粉丰富，分布少，为辅助蜜源。

（135）四萼猕猴桃　*Actinidia tetramera* Maxim.

形态特征：落叶攀援藤本，长达13米。枝淡灰或红褐色，具皮孔，无毛，单叶互生，通常密生小枝顶部，有时具白色或淡红色彩斑，狭长圆状卵形，缘具细锯齿，上面暗绿色，无毛，下面淡绿色，沿脉疏被刺毛，脉腋具白色簇毛。花杂性，2~3朵簇生或单生，白色或蔷薇红色，芳香；萼片4，绿色，缘被有睫毛，宿存；花瓣4，稀5，无毛；雄蕊多数，花药丁字形着生，花药黄色；子房上位，花柱5，顶端合生或散开，常宿存。浆果长卵球形，金黄色，成熟后褐色，无毛及皮孔，果柄无毛，细弱，下垂，果期8月。

生境分布：生于海拔2200~2500米的沟谷杂木林内或缠绕在灌丛上。分布于立节拉尕沟、磨沟、插岗嘎沟、拱坝卡子沟。

用途：果可食或开发加工成罐头或酿酒，枝条可供编筐等。

花期及蜜源利用价值：花期6月，蜜量中等，可为重要的辅助蜜源。

（136）中华猕猴桃　*Actinidia chinensis* Planch.

形态特征：落叶藤本，长数米至十几米。单叶互生，叶大，纸质、圆形，卵圆形或倒卵形。花单性，雌雄异株或杂性，聚伞花序1～3花；苞片小，卵形或钻形，均被毛；花初放时白色，放后变淡黄色，有香气；萼片3~7片，通常5片，两面密被压紧的黄褐色绒毛；花瓣5片，有时少至3~4片或多至6~7片，阔倒卵形，有短距；雄蕊极多，花丝狭条形，花药黄色，长圆形；子房球形，花柱狭条形。果黄褐色，近球形、圆柱形、倒卵形或椭圆形，被茸毛、长硬毛或刺毛状长硬毛，成熟时秃净或不秃净，具淡褐色斑点；宿存萼片反折。

生境分布：在大川、城关、峰迭等乡镇境内有栽培。数量少。

用途：浆果生食或制作果浆、果脯等，全株可入药。

花期及蜜源利用价值：花期5月，花粉淡黄色，长球形，蜜、粉丰富，是一种较理想的蜜粉源植物，但分布稀少，可作为辅助蜜源。

二十四、藤黄科 Guttiferae

52.金丝桃属 *Hypericum*

（137）贯叶连翘 *Hypericum perforatum* Linn.

形态特征：多年生草本，高20~60厘米，全体无毛。茎直立，多分枝，茎及分枝两侧各有1纵线棱。叶无柄，椭圆形至线形，边缘全缘，背卷，坚纸质，上面绿色，下面白绿色。花序为5~7花两歧状的聚伞花序，生于茎及分枝顶端，多个再组成顶生圆锥花序。花瓣黄色，边缘及上部常有黑色腺点。雄蕊多数，3束，每束有雄蕊约15枚，花丝长短不一，花药黄色，具黑腺点。子房卵珠形，花柱3，自基部极少开。蒴果长圆状卵珠形，具背生腺条及侧生黄褐色囊状腺体。种子黑褐色，圆柱形，具纵向条棱，两侧无龙骨状突起，表面有细蜂窝纹，果期9~10月。

生境分布：生于海拔1500~2200米的山坡、路旁、草地、林下及河边等处。各乡镇境内都有分布。

用途：可供药用。对牛、羊、马有毒。

花期及蜜源利用价值：花期7~8月，花粉黄色，蜜粉量中等，为有毒蜜源。

(138)突脉金丝桃　*Hypericum przewalskii* Maxim.

形态特征：多年生草本，高0.3~0.5米，全体无毛。茎多数，圆柱形，具多数叶，不分枝或有时在上部具腋生小枝。叶无柄，下部者为倒卵形，上部者为卵形或卵状椭圆形，基部心形而抱茎，全缘，坚纸质，上面绿色，下面白绿色，侧脉约4对，与中脉在上面凹陷，下面凸起。花序顶生，聚伞花序，有时连同侧生小花枝组成伞房花序或为圆锥状。花瓣5，长圆形，稍弯曲。雄蕊5束，每束有雄蕊约15枚，无腺点。子房卵珠形，5室，光滑；花柱5，自中部以上分离。蒴果卵珠形，成熟后先端5裂。种子淡褐色，圆柱形，两端锐尖，一侧有龙骨状突起，表面有细蜂窝纹，果期8~9月。

生境分布：生于海拔1840~3400米山坡及河边灌丛等处。分布于曲瓦沟、大峪沟、瓜咱沟、磨沟及插岗、拱坝、铁坝等乡境内。

花期及蜜源利用价值：花期6~7月，花粉黄色，有粉，为辅助蜜源。

53.白屈菜属 *Chelidonium*

(139)白屈菜 *Chelidonium majus* Linn

形态特征：多年生草本，高30～60(～100)厘米。茎聚伞状多分枝，分枝常被短柔毛，节上较密，后变无毛。具黄色汁液；基生叶少，早凋落，叶片倒卵状长圆形或宽倒卵形，羽状全裂，全裂片2～4对，倒卵状长圆形，具不规则的深裂或浅裂，裂片边缘圆齿状，表面绿色，无毛，背面具白粉，疏被短柔毛。伞形花序多花；花瓣倒卵形，全缘，黄色；雄蕊长约8毫米，花丝丝状，黄色，花药长圆形；子房线形，绿色，无毛，柱头2裂。蒴果狭圆柱形，种子卵形，暗褐色，具光泽及蜂窝状小格。果期5～9月。

生境分布：生于海拔1200～2000米的山坡、山谷林缘草地或路旁、石缝。沿白龙江各乡镇及曲告纳镇境内有分布。

用途：种子含油40%以上；全草入药，有毒，含多种生物碱，亦可作农药。花的大小有变异。

花期及蜜源利用价值：花期4～7月，蜜、粉丰富，对蜂群繁殖有利。

(140)秃疮花 *Dicranostigma leptopodum* (Maxim.)Fedde

形态特征：通常为多年生草本，高25~80厘米，全体含淡黄色液汁，被短柔毛，稀无毛。茎多，绿色，具粉，上部具多数等高的分枝。基生叶丛生，叶片狭倒披针形，羽状深裂，裂片4~6对，再次羽状深裂或浅裂，顶端小裂片3浅裂，表面绿色，背面灰绿色，疏被白色短柔毛；茎生叶少数，生于茎上部，羽状深裂、浅裂或二回羽状深裂；无柄。花1~5朵于茎和分枝先端排列成总状聚伞花序；花瓣倒卵形至回形，黄色；雄蕊多数，花丝丝状，花药长圆形，黄色；子房狭圆柱形，绿色，密被疣状短毛，花柱短，柱头2裂，直立。蒴果线形，绿色，无毛，2瓣自顶端开裂至近基部。种子卵珠形，红棕色，具网纹。果期6~8月。

生境分布：生于海拔1400~2900（3700）米的草坡或路旁，田埂也常见。分布于各乡镇境内。

用途：根及全草药用，有清热解毒、消肿镇痛、杀虫等功效。

花期及蜜源利用价值：花期3~7月，花粉黄色，粉少量，可为春季的辅助粉源。

54.博落回属 *Macleaya*

(141)小果博落回　*Macleaya microcarpa* (Maxim.) Fedde

形态特征：直立草本，基部木质化，具乳黄色浆汁。茎高0.6~2米，淡黄绿色，光滑，多白粉，中空，上部多分枝。叶片宽卵形或近圆形，通常7或9深裂或浅裂，表面绿色，无毛，背面多白粉，被易脱落的细绒毛，基出脉通常5；大型圆锥花序多花，顶生和腋生；花瓣无；雄蕊8~12，花丝丝状，花药条形；子房倒卵形，柱头2裂。蒴果近卵形，种子1枚，卵珠形，基着，直立，种皮具孔状雕纹，无种阜。果期7~10月。

生境分布：生于海拔1200~1830米的山坡、林中、灌丛中或草丛间。各乡镇境内有分布。

用途：全草有大毒，不可内服，外用治恶疮及皮肤病；可作农药。

花期及蜜源利用价值：花期6~7月，花粉多，呈灰白色、球形，其蜜含普洛托品，可使蜜蜂先兴奋，后麻痹死亡，为有毒蜜源植物。

二十六、十字花科 Cruciferae

55.萝卜属 *Raphanus*

(142)萝卜 *Raphanus sativus* Linn.

形态特征：一年或二年生草本，高20~100厘米；直根肉质，长圆形、球形或圆锥形，外皮绿色、白色或红色；茎有分枝，无毛，稍具粉霜。基生叶和下部茎生叶大头羽状半裂，侧裂片4~6对，有钝齿，疏生粗毛，上部叶长圆形，有锯齿或近全缘。总状花序顶生及腋生；花白色或粉红色；花瓣倒卵形，具紫纹，下部有长5毫米的爪。长角果圆柱形，在相当种子间处缢缩，并形成海绵质横隔。种子1~6个，卵形，微扁，红棕色，有细网纹，果期5~6月。

生境分布：全县各地普遍栽培。

用途：根作蔬菜；种子、根、叶入药；种子榨油工业用及食用。

花期及蜜源利用价值：花期4~5月，短雄蕊基部通常具有大蜜腺，流蜜中等，数量多时，可取得商品蜜，可为重要辅助蜜源。

56.菘蓝属 *Isatis*

（143）菘蓝　*Isatis indigotica* Fortune　土名:板蓝根

形态特征：二年生草本，高40~100厘米；茎直立，绿色，顶部多分枝，植株光滑无毛，带白粉霜。基生叶莲座状，长圆形至宽倒披针形，长全缘或稍具波状齿，具柄；蓝绿色。复总状花序，花两性，萼片宽卵形或宽披针形；花瓣黄白，宽楔形，顶端近平截，具短爪。短角果近长圆形，扁平，无毛，边缘有翅；果梗细长，微下垂。种子长圆形，淡褐色，果期5~6月。

生境分布：各乡镇均有种植。

用途：根（板蓝根）、叶（大青叶）均供药用，有清热解毒、利咽止痛的功效。叶还可提取蓝色染料；种子榨油，供工业用。

花期及蜜源利用价值：花期4~5月，蜜、粉少量，为辅助蜜源。

57.蔊菜属 *Rorippa*

（144）蔊菜 *Rorippa indica* (Linn.) Hiern.

形态特征：一年或二年生直立草本，高20～40厘米，无毛或具疏毛。茎单一或分枝，表面具纵沟。叶互生，基生叶及茎下部叶具长柄，叶形多变化，通常大头羽状分裂，顶端裂片卵状披针形，边缘具不整齐牙齿，侧裂片1～5对；茎上部叶片宽披针形或匙形，边缘具疏齿，具短柄或基部耳状抱茎。总状花序顶生或侧生，花小，多数，具细花梗；花瓣4，黄色，匙形，基部渐狭成短爪，与萼片近等长；雄蕊6，2枚稍短。长角果线状圆柱形，短而粗，成熟时果瓣隆起；果梗纤细。种子每室2行，多数，细小，表面褐色，果期6～8月。

生境分布：生于海拔1230～1450米的路旁、田边、园圃、河边、屋边墙脚及山坡路旁等较潮湿处。白龙江沿岸及拱坝河下游有分布。

用途：全草入药，有解表健胃、止咳化痰、平喘、清热解毒等效；嫩茎叶可食或作饲料。

花期及蜜源利用价值：花期5月，蜜、粉数量丰富，有利于蜂群夏季繁殖。

58.菥蓂属 *Thlaspi*

(145)菥蓂　*Thlaspi arvense* Linn.　土名:苦根儿

形态特征：一年生草本，高9~60厘米，无毛；茎直立，不分枝或分枝，具棱。基生叶倒卵状长圆形，顶端圆钝或急尖，基部抱茎，两侧箭形，边缘具疏齿。总状花序顶生；花白色，直径约2毫米；花梗细；萼片直立，卵形，顶端圆钝；花瓣长圆状倒卵形，顶端圆钝或微凹。短角果倒卵形或近圆形，扁平，顶端凹入，边缘有翅宽。种子每室2~8个，倒卵形，稍扁平，黄褐色，果期5~6月。

生境分布：生在田间或路旁，山坡、沟边。各乡镇境内都有分布。

用途：种子油供制肥皂，也作润滑油，还可食用；全草、嫩苗和种子均入药；嫩苗加盐制后可调食。

花期及蜜源利用价值：花期3~4月，花粉淡黄色，数量较多，有利于蜂群繁殖，是重要的春季辅助蜜源。

59.独行菜属 *Lepidium*

(146)独行菜　*Lepidium apetalum* Willd　土名:辣辣根儿

形态特征：一年或二年生草本，高5~30厘米；茎直立，有分枝，无毛或具微小头状毛。基生叶窄匙形，一回羽状浅裂或深裂；茎上部叶线形，有疏齿或全缘。总状花序在果期可延长至5厘米；萼片早落，卵形，外面有柔毛；花瓣不存或退化成丝状，比萼片短；雄蕊2或4。短角果近圆形或宽椭圆形，扁平，顶端微缺，上部有短翅，隔膜宽不到1毫米；果梗弧形。种子椭圆形，平滑，棕红色。果期6~7月。

生境分布：生在海拔1200~2000米山坡、山沟、路旁及村庄附近。为常见的田间杂草。全县分布。

用途：嫩叶作野菜食用；全草及种子供药用，有利尿、止咳、化痰功效；种子作葶苈子用，亦可榨油。

花期及蜜源利用价值：花期4~5月，花粉少量，为辅助蜜源。

(147)楔叶独行菜 *Lepidium cuneiforme* C. Y. Wu

形态特征：二年生草本，高20～35厘米；茎单一或数个，直立，分枝，有腺毛。茎下部叶匙形或楔形，长1～5厘米，宽4～15毫米，顶端微钝，基部渐狭，下部有时羽状分裂，中上部叶有不整齐钝齿，无毛；叶柄长5～10毫米；上部叶近无柄或无柄。总状花序花后伸长；萼片卵形，长约1毫米；花瓣白色，长圆形，约和萼片等长；雄蕊4。短角果卵形或近圆形，长2～3毫米，宽1～2毫米，顶端全缘或微缺，无毛，上部有窄翅，花柱极短；果梗长3～5毫米，弧曲开展。种子长圆形，长约1毫米，棕色。花果期4～7月。

生境分布：生在海拔1200～2000米山坡、山沟、路旁及村庄附近。为常见的田间杂草。全县境内有分布。

用途：嫩叶作野菜食用；全草及种子供药用。

花期及蜜源利用价值：花期4～6月，花粉量较少，为辅助蜜源。

60.荠属 *Capsella*

（148）荠　*Capsella bursa～pastoris* (Linn.)Medic.

形态特征：一年或二年生草本，高(7～)10～50厘米，无毛、有单毛或分叉毛；茎直立，单一或从下部分枝。基生叶丛生呈莲座状，大头羽状分裂，顶裂片卵形至长圆形，侧裂片3～8对，长圆形至卵形，顶端渐尖，浅裂、或有不规则粗锯齿或近全缘；茎生叶窄披针形或披针形，基部箭形，抱茎，边缘有缺刻或锯齿。总状花序顶生及腋生，果期延长达20厘米；萼片长圆形；花瓣白色，卵形，有短爪。短角果倒三角形或倒心状三角形，扁平，无毛，顶端微凹，裂瓣具网脉。种子2行，长椭圆形，浅褐色。果期4～6月。

生境分布：生在山坡、田边及路旁。常见杂草，全县有分布。

用途：全草入药，有利尿、止血、清热、明目、消积功效；茎叶作蔬菜食用；种子含油，供制油漆及肥皂用。

花期及蜜源利用价值：花期3～4月，有蜜有粉，分布面积大，开花早，有利于蜂群春季繁殖。

61.葶苈属 Draba

(149)葶苈 *Draba nemorosa* Linn.

形态特征：一年或二年生草本。茎直立，高5～45厘米，单一或分枝，疏生叶片或无叶，但分枝茎有叶片；下部密生单毛、叉状毛和星状毛，上部渐稀至无毛。基生叶莲座状，长倒卵形，边缘有疏细齿或近于全缘；茎生叶长卵形或卵形，边缘有细齿，无柄，上面被单毛和叉状毛，下面被星状毛。总状花序有花25～90朵，密集成伞房状；花瓣黄色，花期后成白色，倒楔形，顶端凹；花药短心形；雌蕊椭圆形，密生短单毛，花柱几乎不发育，柱头小。短角果长圆形或长椭圆形，被短单毛。种子椭圆形，褐色，种皮有小疣。果期5～6月。

生境分布：生于田边路旁，山坡草地及河谷湿地。白龙江沿岸及拱坝河下游有分布。

用途：种子入药。种子含油，可供制皂工业用。

花期及蜜源利用价值：花期3～4月，有蜜有粉，雨水充足、生长旺盛时，可维持采食饲料，也可取得少量商品蜜。

62.芸薹属 *Brassica*

(150)芜菁 *Brassica rapa* Linn. 土名:洋根、圆根

形态特征：二年生草本，高达100厘米；块根肉质，球形、扁圆形或长圆形，外皮白色、黄色或红色，根肉质白色或黄色，无辣味；茎直立，有分枝，下部稍有毛，上部无毛。基生叶大头羽裂或为复叶，边缘波状或浅裂，上面有少数散生刺毛，下面有白色尖锐刺毛；中部及上部茎生叶长圆披针形，无毛，带粉霜，基部宽心形，至少半抱茎，无柄。总状花序顶生；花瓣鲜黄色，倒披针形，有短爪。长角果线形，果瓣具1显明中脉。种子球形，浅黄棕色，近种脐处黑色，有细网状窠穴，果期5~6月。

生境分布：全县各乡都有栽培。

用途：块根熟食、也可和叶用来煮酸菜，或作喂猪饲料。

花期及蜜源利用价值：花期4~5月，蜜、粉量较多，蜜黄色透明，为主要辅助蜜源。

(151)油菜　*Brassica campestris* Linn.　别名:油菜籽

形态特征：二年生草本，高30~90厘米；茎粗壮，直立，分枝或不分枝，无毛或近无毛，稍带粉霜。基生叶大头羽裂，顶裂片边缘有不整齐弯缺牙齿，侧裂片1至数对；叶柄宽，基部抱茎；下部茎生叶羽状半裂，基部扩展且抱茎，两面有硬毛及缘毛；上部茎生叶长圆状倒卵形、长圆形，抱茎，两侧有垂耳，全缘或有波状细齿。总状花序在花期成伞房状，以后伸长；花鲜黄色；花瓣倒卵形，基部有爪。长角果线形，种子球形，紫褐色。果期5~6月。

生境分布：在土层深厚、肥沃的土壤上生长良好，全县大量栽培，白龙江沿岸播种较多。

用途：为主要油料植物之一，种子含油量40%左右，油供食用；嫩茎叶和总花梗作蔬菜；种子药用，能行血散结消肿；叶可外敷痈肿。

泌蜜规律：花期3~5月，盛花期约20天，花期随纬度和海拔，由东南向西北，由低到高逐渐推迟。18℃以上开始流蜜，20℃~25℃为流蜜适宜温度。天气晴朗，空气湿润，流蜜丰富；雄蕊基部有四个蜜腺，油菜蜜呈浅黄色，易结晶，结晶为白色或浅琥珀色，质较好。

花期及蜜源利用价值：花粉黄色，量大，有黏性，蜂喜采，分布广、面积大，为舟曲县早春主要蜜源植物之一。

(152)甘蓝　*Brassica oleracea Linn. var. capitata* Linn.　土名:包包菜、包心菜

形态特征：二年生草本，被粉霜。矮且粗壮一年生茎肉质，不分枝，绿色或灰绿色。基生叶多数，质厚，层层包裹成球状体，扁球形，乳白色或淡绿色；二年生茎有分枝，具茎生叶。基生叶及下部茎生叶长圆状倒卵形至圆形。顶端圆形，基部骤窄成极短有宽翅的叶柄，边缘有波状不显明锯齿；上部茎生叶卵形或长圆状卵形，基部抱茎；最上部叶长圆形，抱茎。总状花序顶生及腋生；花淡黄色；花瓣宽椭圆状倒卵形或近圆形，基部骤变窄成爪。长角果圆柱形，两侧稍压扁，中脉突出；果梗粗，直立开展。种子球形，棕色。果期6月。

生境分布：各乡镇都有栽培。

用途：作蔬菜及饲料用。

花期及蜜源利用价值：花期5~6月，蜜少粉多，且多为蔬菜，开花的较少，为辅助蜜源植物。

(153)白菜 *Brassica pekinensis (Lour.)* Rupr.

形态特征：二年生草本，高40~60厘米，常全株无毛，有时叶下面中脉上有少数刺毛。基生叶多数，大形，倒卵状长圆形至宽倒卵形，顶端圆钝，边缘皱缩，波状，有时具不显明牙齿，中脉白色，很宽，有多数粗壮侧脉；上部茎生叶长圆状卵形、长圆披针形至长披针形，顶端圆钝至短急尖，全缘或有裂齿，有柄或抱茎，有粉霜。花鲜黄色，花瓣倒卵形，基部渐窄成爪。长角果较粗短，两侧压扁，直立，顶端圆。种子球形，棕色。果期6月。

生境分布：全县各乡广泛栽培。

用途：主要蔬菜。生食、炒食、盐腌、酱渍均可。

花期及蜜源利用价值：花期5月，蜜量较大，但仅留种部分供蜜蜂利用；花粉丰富，为较重要的辅助蜜源植物。

(154)青菜　*Brassica chinensis* L.　别名:小油菜

形态特征：一年或二年生草本，高25～70厘米，无毛，带粉霜；基生叶倒卵形或宽倒卵形，坚实，深绿色，有光泽，基部渐狭成宽柄。全缘或有不显明圆齿或波状齿。下部茎生叶和基生叶相似，基部渐狭成叶柄；上部茎生叶倒卵形或椭圆形，基部抱茎，两侧有垂耳，全缘，微带粉霜。总状花序顶生，呈圆锥状；花浅黄色；花瓣长圆形，顶端圆钝，有脉纹，具宽爪。长角果线形，坚硬，无毛，果瓣有明显中脉及网结侧脉。种子球形，紫褐色，有蜂窝纹，果期5～6月。

生境分布：白龙江沿岸及拱坝河流域河川有栽培。

用途：嫩叶供蔬菜用，为我国最普遍蔬菜之一。

花期及蜜源利用价值：花期4～5月，留种及采收过迟开花的青菜有蜜、粉少量，为辅助蜜源植物。

(155)擘蓝　*Brassica caulorapa* Pasq.　土名:苤蓝

形态特征：二年生草本，高30~60厘米，全体无毛，带粉霜；茎短，在离地面2~4厘米处膨大成1个实心长圆球体或扁球体，绿色，其上生叶。叶略厚，宽卵形至长圆形，基部在两侧各有1裂片，或仅在一侧有1裂片，边缘有不规则裂齿；茎生叶长圆形至线状长圆形，边缘具浅波状齿。总状花序顶生；花及长角果和甘蓝的相似，但喙常很短，且基部膨大；种子有棱角，果期6月。

生境分布：沿河川及低半山均有栽培。

用途：球茎及嫩叶作蔬菜食用；种子油供食用；叶及种子药用。

花期及蜜源利用价值：花期4~5月，蜜琥珀色少量，粉较多，为重要的辅助蜜源植物。

63.芝麻菜属

（156）芝麻菜　*Eruca sativa* Mill.

形态特征：一年生草本，茎直立，上部分枝，具白色硬单毛，少数无毛。单叶互生，下部叶羽状深裂，上部叶具1～3对裂片。成总状花序；花黄色，有棕色或紫色纹；萼片稍直立，内轮基部稍成囊状；花瓣短倒卵形，有长爪；花两性，雄蕊6，外轮雄蕊比内轮的短；侧蜜腺凹陷，棱柱状，中蜜腺半球形或近长圆形。长角果长圆形或近椭圆形，有4棱；种子近2行，卵形或近球形。

生境分布：喜温凉气候，生于荒坡、田旁、路旁。分布于博峪、曲告纳等乡镇境内。

用途：油料作物，种子榨油或药用。

花期及蜜源利用价值：花期5～6月，泌蜜20多天，雄蕊基部具蜜腺，泌蜜适宜温度26℃～27℃，30℃和干旱时，也正常泌蜜，泌蜜丰富，但花冠深，蜜蜂只能从基部吸吮，蜜浅琥珀色，极易结晶；粉黄色较多，为重要的辅助蜜源植物。

64.诸葛菜属 *Orychophragmus*

（157）诸葛菜 *Orychophragmus violaceus* (Linn.) O. E. Schulz

形态特征：一年或二年生草本，高10～50厘米，无毛；茎单一，直立，基部或上部稍有分枝，浅绿色或带紫色。基生叶及下部茎生叶大头羽状全裂，顶裂片近圆形或短卵形，顶端钝，基部心形，有钝齿，侧裂片2～6对，卵形或三角状卵形，越向下越小，偶在叶轴上杂有极小裂片，全缘或有牙齿，叶柄疏生细柔毛；上部叶长圆形或窄卵形，顶端急尖，基部耳状，抱茎，边缘有不整齐牙齿。花紫色、浅红色或褪成白色；花萼筒状，紫色；花瓣宽倒卵形，密生细脉纹，爪长3～6毫米。长角果线形。具4棱，裂瓣有1凸出中脊。种子卵形至长圆形，稍扁平，黑棕色，有纵条纹。果期5～6月。

生境分布：生在山地、路旁或地边。白龙江沿岸乡镇及拱坝、曲告纳境内有分布。

用途：嫩茎叶可作野菜食用，种子可榨油。

花期及蜜源利用价值：花期3～4月，蜜、粉较少，为辅助蜜源植物。

65.播娘蒿属 *Descurainia*

（158）播娘蒿　*Descurainia sophia* (Linn.) Webb. ex Prantl

形态特征：一年生草本，高20~80厘米，有叉状毛或无毛，以下部茎生叶为多，向上渐少。茎直立，分枝多，常于下部呈淡紫色。叶为3回羽状深裂，末端裂片条形或长圆形，下部叶具柄，上部叶无柄。花序伞房状，果期伸长；花瓣黄色，长圆状倒卵形，稍短于萼片，具爪；雄蕊6枚，比花瓣长三分之一。长角果圆筒状，无毛，稍内曲，果瓣中脉明显。种子每室1行，种子形小，多数，长圆形，长约1毫米，稍扁，淡红褐色，表面有细网纹。

生境分布：生于山坡、路旁、田野及农田，有害杂草，全县均有分布。

用途：种子可榨油，油工业用，也可食用；种子可药用。

花期及蜜源利用价值：花期4~5月，开花早花期长，蜜、粉皆有，对蜂群繁殖有利。

66.碎米荠属 *Cardamine*

（159）大叶碎米荠　*Cardamine macrophylla* Willd. 土名:石改

形态特征：多年生草本，高30～100厘米。茎较粗壮，圆柱形，直立，不分枝或上部分枝，表面有沟棱。茎生叶通常4～5枚，有叶柄，小叶4～5对，小叶椭圆形或卵状披针形，边缘具比较整齐的锐锯齿或钝锯齿；小叶上面毛少、下面散生短柔毛，有时两面均无毛。总状花序多花，外轮萼片淡红色，外面有毛或无毛，内轮萼片基部囊状；花瓣淡紫色、紫红色，少有白色，顶端圆或微凹，向基部渐狭成爪；花丝扁平；子房柱状，花柱短。长角果扁平；果瓣平坦无毛，有时带紫色，花柱很短，柱头微凹。种子椭圆形，褐色。果期7～8月。

生境分布：生于海拔1600～3800米山坡灌木林下、沟边、石隙、高山草坡水湿处。分布于曲瓦沟、大峪沟、拉尕沟、黑峪沟、瓜咱沟、磨沟及拱坝河流域各林区。

用途：全草药用；嫩苗可食用，亦为良好的饲料。

花期及蜜源利用价值：花期5～6月，粉较少，为辅助粉源植物。

(160)紫花碎米荠　*Cardamine tangutorum* O. E. Schulz

形态特征：多年生草本，高15～50厘米。茎单一，不分枝。基部倾斜，上部直立，表面具沟棱，上部有少数柔毛。基生叶有长叶柄；小叶3～5对，边缘具钝齿，无小叶柄，两面与边缘有少数短毛；茎生叶通常只有3枚，着生于茎的中、上部，小叶3～5对，较狭小。总状花序有十几朵花；内轮萼片基部囊状，外面带紫红色，有少数柔毛；花瓣紫红色或淡紫色，倒卵状楔形，基部渐狭成爪；花丝扁而扩大、花药狭卵形；雌蕊柱状，无毛，花柱与子房近于等粗，柱头不显著。长角果线形，扁平。种子长椭圆，褐色。果期6～8月。

生境分布：生于海拔1800～3800米高山山沟草地及林下阴湿处。分布于曲瓦沟、大峪沟、黑峪沟、瓜咱沟、磨沟及拱坝河流域各林区。

用途：全草食用；亦供药用，清热利湿；花治筋骨疼痛。

花期及蜜源利用价值：花期4～6月，粉少量，可作为辅助粉源植物。

（161）白花碎米荠　*Cardamine leucantha (Tausch)* O. E. Schulz

形态特征：多年生草本，高30～75厘米。茎单一，不分枝，有时上部有少数分枝，表面有沟棱、密被短绵毛或柔毛。基生叶有长叶柄，小叶2～3对，顶生小叶卵形至长卵状披针形，边缘有不整齐的钝齿或锯齿，茎中部叶有较长的叶柄，通常有小叶2对；茎上部叶有小叶1～2对，较小。总状花序顶生，分枝或不分枝，花后伸长；萼片外面有毛；花瓣白色，长圆状楔形；花丝稍扩大；雌蕊细长；子房有长柔毛，柱头扁球形。长角果线形；果瓣散生柔毛易脱落。种子长圆形，栗褐色，边缘具窄翅或无。果期6～8月。

生境分布：生于海拔1400～2000米的路边、山坡湿草地、杂木林下及山谷沟边阴湿处。分布于曲瓦沟、大峪沟、拉尕沟、黑峪沟、瓜咱沟、磨沟及拱坝河流域各林区。

用途：全草晒干，民间用以代茶叶；全草及根状茎药用，能清热解毒，化痰止咳；嫩苗可作野菜食用。

花期及蜜源利用价值：花期4～6月，粉少量，可作为辅助粉源植物。

（162）弹裂碎米荠　*Cardamine impatiens* Linn.

形态特征：一年或二年生草木，高20～60厘米。茎直立，不分枝或有时上部分枝，表面有沟棱，有少数短柔毛或无毛，着生多数羽状复叶。基生叶两缘通常有短柔毛，有1对托叶状耳，小叶2～8对，边缘有不整齐钝齿状浅裂，通常生于最下的1～2对近于披针形，全缘；茎生叶有柄，缘毛显著，小叶5～8对；最上部的茎生叶小叶片较狭，边缘少齿裂或近于全缘；全部小叶散生短柔毛，有时无毛，边缘均有缘毛。总状花序顶生和腋生，花多数，形小，果期花序极延长；花瓣白色，狭长椭圆形，基部稍狭；雌蕊柱状，无毛，花柱极短，柱头较花柱稍宽。长角果狭条形而扁，果瓣无毛，成熟时自下而上弹性开裂。种子椭圆形，边缘有极狭的翅，果期5～7月。

生境分布：生于海拔1400～3500米的路旁、山坡、沟谷、水边或阴湿地。各乡境内都有分布。

用途：全草可供药用，民间治妇女经血不调；种子可榨油。

花期及蜜源利用价值：花期4～6月，蜜、粉少量，可作为辅助蜜源。

（163）弯曲碎米荠　*Cardamine flexuosa* With.

形态特征：一年或二年生草本，高达30厘米。茎自基部多分枝，斜升呈铺散状，表面疏生柔毛。基生叶有叶柄，小叶3~7对，侧生小叶较顶生的形小，1~3齿裂，有小叶柄；茎生叶有小叶3~5对，小叶多为长卵形或线形，1~3裂或全缘，全部小叶近于无毛。总状花序多数，生于枝顶，花小；花瓣白色，倒卵状楔形；花丝不扩大；雌蕊柱状，花柱极短，柱头扁球状。长角果线形，扁平，果序轴左右弯曲。种子长圆形而扁，黄绿色，顶端有极窄的翅。果期4~6月。

生境分布：生于山坡、田边、路旁及草地。各乡境内均有分布。

用途：全草入药，能清热、利湿、健胃、止泻。

花期及蜜源利用价值：花期4~6月，粉少量，可作为辅助粉源植物。

67.糖芥属 *Erysimum*

（164）小花糖芥　*Erysimum cheiranthoides* Linn.

形态特征：一年生草本，高15～50厘米；茎直立，分枝或不分枝，有棱角，具2叉毛。基生叶莲座状，无柄，平铺地面；茎生叶披针形或线形，边缘具深波状疏齿或近全缘，两面具3叉毛。总状花序顶生，果期长达17厘米；萼片长圆形或线形，外面有3叉毛；花瓣浅黄色，长圆形，下部具爪。长角果圆柱形，侧扁，稍有棱，具3叉毛；果瓣有1条不明显中脉；花柱长约1毫米，柱头头状；果梗粗；种子每室1行，种子卵形，淡褐色，果期6月。

生境分布：生在海拔1200～2000米山坡、田旁、路旁及荒地。曲告纳、博峪、拱坝、东山、坪定、城关、八楞等乡镇境内有分布。

用途：种子油工业用或充葶苈子作药用。

花期及蜜源利用价值：花期5月，蜜、粉量中等，为重要的辅助蜜源植物。

68.鼠耳芥属 *Arabidopsis*

（165）鼠耳芥　*Arabidopsis thaliana* (Linn.) Heynh.

形态特征：一年生细弱草本，高20～35厘米，被单毛与分枝毛。茎不分枝或自中上部分枝，常有纵槽，下部被单毛，偶杂有2叉毛。基生叶莲座状，倒卵形或匙形，边缘有少数不明显的齿，两面均有2～3叉毛；茎生叶无柄，披针形，条形。花序为疏松的总状花序，结果时可伸长达20厘米；花瓣白色，长圆条形，基部线形。角果长10～14毫米，果瓣两端钝或钝圆，有1中脉与稀疏的网状脉，多为橘黄色或淡紫色。种子每室1行，种子卵形、小、红褐色。

生境分布：生于山坡、田间、河边、路边。

花期及蜜源利用价值：花期4～6月，蜜、粉少量，对蜜蜂春繁有利。

二十七、景天科 Crassulaceae

69.景天属 Sedum

（166）费菜　*Sedum aizoon* Linn.

形态特征：多年生草本。根状茎短，粗茎高20～50厘米，有1～3条茎，直立，无毛，不分枝。叶互生，狭披针形、椭圆状披针形至卵状倒披针形，边缘有不整齐的锯齿；叶坚实，近革质。聚伞花序有多花，水平分枝，平展，下托以苞叶。萼片5，线形，肉质，不等长；花瓣5，黄色，长圆形至椭圆状披针形，有短尖；雄蕊10，较花瓣短；鳞片5，近正方形，心皮5，卵状长圆形，基部合生，腹面凸出，花柱长钻形。蓇葖星芒状排列；种子椭圆形，果期8～9月。

生境分布：生于海拔1200～2000米的山地、路旁、阴湿石上或草丛中。分布于全县各乡镇境内，以林区、林缘区较多。

用途：根或全草药用，有止血散瘀，安神镇痛之效。

花期及蜜源利用价值：花期6～7月，蜜、粉少量，可作辅助蜜源。

70、瓦松属 *Orostachys*

（167）瓦松　*Orostachys fimbriatus* (Turcz.) Berger

形态特征：二年生草本。一年生莲座丛的叶短；莲座叶线形，先端增大，为白色软骨质，半圆形，有齿；二年生花茎一般高10～40厘米，小的只长5厘米；叶互生，疏生，有刺，线形至披针形。花序总状，紧密，或下部分枝，可呈宽20厘米的金字塔形；苞片线状渐尖；花瓣5，红色，披针状椭圆形，先端渐尖，基部1毫米合生；雄蕊10，与花瓣同长或稍短，花药紫色；鳞片5，近四方形，先端稍凹。蓇葖5，长圆形；种子多数，卵形，细小。果期9～10月。

生境分布：生于海拔1200～2500米以下的山坡石上或屋瓦上。各乡镇境内有分布。

用途：全草药用，有止血、活血、敛疮之效。但有小毒，宜慎用。

花期及蜜源利用价值：花期8～10月，蜜量较大，分布集中区可取足越冬饲料。在高温多雨的年份，可取得商品蜜，干旱、低温对泌蜜有影响。为重要的辅助蜜源植物。

71.红景天属 *Rhodiola*

（168）狭叶红景天　*Rhodiola kirilowii* (Regel) Maxim.

形态特征：多年生草本。根粗，直立。花茎少数，高15～60厘米，少数可达90厘米，叶密生。叶互生，线形至线状披针形，边缘有疏锯齿，或有时全缘，无柄。花序伞房状，有多花；雌雄异株；萼片5或4，三角形；花瓣5或4，绿黄色，倒披针形；雄花中雄蕊10或8，与花瓣同长或稍超出，花丝花药黄色；心皮5或4，直立。蓇葖披针形，有短而外弯的喙；种子长圆状披针形。果期7～8月。

生境分布：生于海拔2000～5600米的山地多石草地上或石坡上。分布于黑峪沟、曲瓦沟、黑水沟、九原等地。

用途：根颈药用，可止血、止痛。主治风湿腰痛、跌打损伤。

花期及蜜源利用价值：花期6～7月，蜜、粉少量，为辅助蜜源植物。

二十八、虎耳草科

72.虎耳草属 *Saxifraga*

(169)虎耳草 *Saxifraga stolonifera* Curt.

形态特征：多年生草本，高8～45厘米。茎被长腺毛，具1～4枚苞片状叶。基生叶具长柄，叶片近心形、肾形至扁圆形，基部近截形、圆形至心形，裂片边缘具不规则齿牙和腺睫毛，腹面绿色，被腺毛，背面通常红紫色，被腺毛，有斑点，叶柄被长腺毛；茎生叶披针形。聚伞花序圆锥状，具2～5花；花两侧对称；萼片在花期开展至反曲，卵形，边缘具腺睫毛；花瓣白色，中上部具紫红色斑点，基部具黄色斑点，5枚，其中3枚较短，卵形，羽状脉序。雄蕊长4～5.2毫米，花丝棒状；花盘半环状，围绕于子房一侧，边缘具瘤突；2心皮下部合生；子房卵球形，花柱2，叉开。果期6～10月。

生境分布：生于海拔1400～3500米的林下、灌丛、草甸和阴湿岩隙。磨沟、金钱沟、罗家峪、南峪沟及拱坝河流域林区有分布。

用途：全草入药；微苦、辛，有小毒；祛风清热，凉血解毒。

花期及蜜源利用价值：花期5～8月，蜜少量，为辅助蜜源植物。

73.落新妇属 *Astilbe*

170.落新妇　*Astilbe chinensis* (Maxim.) Franch. et Savat.

形态特征：多年生草本，高50~100厘米。茎无毛。基生叶为二至三回三出羽状复叶；顶生小叶片菱状椭圆形，侧生小叶片卵形至椭圆形，边缘有重锯齿，腹面沿脉生硬毛，背面沿脉疏生硬毛和小腺毛；叶轴仅于叶腋部具褐色柔毛；茎生叶2~3，较小。圆锥花序；下部第一回分枝通常与花序轴成15°~30°角斜上；花序轴密被褐色卷曲长柔毛；苞片卵形，几无花梗；花密集；萼片5，卵形，两面无毛，边缘中部以上生微腺毛；花瓣5，淡紫色至紫红色，线形；雄蕊10；心皮2，仅基部合生。蒴果,种子褐色。果期7~9月。

生境分布：生于海拔1300~3600米的山谷、溪边、林下、林缘和山坡。分布于曲瓦沟、黑峪沟、大峪沟、瓜咱沟、磨沟、坪定、果耶、插岗、拱坝、铁坝、博峪等乡境内。

用途：全草含氰酸，花含槲皮素，根和根状茎含岩白菜素，根状茎、茎、叶可提制栲胶。根状茎入药；散瘀止痛，清热止咳。

花期及蜜源利用价值：花期6~8月，蜜少量，为辅助蜜源植物。

74.溲疏属 *Deutzia*

(171)白溲疏 *Deutzia albida Batal.*

形态特征：落叶灌木,高1.5~2米。嫩枝被细微星状毛，二年生至三年生枝光滑，皮常不脱落；单叶对生，叶片椭圆形或卵状椭圆形，上面绿色，粗糙，具皱纹，被4~5放射状星状短毛，下面白色灰色或白色，密被4~8放射状星状长毛，叶缘具细小突尖的锯齿。花两性；伞房花序通常生于侧枝顶端，具花7~11朵；总花梗被星状毛；花托膨大成钟状，老时木质化；花白色,花瓣5，不平展。边缘微具齿牙或呈波状，外面微被星状毛；雄蕊10枚，花丝条状，顶端裂或不裂，两轮排列；子房下位，每室含多数胚珠；花柱3~4，离生。蒴果半圆形，3~5瓣裂。种子褐色，具皱纹。果期8~9月。

生境分布：生于海拔1800~2400米的山坡杂木林中。分布于罗家峪沟、磨沟、黑峪沟、大峪沟、曲瓦沟。

用途：花大，洁白，可为园林栽培花卉。

花期及蜜源利用价值：花期5~6月，粉少量，为辅助粉源植物。

(172)异色溲疏　*Deutzia discolor* Hemsl.

形态特征：灌木，高2~3米；老枝圆柱形，疏被星状毛或无毛，表皮片状脱落，花枝长5~15厘米，具2~6叶，疏被星状毛。叶纸质，椭圆状披针形或长圆状披针形，边缘具细锯齿，上面绿色，疏被星状毛，下面灰绿色，密被星状毛；叶柄被星状毛。聚伞花序，有花12~20多朵；花蕾长圆形；萼筒杯状，密被星状毛；花瓣白色，椭圆形，先端圆形，外面疏被星状毛，花蕾时内向镊合状排列；花丝先端2齿，花药卵形或球形，具长柄，药隔常被星状毛；花柱3~4，与雄蕊等长或稍长。蒴果半球形，褐色，宿存萼裂片外反。果期8~10月。

生境分布：生于海拔1600~2500米山坡或溪边灌丛中。分布于曲瓦、大峪、黑峪、瓜咱沟、磨沟、罗家峪及卡子沟、铁坝沟。

用途：花繁美丽，优良的园林绿化植物。

花期及蜜源利用价值：花期6~7月，粉少量，为辅助粉源植物。

（173）长叶溲疏　*Deutzia longifolia* Franch.

形态特征：灌木，高2～2.5米；老枝圆柱形，无毛，表皮常片状脱落。叶近革质或厚纸质，披针形、椭圆状披针形，边缘具细锯齿，上面绿色，疏被辐线星状毛，下面灰白色，密被辐线星状毛。聚伞花序展开，具花9～20多朵；花蕾椭圆形；萼筒杯状，密被灰白色星状毛，裂片革质，被毛较稀疏；花瓣紫红色或粉红色，外面疏被星状毛，花蕾时内向镊合状排列；外轮花丝先端2齿，花药长圆形，具短柄，内轮雄蕊先端钝或具2～3不等浅裂；花柱3～4与雄蕊近等长。蒴果近球形，褐色，具宿存萼裂片外弯。果期9～11月

生境分布：生于海拔2000～2600米的山坡、沟谷杂木林下或灌丛中，分布于曲瓦大沟、憨班拉尕沟、磨沟。

用途：花大色艳，很好的园林绿化树种。

花期及蜜源利用价值：花期5～6月，粉少量，为辅助粉源植物。

75.山梅花属 *Philadelphus*

(174)白毛山梅花 *Philadelphus incanus* Koehne

形态特征：落叶灌木，高2~3米。小枝对生，二年或三年生枝皮褐色，片状脱落；幼枝密被柔毛。单叶对生，叶片卵形至托圆状卵形，叶缘疏具锯齿或在枝梢上的叶近全缘，上面无毛或有时被疏被硬毛，下面密被长柔毛或粗硬毛，灰绿色。花两性；花序总状，顶生或生于侧枝顶端，有花5~7朵，有时达11朵；花白色；萼及花梗均密被灰色长柔毛；花瓣4，边缘具波皱，基部具加厚的短爪；雄蕊20~40枚；子房下位或半下位，4室；花柱无毛，上部4裂，下部合生。蒴果密被长柔毛，常4瓣裂；萼片宿存，平展。果期7~8月。

生境分布：生于海拔2000~2800米的山坡杂木林中或灌丛中。分布曲瓦沟、大峪、瓜咱、磨沟、黑峪沟及卡子、铁坝沟。

用途：花洁白，多朵密集，可栽培供庭院观赏或道路两旁绿化用。

花期及蜜源利用价值：花期5~6月，粉少量，为辅助粉源植物。

76.茶藨子属 *Ribes*

（175）北方茶藨子 *Ribes maximowiczianum* Kom.

形态特征：落叶小灌木，高1～1.5米。小枝细，无毛，老枝浅灰色。单叶互生，叶三角状卵圆形，通常3裂，中间裂片长于侧裂片，缘具钝圆浅锯齿，上面光滑或疏被平伏粗毛，下面沿脉上被短粗糙毛。花序直立；花雌雄异株，先叶开放；雄花极小，淡绿黄色，萼筒浅碟形，裂片5，开展，带色彩，似花瓣，花瓣5，尖铲形，不显著，与萼裂片互生；雄蕊5，特短，与萼裂片对生；退化雄蕊棒状；子房下位，1室，含多数胚珠；花柱2个，雄花常退化而不发达。浆果球形，红色，无毛，含种子5～8颗；果期7～8月。

生境分布：生于海拔2100～3000米的山沟林下或灌丛中，多生于山坡阴处。分布于曲瓦沟、瓜咱沟、磨沟、插岗、卡子沟。

用途：果实可食和酿造。

花期及蜜源利用价值：花期4～5月，蜜少量，为辅助蜜源植物。

（176）冰川茶藨子 *Ribes glaciale* Wall.

形态特征：落叶灌木，高达3~5米。树皮棕灰色。枝近无毛，幼枝红褐色、红色或紫红色，较细长。单叶互生，叶近圆形或长卵形，3~5裂,具3~5脉，缘具重锯齿，具带腺头或不带腺头的睫毛，上面被疏短腺毛，下面无毛或于脉上稍被短腺毛；叶柄疏被柔毛或被腺毛。花单性异株；雌花序总状，被柔毛或被腺毛，有花7~30朵；苞片椭圆状披针形，无毛，边缘被腺毛；花紫褐色，萼筒碟形或浅倒圆锥状；花瓣小形，具尖头；雄蕊长约0.5毫米；雄花序总状，具花3~6朵；雌花的雄蕊退化,几无花丝；花柱先端2浅裂。浆果椭圆状球形，无毛，红褐色至黑色，果期8~9月。

生境分布：生于海拔1700~2700米的山谷密林或云杉林下。分布于曲瓦沟、瓜咱沟、磨沟、插岗、卡子沟、铁坝沟、博峪。

用途：果实酸而可食用或酿造。

花期及蜜源利用价值：花期4~6月，有蜜，可为辅助蜜源植物。

（177）华西茶藨子 *Ribes maximowiczii* Batal.

形态特征：落叶灌木，高达3米。枝较粗壮，开展；幼枝密被褐色柔毛和腺毛。单叶互生，叶片宽卵形，通常3裂，稀5裂，缘具重锯齿，上面被稀伏毛，下面密被白色长柔毛，叶脉在上面下陷成沟槽；叶柄被柔毛或腺毛。花雌雄异株；花序直立，密被柔毛或腺毛；雌花无退化雄蕊；萼筒浅杯状，倒卵形，常具色彩，花瓣状；花瓣5，小，顶端平截；子房上位，球形，密被针状或刺状腺毛，1室，含多数胚珠；花柱2个。浆果卵状球形，密被锈色腺刺毛，具多数种子。种子斜纺锤状微三棱形，栗褐色，果期7～8月。

生境分布：生于海拔2000～2700米的山坡、山谷中。分布于插岗哈儿沟、磨沟、瓜咱沟。

用途：果实有刺，味酸，可供食用，但以制作果汁和果酒为宜。

花期及蜜源利用价值：花期5～6月，有蜜，可为辅助蜜源植物。

(178)糖茶藨子 *Ribes emodense* Rehd.

形态特征：落叶灌木，高1～2米。幼枝光滑，紫红色。单叶互生，叶片近心形，3~5裂，缘具不整齐的重锯齿，上面被贴生短腺毛民，下面近无毛，脉上被粗短硬毛；叶柄被稀长腺毛。总状花序，无毛，花梗、花序梗均被柔毛；苞片长圆形或狭卵形，缘被腺毛；花浅紫红色；萼筒钟形，萼裂片5，倒卵状匙形，无毛；雄蕊不伸出萼外；稍低于花柱；子房下位，1室，胚珠多数；花柱2，与雄蕊等长，先端浅2裂。浆果球形，红色，后变为紫黑色；果期7~8月。

生境分布：生于海拔2500～3000米的山坡杂木林下及林缘。分布于磨沟、瓜咱沟、曲瓦沟、卡子沟、嘎沟、铁坝沟。

用途：果实可食或酿造；茎内皮和果可入药；甘、平；清热解毒，可治肝炎。亦可引为园林绿化树种。

花期及蜜源利用价值：花期4~5月，蜜量较少，为辅助蜜源植物。

（179）渐尖茶藨子(川西茶藨子)　*Ribes takare* D. Don

形态特征落 叶灌木，高1～3米；小枝粗壮，皮纵向条状剥离，嫩枝红褐色或棕褐色。叶宽卵圆形或近圆形，基部心脏形，稀近截形，两面无柔毛，常疏生腺毛，掌状3~5裂，边缘具不整齐粗重锯齿。花单性，雌雄异株，组成总状花序；雄花序直立；雌花序粗壮而短；花序轴和花梗具短柔毛和稀疏短腺毛；花萼红褐色，外面微具短柔毛，老时脱落；花瓣小，近扇形或楔状圆形，先端圆钝；子房倒卵圆形，无毛或微被短柔毛，雄花的子房退化；花柱先端2裂。果实卵球形，浅黄绿色转红褐色，无毛，稀幼时微具短柔毛。果期7~8月。

生境分布：生于海拔2500~3000米的山坡杂木林下及林缘。分布产于磨沟、瓜咱沟、曲瓦沟、卡子沟、嘎沟、铁坝沟。

用途：果实可食或酿造；茎内皮和果可入药。

花期及蜜源利用价值：花期4~5月，蜜量较少，可为辅助蜜源植

二十九、杜仲科 Eucommiaceae

77.杜仲属 *Eucommia*

(180)杜仲　*Eucommia ulmoides* Oliv.

形态特征：落叶乔木，高达20米；树皮灰褐色，粗糙，内含橡胶，折断拉开有多数细丝。嫩枝有黄褐色毛，不久变秃净，老枝有明显的皮孔。叶椭圆形、卵形或矩圆形，薄革质；老叶略有皱纹，下面淡绿，初时有褐毛，以后仅在脉上有毛；边缘有锯齿。花生于当年枝基部，雄花无花被；苞片边缘有睫毛，早落；雄蕊无毛，无退化雌蕊。雌花单生，苞片倒卵形，子房无毛，1室，扁而长，先端2裂，子房柄极短。翅果扁平，长椭圆形，先端2裂，周围具薄翅；坚果位于中央，稍突起。种子扁平，线形，两端圆形。早春开花，秋后果实成熟。

生境分布：在巴藏、曲瓦、憨班、城关、大川、曲告纳乡有栽培。

用途：树皮药用，作为强壮剂及降血压，并能医腰膝痛，风湿等；树皮分泌的硬橡胶供工业及绝缘材料；种子榨油；花粉为重要药用品。

花期及蜜源利用价值：花期4月，蜜、粉丰富，花粉黄色，为重要辅助蜜源植物。杜仲花清香四溢，是良好的蜜源植物。在荒山造林退耕还林中可立当栽培。

三十、蔷薇科

78.珍珠梅属 *Sorbaria*

（181）珍珠梅 *Sorbaria sorbifolia* (L.) A.Br.

形态特征：灌木，高达2米，枝条开展；小枝圆柱形，稍屈曲，无毛或微被短柔毛，初时绿色。羽状复叶，小叶片11～17枚，叶轴微被短柔毛；小叶片对生，披针形至卵状披针形，边缘有尖锐重锯齿，上下两面无毛或近于无毛；无柄或近于无柄。顶生大型密集圆锥花序，分枝近于直立，总花梗和花梗被星状毛或短柔毛，果期逐渐脱落；萼筒钟状，外面基部微被短柔毛；萼片约与萼筒等长；花瓣长圆形或倒卵形，白色；雄蕊40～50，生在花盘边缘；心皮5，无毛或稍具柔毛。蓇葖果长圆形，有顶生弯曲花柱，果梗直立；萼片宿存，反折，稀开展，果期9月。

生境分布：生于海拔1250～2500米山坡疏林中。各乡镇境内有分布。

花期及蜜源利用价值：花期7～8月，花粉较丰富，有利于蜂群繁殖，为林区优良的粉源植物。

（182）华北珍珠梅 *Sorbaria kirilowii*(Regel) Maxim.

形态特征：灌木，高达3米，枝条开展；小枝圆柱形，稍有弯曲，光滑无毛，幼时绿色，老时红褐色。羽状复叶，具有小叶片13~21，光滑无毛；小叶片披针形至长圆披针形，边缘有尖锐重锯齿，上下两面均无毛或在脉腋间具短柔毛；小叶柄短或近于无。顶生大型密集的圆锥花序，分枝斜出或稍直立，无毛，微被白粉；花瓣倒卵形或宽卵形，白色；雄蕊20，与花瓣等长或稍短，着生在花盘边缘；花盘圆杯状；心皮5，无毛，花柱稍短于雄蕊。蓇葖果长圆柱形，无毛，花柱稍侧生，向外弯曲；萼片宿存，反折；果梗直立。果期9~10月。

生境分布：生于海拔1200~1800米的山坡向阳处、杂木林中。分布各乡镇境内。

用途：可栽培供观赏。

花期及蜜源利用价值：花期6~7月，花粉较丰富，有利于蜂群繁殖，为林区优良的粉源植物。

79.绣线菊属 *Spiraea*

（183）南川绣线菊　*Spiraea rosthornii* Pritz

形态特征：落叶灌木，高达2米，枝开展，小枝微具棱角，被短柔毛，后脱落。单叶互生，叶片卵状矩圆形至卵状披针形，叶缘上具缺刻和重锯齿，上面被稀疏短柔毛，下面被短柔毛，沿叶脉较密；叶柄长被柔毛。花两性；复伞房花序着生在侧枝先端，被短柔毛，密生多数花；花白色，萼筒杯状，里、外面被短柔毛；花瓣5；雄蕊20枚，甚长于花瓣；着生于萼裂片与花盘之间；心皮5，离生，子房上位。蓇葖果5，开展，被短柔毛，花柱顶生于背部，萼裂片反折；果沿腹缝线开裂，内具数枚细小种子，果期7~8月。

生境分布：生于海拔2400~3000米的山坡灌丛、林缘以及山谷杂木林下。各乡镇境内林区都有分布。

花期及蜜源利用价值：花期5~6月，花粉丰富，利于群蜂繁殖，为林区良好的粉源植物。

（184）绣球绣线菊 *Spiraea blumei* G.Don

形态特征：落叶灌木，高达2米。枝条开展，微拱曲；幼时褐色，无毛。单叶互生，叶片菱状卵形至倒卵形，叶缘中部以上具缺刻状圆钝齿，或3～5浅裂，两面无毛，脉腋常被簇毛；花两性；伞形花序基部具较长总花梗，着生短枝顶端，具花20～50朵，无毛；花梗细，无毛；萼筒钟状，外面无毛，里面被短柔毛，萼裂片5，倒卵形，白色；雄蕊约20枚，比花瓣短或近等长，着生于萼片与花盘之间；花盘明显，具裂齿。蓇葖果5，直立，无毛或仅沿腹缝线有毛，花柱顶生背部，萼片直立；果沿腹缝线开裂。果期7～8月。

生境分布：生于海拔2000～2600米的山坡灌丛中。分布各乡镇境内。

花期及蜜源利用价值：花期5～6月，粉量中等，为辅助粉源植物。

（185）高山绣线菊　*Spiraea alpina* Turcz.

形态特征：落叶灌木，高50～120厘米，小枝直立或拱曲，具棱角，幼时红褐色被短柔毛，后脱落。单叶多数呈簇生状，叶片条状披针形至圆状倒卵形，全缘两面无毛，下面具粉霜；叶柄甚短或几无柄；花两性；伞形总状花序具短总花梗，花3～15朵；花梗无毛；花白色；萼筒钟状，外面无毛，萼裂片5，三角形，常较萼片长；雄蕊20，几与花瓣等长或稍短，着生于萼片与花盘之间；花盘圆环形，常具圆齿；心皮5，离生；子房上位。蓇葖果5，开张，无毛或仅沿腹缝线被稀疏短柔毛，常具直立或半开张萼裂片；果沿腹缝线开裂，内具数颗细小种子，果期8～9月。

生境分布：生于海拔2400～4200米的高山阳坡灌丛或草地，为主要高山灌丛树种，可形成小面积的群丛。分布于各乡镇境内高山林区。

花期及蜜源利用价值：花期6～7月，蜜、花粉少量，可为辅助蜜源。

(186)绢毛绣线菊　*Spiraea sericea* Turcz.

形态特征：落叶灌木，高2米，枝圆柱形，幼时灰红色，被短柔毛；树皮片状剥落。单叶互生，叶片卵状椭圆形或椭圆形，全缘或先端具2~4锯齿，上面深绿色，被稀疏短柔毛，下面灰绿色，密被伏生长绢毛；叶柄密被绢毛。花两性；伞形总状花序着生具叶侧枝顶端，上花15~30朵；萼筒外面无毛，里面被短柔毛，萼裂片5，与花托近相长；花瓣5近圆形，白色；雄蕊15~20，长短不一，着生于萼裂片与花盘之间，花盘圆环形，具10个明显的裂片，心皮5，离生，子房上位。蓇葖果5，直立开展，具反折萼片；果实沿腹缝线开裂，内具数枚细小种子；果期6~7月。

生境分布：生于海拔1450~2000米的山谷灌丛中或杂木林下。分布于曲瓦沟、磨沟、白龙江南岸山坡及拱坝河流域林区。

花期及蜜源利用价值：花期4~5月，蜜、粉少量，为辅助蜜源植物。

（187）蒙古绣线菊　*Spiraea mongolica* Maxim

形态特征：落叶灌木，高2～3米。小枝灰褐色，具棱，幼时无毛，老时紫褐色或暗灰色。单叶互生，叶片距圆形或椭圆形，全缘或上部具少数锯齿，两面无毛，稀下面被细短柔毛；叶柄短，无毛，花两性；伞形总状花序具总花梗，有花多数；萼筒近钟状，外面无毛，萼片5，三角形；花瓣近圆形，稀微凹，白色；雄蕊18～25，几与花瓣等长，着生于萼裂片与花盘之间；花盘具10个圆形裂片；心皮5，离生，子房上位。蓇葖果5，直立开展，沿腹缝线稍被短柔毛或无毛；花柱位于背部顶端，萼片直立或反折；果实沿腹缝线开裂，内具数枚细小的种子，果期7～8月。

生境分布：生于海拔1800～3600米的高山灌丛中和杜鹃灌丛中及云杉林内。分布于各乡镇境内林区。

花期及蜜源利用价值：花期5～7月，蜜、粉少量，为辅助蜜源植物。

80.栒子属 *Cotoneaster*

（188）水栒子 *Cotoneaster multiflorus* Bunge 土名:顺子

形态特征：落叶灌木，高达3米；茎直立，丛生。小枝圆柱形，细长，拱曲，紫色至红褐色，幼时被柔毛。单叶互生，叶片宽卵形、卵形至椭圆形，全缘，上面淡绿色，两面无毛或幼时下面被稀疏柔毛。花两性；伞形花序疏松，具花6～20朵；花梗与总花梗均无毛；萼裂片5，裂片三角形，两面均无毛，边缘被缘毛，常暗红色；花瓣5，近圆形，开展,基部具短爪，白色,在花蕾期微带淡红色;雄蕊20枚；花柱2个,稀1个，较雄蕊短。梨果、球形或倒卵形，红色，通常具2颗小核。果期9月。

生境分布：生于海拔1800～2700米的山坡灌丛、杂木林中。分布广，各乡境内都有分布。

用途：枝条作编织筐篮的材料；材质坚硬，光滑细致，宜作农具柄把及工艺品。

花期及蜜源利用价值：花期5月，花粉中等，为辅助粉源植物。

(189)柳叶栒子　*Cotoneaster salicifolius* Franch

形态特征：半常绿或常绿灌木,高达5米,枝条开展,小枝灰褐色或红褐色,幼时被柔毛。单叶互生，叶片矩圆形至卵状披针形，全缘，上面无毛，有浅皱纹，下面被灰白色绒毛和白霜，叶脉显著突起；叶柄被绒毛，常红色。花两性；复聚伞花序有多数花密生，总花梗和花梗密被灰白色绒毛；花白色；萼筒钟状，外面密被灰白色绒毛，裂片5，三角形；花瓣5，平展，卵形或近圆形；子房下位。梨果近球形，深红色，有2~3小核，具宿存萼裂片。果期8~9月。

生境分布：生于海拔2200米左右的山地或沟边杂木林中。分布于巴藏后北山、沙滩、插岗角桥、卡子沟、瓜子沟等林区。

花期及蜜源利用价值：花期5~6月，花粉中等，为辅助粉源植物。

190.匍匐栒子 *Cotoneaster adpressus* Bois

形态特征：落叶匍匐灌木，茎不规则分枝，平铺地上，幼枝被糙伏毛，后脱落。单叶互生，叶片宽卵形或倒卵形，稀椭圆形，边缘呈波状，上面无毛，下面被稀疏短柔毛或无毛。花两性；1～2朵腋生或着生短枝顶端，几无梗；花萼筒被稀疏短柔毛，萼裂片5，花瓣5，直立，粉红色；雄蕊10～15枚，短于花瓣，生于萼筒边缘；子房下位；花柱2，比雄蕊短，子房顶端被短柔毛；每心皮含2颗胚珠。梨果，近球形，鲜红色，无毛，常有2小核。果期8～9月。

生境分布：生于海拔2600～3400米的山坡和岩缝间。分布各乡镇境内高山林区。

用途：宜作盆景或点缀于岩石假山，为优美的观赏树种。

花期及蜜源利用价值：花期5～6月，花粉丰富，泌蜜稳定，量中等，为良好的辅助蜜源植物。

(191)平枝栒子 *Cotoneaster horizontalis* Decne

形态特征：半常绿匍匐灌木，高0.5米；具水平开展的2列分枝，长达2米。枝圆柱形，暗灰褐色，幼时密被黄褐色硬伏毛；单叶互生，叶片近圆形至宽椭圆形，先端常具1短尖头，上面深绿色，有光泽，无毛，下面被粗伏毛；叶柄被柔毛。花两性；花1～2朵着生短枝顶端；花梗短或近于无梗；萼筒外面被稀疏短柔毛，萼裂片5，三角状卵形，外面被稀疏短柔毛，里面边缘被白色柔毛；花瓣5，近倒卵形，粉红色，直立，具短爪；雄蕊约10枚，较雄蕊短；子房下位，顶端密被绒毛梨果，近球形，鲜红色，常具3颗小核；小核扁椭圆形，腹面中央具一脊棱；果期9月。

生境分布：生于海拔1800～3200米的山谷、路边、山坡灌丛或杂木林缘。分布于各乡镇境内林区、林缘区。

用途：根可入药，能消热除湿，水煎服可治红痢和吐血。

花期及蜜源利用价值：花期5～6月，蜜、粉中等，为山区早春是较好的蜜源植物之一。

(192)灰栒子 *Cotoneaster acutifolius* Turcz.

形态特征：落叶灌木，高2~4米；枝条开张，小枝细瘦，圆柱形，棕褐色或红褐色，幼时被长柔毛。叶片椭圆卵形至长圆卵形，全缘，幼时两面均被长柔毛，下面较密，老时逐渐脱落，最后常近无毛；叶柄具短柔毛。花2~5朵成聚伞花序，总花梗和花梗被长柔毛；萼筒钟状或短筒状，外面被短柔毛，内面无毛；萼片三角形，先端急尖或稍钝，外面具短柔毛，内面先端微具柔毛；花瓣直立，宽倒卵形或长圆形，白色外带红晕；雄蕊10~15，比花瓣短；花柱通常2，离生，短于雄蕊，子房先端密被短柔毛。果实椭圆形稀倒卵形，黑色，内有小核2~3个。果期9~10月。

生境分布：生于海拔1400~3700米的山坡、山麓、山沟及丛林中。分布于拱坝河各支沟及南峪沟。

用途：木材可作农具手杖等用；果供药用。

花期及蜜源利用价值：花期5~6月，蜜、粉中等，为辅助蜜源植物。

(193)西北栒子　*Cotoneaster zabelii* Schneid.

形态特征：落叶灌木，高1～2米，茎直立，较细；小枝细长，圆柱形，幼时密被淡黄色绒毛，无毛。单叶互生，宽卵形、矩圆状卵形或椭圆形，全缘，上面深绿色，被疏柔毛，下面密被灰色或黄色绒毛；叶柄被绒毛。花两性，聚伞花序稍下垂，具花3～12朵，总花梗和花梗被柔毛；萼裂片5，裂片卵状三角形，外面被柔毛，里面被稀疏柔毛或近无毛；花瓣5，近圆形，直立，粉红色；雄蕊约20枚，比花瓣短；子房下位，顶端被密柔毛，花柱2个，比雄蕊短。梨果倒卵形，鲜红色，含2颗小核；宿存萼片闭合。果期8月。

生境分布：生于海拔1800～3400米的山坡、沟谷灌木丛中。分布于各乡镇境内。

花期及蜜源利用价值：花期5～6月，蜜、粉少量，为辅助蜜源植物。

81.火棘属　*Pyracantha*

（194）细叶细圆齿火棘　*Pyracantha crenulata*(D.Don) Roem. var. kansuensis Rehd.

（甘肃细圆齿火棘）土名:格帮子

形态特征：常绿灌木，高达2米；具枝刺。枝圆柱形，幼时密被锈色柔毛，老时无毛。单叶互生，叶片狭长椭圆形或倒卵状披针形，缘具稀疏的圆钝浅锯齿，上面无毛，深绿色，下面淡绿色，无毛或幼时被稀疏柔毛；叶柄被柔毛。花两性，小形；复伞房花序疏松，具多数花朵；花梗、总花梗均被锈色柔；萼筒杯状或钟状，外面无毛或近无毛，萼裂片5，全缘；花瓣5，开展，近圆形，白色；雄蕊20枚，与花瓣近等长；花药黄色或红色；花柱5，离生。梨果扁球形，红色，含5枚坚果状种子；萼片宿存。果期9～10月。

生境分布：生于海拔1300～1800米的山沟、河道两岸灌丛中。分布于舟曲黑峪沟、城关三眼峪沟、拱坝河两岸。

用途：为优良的观赏树种，可栽培供绿化或作绿篱。果实含淀粉和糖，可食用、酿酒或作猪饲料。种子、根可入药。根皮可提取栲胶。

花期及蜜源利用价值：花期6月，蜜、粉中等，为重要的辅助蜜源植物。

（195）火棘　*Pyracantha fortuneana* (Maxim.) Li

形态特征：常绿灌木，高达3米；侧枝短，先端成刺状，嫩枝外被锈色短柔毛，老枝暗褐色，无毛。叶片倒卵形或倒卵状长圆形，边缘有钝锯齿，齿尖向内弯，近基部全缘，两面皆无毛。花集成复伞房花序，花梗和总花梗近于无毛；萼筒钟状，无毛；萼片三角卵形，先端钝；花瓣白色，近圆形；雄蕊20，药黄色；花柱5，离生，与雄蕊等长，子房上部密生白色柔毛。果实近球形，橘红色或深红色。果期8~11月。

生境分布：老城区、三眼峪绿化有栽培。

用途：根皮可提取栲胶，果实可酿酒或磨粉可作代食品。

花期及蜜源利用价值：花期3~4月，蜜中等，粉丰富，蜜浅黄色，较稠，为重要的辅助蜜源植物。

82.山楂属 *Crataegus*

（196）橘红山楂　*Crataegus aurantia* Pojark.

形态特征：落叶灌木或小乔木，高3~5m，无刺或有刺，深紫色；小枝幼时被柔毛，一年生深紫色，老时灰褐色。叶片宽卵形，先端急尖，基部圆形、截形或宽楔形，边缘有2~3对浅裂片，先端急尖，锯齿尖锐不整齐，上面深绿有稀疏短柔毛，下面淡绿被柔毛，在中脉和侧脉上较密；叶柄密被柔毛。复伞房花序，多花，总花梗核花梗密被柔毛；萼筒钟状，外被柔毛；花瓣近圆形，白色；雄蕊18~20，约与花瓣等长；花柱2~3，基部被柔毛。果实成熟时近球形，干时橘红色，有2~3小核，核背面隆起，腹面有凹痕。果期8~9月。

生境分布：生于海拔2000米左右的山谷杂木林中。分布于拱坝河流域各支沟林区、林缘。

花期及蜜源利用价值：花期5~6月，蜜、粉丰富，为重要的辅助蜜源植物。

（197）甘肃山楂　*Crataegus kansuensis* Wils　土名：面梨儿

形态特征：落叶灌木或小乔木，高2.5～8米。枝刺多，刺锥形；小枝细，无毛，绿带红色，二年生枝光亮，紫褐色。单叶互生，叶片宽卵形，叶缘具尖锐重锯齿和5～7对不规则羽状裂片；叶柄细，无毛；托叶膜质缘具腺齿，早落。花两性；伞房花序，有花8～18朵；萼筒钟状，萼裂片5，约为萼筒的一半，全缘；花瓣5，近圆形，白色，雄蕊15～20；花柱2～3，分离。梨果近球形，红色或桔黄色，萼片宿存；果梗细，小核2～3，里面两侧具凹痕；果期9～11月。

生境分布：生于海拔1800～2600米的山坡、山谷杂木林中。分布于大峪沟、拉尕沟、磨沟、黑峪沟、南峪沟及拱坝河林区。

花期及蜜源利用价值：花期5月，蜜、粉丰富，重要辅助蜜源植物。

（198）山楂　*Crataegus pinnatifida* Bunge

形态特征：落叶乔木，高达6米，树皮粗糙；刺长1～2厘米，有时无刺；小枝圆柱形。叶片宽卵形或三角状卵形，稀菱状卵形，通常两侧各有3～5羽状深裂片，边缘有尖锐稀疏不规则重锯齿，上面暗绿色有光泽，下面沿叶脉有疏生短柔毛或在脉腋有髯毛。伞房花序具多花，总花梗和花梗均被柔毛，花后脱落；萼筒钟状，外面密被灰白色柔毛；萼片全缘，内外两面均无毛；花瓣白色；雄蕊20，短于花瓣，花药粉红色；花柱3～5，基部被柔毛，柱头头状。果实近球形或梨形，深红色，有浅色斑点；小核3～5，外面稍具棱。

生境分布：新区、老城区绿化，农村庭院有栽培。

用途：幼苗可作苹果等砧木。果可生吃或作果酱果糕；干制后入药，有健胃、消积化滞、舒气散瘀之效。

花期及蜜源利用价值：花期5月，开花约20天，蜜、粉丰富，有利于蜂群繁殖，是有栽培价值的蜜源植物。蜜琥珀色。

83.石积木属

(199)小叶石积木　*Osteomeles schwerinae var. microphylla* Rehd. et.Wils.

形态特征：落叶或半常绿多刺灌木，高1～2米。枝开展，圆柱形，幼时被稀疏的灰白色柔毛。奇数羽状复叶，互生，小叶15～31个；小叶对生，椭圆形、长圆状椭圆形或卵状长圆形，上面深绿色，幼时被稀疏短柔毛，下面被稀疏短柔毛，全缘；叶轴两侧具狭翅；叶柄与叶轴均被稀疏柔毛。花两性；伞房花序顶生，具花3～8朵；花梗与总花梗均被稀疏柔毛；花白色；雄蕊20枚；子房下位，5室，每室含1粒胚珠；花柱基部被柔毛，柱头头状。梨果卵形或近球形，蓝黑色，坚硬，含5小核；宿存萼片反折，果期10月。

生境分布：生于海拔1300～2000米的干燥河谷、山坡、干河滩边。分布于白龙江两岸及各支沟，拱坝河中下游两岸。

花期及蜜源利用价值：花期5～6月，蜜、粉少量，可为辅助蜜源植物。

84.花楸属 *Sorbus*

(200)黄脉花楸　*Sorbus xanthoneura* Rehd.

形态特征：落叶乔木,高达15米，小枝圆柱形，具皮孔，无毛。单叶互生，叶片长椭圆形或倒卵状椭圆形，叶缘具不整齐重锯齿，齿缘向下卷；上面深绿色，无毛，下面被灰白色短绒毛；中脉和侧脉显著突起，黄色，无毛；叶柄无毛带红黄色。花两性；复伞房花序具花15～20朵；花梗短，微被灰白色绒毛；萼筒钟状，外面被灰白色绒毛，里面微被绒毛；花瓣5，圆卵形，里面被绒毛；雄蕊20枚，短于花瓣；花柱3，基部结合，被绒毛，比雄蕊短。梨果近球形，红色，具浅褐色斑点，萼片宿存，果梗具斑点。果期7～9月。

生境分布：生于海拔2100～2700米的山谷杂木林中。分布于曲瓦沟、磨沟、角儿桥、拱坝卡子沟。

花期及蜜源利用价值：花期5～6月，粉少量，可作为辅助粉源植物。

(201)水榆花楸 *Sorbus alnifolia* (Sieb. et Zucc.) K. Koch

形态特征：落叶乔木，高达18米，小枝圆柱形，具皮孔，无毛或被稀疏柔毛。单叶互生，叶片卵形至椭圆状卵形，叶缘具不整齐重锯齿，上面深绿色，幼时沿下陷中脉和侧脉被短柔毛，下面淡绿色，无毛或被稀疏短柔毛；侧脉8~14对，近平行。花两性；复伞房花序顶生，较疏松，具花6~25朵；总花梗极短，无毛或近无毛；萼裂片5，里面密被白色绒毛；花瓣5，白色；雄蕊20枚；心皮部分或全部与花托合生；花柱2，基部或中部以下合生，无毛，比雄蕊短。梨果椭圆体形或近球形，红色，有时具稀疏斑点，微被白粉，顶端有萼片脱落后的圆穴。果期9~10月。

生境分布：生于海拔1900米左右的山坡或山谷杂木林中。分布于南峪真堆、插岗角儿桥。

用途：果实含糖，可食用或酿酒；树皮可作染料，含鞣质8%，可提取栲胶；含纤维素17%，可造纸。

花期及蜜源利用价值：花期5~6月，蜜、粉量少，可作为辅助蜜源植物。

（202）陕甘花楸 *Sorbus koehneana* Schneid. 土名：皂角

形态特征：落叶灌木或小乔木，高达5米，小枝圆柱形，无毛或仅幼时微被柔毛。奇数羽状复叶，互生，具小叶17～31个；小叶无柄或近无柄，长圆形、长圆状椭圆形或长圆状披针形；叶缘每侧具9～14个尖锐齿，下面灰绿色，沿中脉被稀疏柔毛，后期脱落；叶轴上面具浅沟，两侧具窄翅，被稀疏柔毛或近无毛。花两性；复伞房花序顶生，具多数花；花梗与总花梗均被稀疏柔毛；萼裂片5，里面被疏柔毛；花瓣5，圆卵形，白色；雄蕊20枚，花药褐色；花柱5个，基部被柔毛，与雄蕊近等长。梨果球形，白色，萼片微闭合。果期9月。

生境分布：生于海拔2000～3500米的山谷、杂木林下或灌木丛中。分布广，分布于黑峪沟及白龙江以南各支沟林区。

用途：果实含淀粉，可酿酒。木材供制器具和农具柄把等用。

花期及蜜源利用价值：花期6月，蜜、粉量少，可作为辅助蜜源。

（203）北京花楸 *Sorbus discolor* (Maxim.) Maxim. 土名：皂角

形态特征：乔木，高达10米；小枝圆柱形，二年生枝紫褐色，具稀疏皮孔，嫩枝无毛。奇数羽状复叶，小叶片5~7对，基部一对小叶常稍小，长圆形、长圆椭圆形至长圆披针形，边缘有细锐锯齿（每侧锯齿12~18），基部或1/3以下部分全缘，上下两面均无毛，下面色浅，具白霜；叶轴无毛，上面具浅沟。复伞房花序较疏松，有多数花朵，总花梗和花梗均无毛；萼筒钟状，内外两面均无毛；萼片三角形，先端稍钝或急尖，内外两面无毛；花瓣卵形或长圆卵形，先端圆钝，白色，无毛；雄蕊15~20，约短于花瓣1倍；花柱3~4，几与雄蕊等长，基部有稀疏柔毛。果实卵形，白色或黄色，先端具宿存闭合萼片。果期8~9月。

生境分布：生于海拔1500~2500米的山地阳坡阔叶混交林中。分布于曲瓦大沟、溪藏沟、瓜咱沟、磨沟、嘎尔沟、卡子沟。

花期及蜜源利用价值：花期5~6月，蜜、粉少量，可作为辅助蜜源。

85.枇杷属 *Eriobotrya*

（204）枇杷 *Eriobotrya japonica* (Thunb.) Lindl.

形态特征：常绿小乔木，高可达10米；小枝粗壮，密生锈色或灰棕色绒毛。叶片革质，披针形、倒披针形，上部边缘有疏锯齿，基部全缘，上面光亮，多皱，下面密生灰棕色绒毛。圆锥花序顶生，具多花；总花梗和花梗密生锈色绒毛；萼筒及萼片外面有锈色绒毛；花瓣白色，基部具爪，有锈色绒毛；雄蕊20，花丝基部扩展；花柱5，离生，柱头头状，5室，每室有2胚珠。果实球形或长圆形，黄色或橘黄色，外有锈色柔毛；种子1～5，球形或扁球形。果期5～6月。

生境分布：白龙江沿岸庭园及绿化有栽培。

用途：果味甘酸，供生食、蜜饯和酿酒用；叶可供药用。

花期及蜜源利用价值：花期10～12月，花粉长球形，黄色，量丰富，有利于蜂群繁殖；开花后先吐粉后泌蜜，蜜腺在花萼基部，全天泌蜜，15℃左右泌蜜，20℃最盛。但花期期间气温较低，利于中蜂采集。蜜浅琥珀色，结晶为乳白色、颗粒较粗、气味芳香，为上等蜜。但舟曲县栽培较少，作为重要辅助蜜源植物。在四旁树中可推广栽培。

86.梨属 *Pyrus*

(205)木梨 *Pyrus xerophila* T.T.Yu 土名:酸梨

形态特征：落叶乔木，高达8~10米。小枝粗壮，幼时被稀疏柔毛，二年生枝褐色，具稀疏皮孔。单叶互生，在芽中席卷；叶片卵形或长卵形，叶缘具圆钝细锯齿，有时先端具少数不锐细锯齿，上面无毛，绿色，下面淡绿色，无毛。花两性；伞形总状花序列，具花3~6朵；先叶或与叶同时开放；花梗与总花梗幼时均被稀疏柔毛；萼筒钟形，外面无毛，萼裂片5，缘具腺齿，里面密被绒毛；花瓣5，白色，基部具短爪；雄蕊20枚，比花瓣稍短，花药常红色或紫红色；花柱5个，稀4个，基部有花盘围绕，被稀疏柔毛；子房下位，5室，每室两枚胚珠。梨果球形，褐色，具斑点，4~5室，果肉多汁，具石细胞；子房壁骨质；萼片直立或内曲。果期8~9月。

生境分布：生于海拔1800~2500米的低山坡杂木林内。分布广，产于各乡镇境内。

用途：果可食用。

花期及蜜源利用价值：花期4~5月，蜜少粉多，可作为辅助蜜源。

(206)秋子梨　*Pyrus ussuriensis Maxim.*

形态特征：落叶乔木，高达15米，小枝粗壮。单叶互生，在芽中席卷；叶片卵形至宽卵形，叶缘具带长刺芒状尖头的锐锯齿，两面无毛或在幼时被绒毛。花两性；伞形总状花序有花5~7朵；先叶或与叶同时开放；总花梗和花梗幼时被绒毛；花白色；萼筒外面无毛或微被绒毛；萼裂片5，里面密被绒毛；花瓣5，卵形或宽卵形；雄蕊20~30枚，花药常红色或紫红色；花柱5，离生，疏被柔毛；子房下位，5室，每室两枚胚珠。梨果近球形，黄色；果肉多汁，具石细胞；子房壁软骨质；萼裂片宿存，基部微下陷。果期8~9月。

生境分布：栽培果树，舟曲县大部分乡镇有栽培。

用途：果可食用，为梨树的优良砧木。

花期及蜜源利用价值：花期5月，蜜少粉多，可作为辅助蜜源。

87.苹果属 *Malus*

（207）苹果 *Malus pumila* Mill.

形态特征：落叶乔木,高达10米,小枝粗短,幼时密被绒毛。单叶互生，叶缘具圆钝锯齿，幼时两面被短柔毛。花两性；伞房花序常着生短枝顶端，具花3~7朵；萼裂片5，全缘，两面均被绒毛；花瓣5，白色（花蕾待放时微粉红色），基部具短爪；雄蕊20枚，花丝白色，花药黄色；花柱5，中部以下密被灰白色绒毛。梨果常近扁球形，其形状、颜色、香味、品质常随栽培品种而异，果实无石细胞；果梗粗短，果期8~10月。

生境分布：舟曲县内低半山、沿河川村落都有栽培。

用途：果实为水果，可生食加工；也可入药。

花期及蜜源利用价值：花期4~5月，花期约20天；蜜汁丰富，流蜜较涌；一朵花开3~5天，17℃以上开始流蜜，且上午流蜜较好；蜜浅琥珀色，香气浓郁，易结晶为浅黄色。且粉量大，对蜜蜂早春繁殖十分有利。蜜蜂既可以为苹果授粉增产，又能繁蜂取蜜，起到果、蜜、蜂均丰收的作用，为一种重要的蜜源植物。

（208）山荆子　*Malus baccata* (Linn.) Borkh

形态特征：落叶乔木，高10米。枝圆柱形，细长，幼时红褐色，无毛。单叶互生，叶片椭圆形、卵形或卵状披针形，叶缘具细锐锯齿，幼时沿叶脉基部被短柔毛或无毛；叶柄细无毛或幼时被短柔毛。花两性；花序近伞形，生短枝顶端，具花4~6朵；萼筒外面无毛，萼裂片5，比萼筒长，全缘，里面被白色柔毛；花瓣5，白色或淡红色，具短爪；雄蕊15~20枚，花丝白色，花药黄色；子房下位，5室，花柱5或4，比雄蕊长，基部被长柔毛。梨果近球形，红色或黄色，无石细胞，柄洼及萼洼稍下陷，萼片脱落。果期8~9月。

生境分布：生于海拔2400米左右的山坡杂木林中。分布于沙滩、插岗、南峪黑松坪、曲瓦沟、磨沟、瓜咱沟、卡子、天干、博峪。

用途：果实可酿酒，嫩叶可代茶叶。叶含栲胶，也可为家畜饲料。为嫁接苹果等的主要砧木。

花期及蜜源利用价值：花期4~5月，粉多蜜少，为很好的蜜源植物。

（209）花红　*Malus asiatica* Nakai　土名：果子

形态特征：小乔木，高4～6米；小枝粗壮，圆柱形，嫩枝密被柔毛，老枝无毛，有稀疏浅色皮孔。叶片卵形或椭圆形，边缘有细锐锯齿，上面有短柔毛，逐渐脱落，下面密被短柔毛；叶柄具短柔毛。伞房花序，具花4～7朵，集生在小枝顶端；花梗密被柔毛；萼筒钟状，外面密被柔毛；萼片全缘，内外两面密被柔毛；花瓣淡粉色，基部有短爪；雄蕊17～20，花丝长短不等，比花瓣短；花柱4（5），基部具长绒毛，比雄蕊较长。果实卵形或近球形，黄色或红色，先端渐狭，不具隆起，基部陷入，宿存萼肥厚隆起。果期8～9月。

生境分布：生长在海拔1250～2400米山地阳坡、村庄周围。多栽培，分布于巴藏溪岭村、插岗角桥，峰迭、城关、立节等镇境内有分布。

用途：果实供鲜食用，并可加工制果干，果丹皮及酿果酒之用。

花期及蜜源利用价值：花期4～5月，约20天；每朵花开4～6天，18℃以上开始流蜜，蜜汁丰富，蜂喜采；蜜浅黄色，浓稠。花粉丰富，对蜜蜂早春繁殖有利。

（210）楸子　*Malus prunifolia* (Willd.) Borkh.

形态特征：小乔木，高3～8米；小枝粗壮，嫩时密被短柔毛。叶片卵形或椭圆形，边缘有细锐锯齿，在幼嫩时上下两面的中脉及侧脉有柔毛，逐渐脱落，仅在下面中脉稍有短柔毛或近于无毛；叶柄嫩时密被柔毛，老时脱落。花4～10朵，近似伞形花序，花梗被短柔毛；萼筒外面被柔毛；萼片披针形或三角披针形，全缘，两面均被柔毛，萼片比萼筒长；花瓣白色，基部有短爪，含苞未放时粉红色；雄蕊20，花丝长短不齐，约等于花瓣三分之一；花柱4 (5)，基部有长绒毛，比雄蕊较长。果实卵形，红色，先端渐尖，稍具隆起，萼洼微突，萼片宿存肥厚，果梗细长。果期8～9月。

生境分布：生海拔1650～1800米山坡或山谷梯田边、村旁，多栽培。分布于后北山、溪岭、缠藏、大峪大平、插岗角桥等地。

用途：果实味甜酸，可供食用及加工，是苹果的优良砧木。

花期及蜜源利用价值：花期4～5月，花粉丰富，为很好的粉源植物。

(211)河南海棠　*Malus honanensis* Rehd.

形态特征：灌木或小乔木，高5~7米；小枝细弱，圆柱形，嫩时被稀疏绒毛，老枝无毛，具稀疏褐色皮孔。叶片宽卵形至长椭卵形，先端急尖，基部圆形、心形或截形，边缘有尖锐重锯齿，两侧具有3~6浅裂，先端急尖，两面具柔毛，上面不久脱落；叶柄被柔毛。伞形总状花序，具花5~10朵，花梗细，嫩时被柔毛，不久脱落；萼筒外被稀疏柔毛；萼片外面无毛，内面密被长柔毛，比萼筒短；花瓣卵形，基部近心形，有短爪，两面无毛，粉白色；雄蕊约20；花柱3~4，基部合生，无毛。果实近球形，黄红色，萼片宿存。果期8~9月。

生境分布：生于海拔1800米的山坡杂木林缘。分布于哈儿沟、角儿山、卡子沟、铁坝沟等地。

花期及蜜源利用价值：花期5月，粉少量，为辅助粉源植物。

(212)甘肃海棠　*Malus kansuensis* (Batal.) Schneid.　土名:唐梨

形态特征：落叶小乔木，高3～8米。小枝圆柱形，被短柔毛。单叶互生，叶片卵形或宽卵形，叶缘具锐重锯齿，常3～5裂，裂片三角状卵形，先端急尖，下面被短柔毛；叶柄被稀疏柔毛。花两性；伞形总状花序着生短酸顶端，具花4～10朵；花梗与总花梗均被稀疏短柔毛；萼筒外面被长柔，萼裂片5，全缘，内外密被柔毛，与萼筒近等长，花瓣5，白色，倒卵形；雄蕊20枚，长为花瓣一半；花药黄色；子房下位，花柱2～3，无毛，比雄蕊稍长。梨果椭圆体形或倒卵形，黄红色，具少数石细胞，萼裂片脱落。果期8～9月。

生境分布：生于海拔2000～3500米的山坡林缘或灌丛。分布于各乡镇境内林区、林缘。

用途：果实味酸可食，又可酿酒及制造果酱，也可嫁接苹果的砧木。木材可供雕刻用。

花期及蜜源利用价值：花期5～6月，粉少，为辅助粉源植物。

88.唐棣属 *Amelanchier*

（213）唐棣　*Amelanchier sinica* (Schneid.) Chun

形态特征：落叶小乔木，高3~5米，小枝细长，幼时紫褐色，无毛。单叶互生，叶片卵形至长椭圆形，质薄，叶缘中部以上具细锯齿，稀近全缘，上面鲜绿色，无毛，下面粉绿色，无毛或在嫩时沿叶脉被稀疏柔毛。花两性；顶生总状花序具多数花，花梗、总状花梗均无毛；萼筒钟状，外面被白色绒毛，以后逐渐脱落，萼裂片5，全缘，初期被稀疏柔毛或近无毛，较萼筒长；花瓣5，白色；雄蕊20；花柱5，基部结合，柱头头状；子房下位，先端具白色绒毛，2~5室，每含2颗胚珠。梨果球形或扁球形，紫黑色，常被白粉，宿存萼裂片反折。种子镰状弯曲，黑褐色。果期8~9月。

生境分布：生于海拔2000米左右的山坡灌丛中、地坎边。分布于舟曲插岗、果耶池干、博峪林区。

用途：木质特别坚硬、细致、有弹性，可作农具和一些工具的柄把等。树皮可入药，能去瘀止痛。

花期及蜜源利用价值：花期5~6月，粉蜜少量，为辅助蜜源植物。

89.棣棠花属 *Kerria*

（214）棣棠花 *Kerria japonica* (Linn.) DC.

形态特征：落叶小灌木，高1～2米，小枝绿色，无毛，微拱曲，嫩时具角棱。单叶互生，叶片椭圆状卵形或卵状披针形，叶缘具重锯齿，常具浅裂片，上面绿色，下面淡绿色，均被短柔毛，沿叶脉更密；叶柄被疏柔毛。花两性；单生于当年生侧枝端；花梗无毛；萼筒碟形，萼裂卵状三角形或卵形，两面无毛；花瓣5，金黄色；雄蕊多数，金黄色；花丝条形，长不及花瓣一半；花盘环状；子房上位，心皮5～8，离生，各含1胚珠；花柱顶生，细长，与雄蕊近等长。瘦果半球形，侧扁，黑褐色，无毛。果期7～8月。

生境分布：生于海拔1600～3000米山坡灌丛中。分布于曲瓦沟、大峪沟、黑峪沟、瓜咱沟、磨沟、南峪沟及拱坝河流域各支沟。

用途：全株入药，治久咳及消化不良；枝髓代“通草”用，有催乳和利尿之效，为优美的观赏灌木。

花期及蜜源利用价值：花期4～5月，粉多蜜少，为辅助粉源植物。

90.委陵菜属 *Potentilla*

(215)金露梅　*Potentilla fruticosa* Linn.

形态特征：落叶灌木，高0.5~2米；多分枝，树皮纵向剥落。小枝幼时被丝状长柔毛。奇数羽状复叶互生，密集着生，小叶3~5，通常5，上面一对小叶基部下延与叶轴合生；小叶片长圆形、倒卵状长圆形，全缘，叶缘平坦或反折，两面绿色，疏被绢毛或长柔毛或脱落近无毛；叶柄短被绢毛或疏柔毛，花两性；单花或数朵生于枝顶；花梗密被长毛或绢毛；花瓣5，黄色；雄蕊常20枚，花药2室；雌蕊多数，分生，子房上位，花柱近基生，棒状，顶部缢缩，柱头扩大。瘦果1，卵形，褐棕色，外被长柔毛；萼片宿存。果期9~10月。

生境分布：生于海拔2300~3800米的高山灌丛或高山草甸及山坡路边。分布于各乡镇境内。

用途：花可观赏。叶可代茶用；叶及果可提取栲胶。

花期及蜜源利用价值：花期6~9月，有蜜有粉，为辅助蜜粉源植物。

（216）银露梅　*Potentilla glabra* Lodd.

形态特征：落叶灌木，高0.3~2米；多分枝，枝斜生，树皮纵向剥落。小枝灰褐色，被稀疏柔毛。奇数羽状复叶互生，密集着生，小叶片5~7，上面一对小叶基部下延与叶轴合生；小叶片椭圆形或卵状椭圆形，全缘，叶缘平坦或微向下反卷，两面绿色，被疏柔毛或近无毛。花两性；单花或数朵生于枝顶；花梗被疏长柔毛；萼筒下凹，多呈半球形，外面疏被长柔毛或丝状长柔毛，萼裂片5，卵形，镊合状排列；花瓣5，白色，倒卵形；雄蕊常20枚，花药2室；雌蕊多数凸起的花托上；花柱近基生，棒状，基部较细，在柱头下缢缩，柱扩大。瘦果1，卵形，褐棕色，外被长柔毛；萼片宿存。果期9~10月。

生境分布：生于海拔2100~3800米的高山灌丛或草甸以及干山坡上。分布于各乡镇境内。

花期及蜜源利用价值：花期6~8月，粉量中等，为辅助粉源植物。

（217）多茎委陵菜 *Potentilla multicaulis* Bge.

形态特征：多年生草本。根粗壮，圆柱形。花茎多而密集丛生，上升或铺散，长7~35厘米，常带暗红色，被白色长柔毛或短柔毛。基生叶为羽状复叶，有小叶4~6对稀达8对，叶柄被白色长柔毛，小叶片对生稀互生，无柄，椭圆形至倒卵形，上部小叶远比下部小叶大，边缘羽伏深裂，裂片带形，排列较为整齐，顶端舌状，边缘平坦，或略微反卷，上面绿色，下面被白色绒毛，脉上疏生白色长柔毛。聚伞花序多花，初开时密集，花后疏散；萼片三角卵形，顶端急尖，副萼片狭披针形，顶端圆钝，比萼片短约一半；花瓣黄色，倒卵形或近圆形，顶端微凹，比萼片稍长或长达1倍；花柱近顶生，圆柱形，基部膨大。瘦果卵球形有皱纹。果期6~9月。

生境分布：生于海拔1200~3800米的耕地边、沟谷阴处、向阳山坡、草地及疏林下。分布广，各乡镇境内都有分布。

花期及蜜源利用价值：花期5~6月，粉量丰富，为良好的粉源植物。

（218）委陵菜 *Potentilla chinensis* Ser.

形态特征：多年生草本。花茎直立或上升，高20～70厘米，被稀疏短柔毛及白色绢状长柔毛。基生叶为羽状复叶，有小叶5～15对，叶柄被短柔毛及绢状长柔毛；小叶片对生或互生，上部小叶较长，向下逐渐减小，无柄，长圆形、倒卵形或长圆披针形，边缘羽状中裂，裂片三角卵形，边缘向下反卷，上面绿色，被短柔毛或脱落几无毛，下面被白色绒毛，沿脉被白色绢状长柔毛。伞房状聚伞花序；花瓣黄色，顶端微凹，比萼片稍长；花柱近顶生，基部微扩大，柱头扩大。瘦果卵球形，深褐色，有明显皱纹。果期5～10月。

生境分布：生于海拔1300～3000米的山坡草地、沟谷、林缘、灌丛或疏林下。各乡镇境内均有分布。

用途：本种根含鞣质，可提制栲胶；全草入药，能清热解毒、止血、止痢。嫩苗可食并可做猪饲料。

花期及蜜源利用价值：花期4～10月，粉量丰富，良好的粉源植物。

(219)鹅绒委陵菜　*Potentilla anserina* Linn.　蕨麻

形态特征：多年生草本。茎匍匐，在节处生根，常着地长出新植株，外被伏生或半开展疏柔毛或脱落几无毛。基生叶为间断羽状复叶，有小叶6~11对，叶柄被伏生或半开展疏柔毛，有时脱落几无毛。小叶对生或互生，无柄或顶生小叶有短柄，最上面一对小叶基部下延与叶轴汇合；小叶片通常椭圆形，或长椭圆形，边缘有多数尖锐锯齿或呈裂片状，上面绿色，被疏柔毛或脱落几无毛，下面密被紧贴银白色绢毛。单花腋生；花梗被疏柔毛；花瓣黄色，倒卵形、顶端圆形，比萼片长1倍；花柱侧生，柱头稍扩大。

生境分布：生于海拔1500~3800米河岸、路边、山坡草地及草甸。本种分布较广，各乡镇境内均有分布。

用途：根部含丰富淀粉，可供甜制食品及酿酒用；根含鞣料，可提制栲胶，并可入药；茎叶可提取黄色染料；又是蜜源植物和饲料。

花期及蜜源利用价值：花期5~6月，花期长，粉黄色，量多，为良好的粉源植物，对促进蜂群繁殖作用很大。

91.龙芽草属 *Agrimonia*

(220)龙芽草　*Agrimonia pilosa* Ldb.

形态特征：多年生草本。茎高30～120厘米，被疏柔毛及短柔毛，稀下部被稀疏长硬毛。叶为间断奇数羽状复叶，通常有小叶3～4对，稀2对，向上减少至3小叶，叶柄被稀疏柔毛或短柔毛；小叶片倒卵形，倒卵椭圆形或倒卵披针形，上面被疏柔毛，下面通常脉上伏生疏柔毛，有显著腺点。花序穗状总状顶生，分枝或不分枝，花序轴、花梗被柔毛；花瓣黄色，长圆形；雄蕊5～8～15枚；花柱2，丝状，柱头头状。果实倒卵圆锥形，外面有10条肋，被疏柔毛，顶端有数层钩刺，幼时直立，成熟时靠合。花果期6～10月。

生境分布：生于海拔1800～3800米的溪边、路旁、草地、灌丛、林缘及疏林下。

用途：全草含鞣料，可供药用。

花期及蜜源利用价值：花期6～8月，花粉团朱红色，量丰富，诱蜂采集，对促进蜂群繁殖作用很大。

92.扁核木属 *Prinsepia.*

(221)蕤核 *Prinsepia uniflora* Batal.

形态特征：落叶灌木，高1～5米，枝灰褐色；具片状髓；小枝灰绿色，无毛，具枝刺。单叶互生或丛生，叶片条状矩圆形至狭矩圆形，全缘或具浅锯齿，无毛；叶柄短或近无柄。花两性；单生或2～3簇生；花梗无毛；萼筒杯状，无毛，萼裂片5，三角状卵形，全缘或具浅齿，果期反折；花瓣5，白色，倒卵形；雄蕊10，离生，二列，花丝短；子房上位，心皮1，无毛，花柱侧生。核果球形，暗紫红色，有蜡粉；核革质，左右压偏呈卵球形。果期8～10月。

生境分布：生于海拔1500～2600米的干旱山坡、沟谷阶地、路旁，田埂及灌丛杂木林中。分布于黑峪沟、曲瓦缠藏、巴藏溪岭及城关、东山、铁坝等乡镇境内。

用途：果可食或酿酒、制醋，种子可入药。

花期及蜜源利用价值：花期5～6月，蜜粉少量，为辅助蜜源植物。

（222）齿叶蕤核　*Prinsepia uniflora var. serrata* Rehd.

形态特征：灌木，高1～2米；老枝紫褐色，树皮光滑；小枝灰绿色或灰褐色，无毛或有极短柔毛；枝刺钻形，无毛，刺上不生叶。叶互生或丛生，近无柄；叶片长圆披针形或狭长圆形，叶片边缘具明显锯齿，不育枝上叶片卵状披针形或卵状长圆形；花枝上叶片长圆形或窄椭圆形；花单生或2～3朵，簇生于叶丛内；花梗无毛；萼筒陀螺状；萼片和萼筒内外两面均无毛；花瓣白色，倒卵形，先端啮蚀状，基部宽楔形，有短爪，着生在萼筒口花盘边缘处；雄蕊10，花药黄色；心皮1，无毛，花柱侧生，柱头头状。核果球形，红褐色或黑褐色。

生境分布：生于海拔1500～2300米的阳坡。分布于巴藏溪岭、缠藏、黑峪沟、瓜咱、靖边、半山等地。

花期及蜜源利用价值：花期3～5月，蜜粉少量，为辅助蜜源植物。

93.桃属 *Amygdalus*

（223）西康扁桃　*Amygdalus tangutica* (Batal.) Korsh

形态特征：落叶密生灌木，高1～3米；枝条开展，常具枝刺，具多数不明显的小皮孔；腋芽常3个并生，两侧的为花，中间的是叶芽。短枝上叶多簇生，一年生枝的叶互生，叶片长椭圆形、长圆形或倒卵状披针形，两面无毛，叶缘具圆钝细锯齿。花两性；单生；花无梗或近无梗；花瓣倒卵形白色或略带粉色；雄蕊约20枚，分两轮；子房上位。核果近球形或卵球形，紫红色，外面密被柔毛，近无梗；果肉薄而干燥，成熟时开裂；果核顶端稍钝，基部近截形，表面具不明显浅沟纹，棱脊锐，无孔穴。果期6～7月。

生境分布：生于海拔1900～2600米的干旱山坡、沟边灌丛中，分布于黑水沟、黑峪沟、大峪沟、白龙江两岸山坡及曲告纳和博峪境内。

用途：种仁可榨油或药用。

花期及蜜源利用价值：花期3～4月，粉量较多，对春蜂群繁殖有利。

（224）桃　*Amygdalus persica* Linn.

形态特征：落叶乔木，高3～7米，树皮暗红褐色，老时粗糙呈鳞片状。小枝无毛，有光泽，具皮孔。单叶互生，叶片长圆状披针形、椭圆状披针形，下面脉腋间被少数短柔毛或无毛，叶缘具细锯齿或粗锯齿，齿端具腺体或无腺体。花两性；单生，先叶开放；花梗极短或几无梗；花瓣粉红色；雄蕊20～30，花药绯红色；子房上位，被短柔毛，花柱几与雄蕊等长或稍短。核果，果形、大小和色泽依品种不同而异，外面密被短柔毛，腹缝线明显，果梗短而深入果洼；核大，离核或黏核；表面具纵、横沟纹和孔穴。果期7～8月。

生境分布：全县河川及低半山均有栽培。

用途：树干上分泌的桃胶可用作黏接剂，可食用，也可药用。果供食用或制果脯、罐头用，种仁榨油或药用。

花期及蜜源利用价值：花期4～5月，蜜、粉丰富，开花泌蜜较稳定，无明显大小年现象。是蜂群春季繁殖理想的蜜源植物。

(225)甘肃桃　*Amygdalus kansuensis* Skeels　土名:狗桃儿

形态特征：落叶乔木或灌木，高3~5米；小枝细长，无毛，具不明显小皮孔；腋芽常3个并生，两侧为花芽。单叶互生，叶片卵状披针形或披针形，下面近基部沿中脉具柔毛或无毛，叶边有稀疏细锯齿，齿端有或无腺体。花两性，单生，先于叶开放；花瓣白色或浅粉红色，先端圆钝，边缘有时呈波状或浅缺刻状，基部渐狭成爪；雄蕊20~30；子房被柔毛，花柱长于雄蕊。果实卵圆形或近球形，熟时淡黄色，外面密被短柔毛，肉质，熟时不开裂；核近球形，两侧明显，扁平，两侧对称，表面具纵、横浅沟纹，但无孔穴。果期8~9月。

生境分布：生于海拔1800~2200米的山沟河谷、地埂或杂灌木中；分布于角儿桥、沙滩、铁坝沟、八楞花园沟、果耶甘子沟。

用途：果可食，亦可入药，本种抗旱耐寒，可作栽培桃的砧木。

花期及蜜源利用价值：花期3~4月，蜜粉丰富，为辅助粉源植物。

（226）山桃　*Amygdalus davidiana* C.de Vos ex Henry　土名：毛桃

形态特征：落叶乔木或小乔木，高可达8米，树皮光滑，小枝纤细，无毛。单叶互生，叶片狭窄状披针形或卵状披针形，边缘有细锐锯刺，两面绿色无毛。花两性单生，先叶开放，花梗极短，萼筒钟状，带紫红色，两面无毛；花瓣淡粉红色或白色，雄蕊约30枚，与花瓣近等长或稍短，子房上位，被柔毛，花柱如线状，稍长与雄蕊近等长；果实球形，腹缝稍明显，果梗短而深入果洼，外面密被短柔毛，淡黄色或略带红色，果肉薄，干燥，可食，与果核分离。果核近球形，两侧不压偏，表面具纵、横沟纹和孔穴。果期8月。

生境分布：生于海拔1800～2000米的山坡、山谷河道、地埂或疏林内。分布广，各乡镇境内都有分布。

用途：果味酸甜，可食，也可制糖，酿酒或制果酱及果脯，桃仁可入药，可榨油，可做润滑油及制皂等。

花期及蜜源利用价值：花期3～5月，粉量丰富，能促进蜂群春繁。

94.杏属 *Armeniaca*

(227)杏　*Armeniaca vulgaris* Lam.

形态特征：落叶乔木，高5~10米。树皮灰褐色，纵裂。一年生枝浅红褐色，有光泽，具多数小皮孔。单叶互生，叶片宽卵形或圆卵形，叶缘具圆钝锯齿，两面无毛或下面脉间被柔毛；叶柄基部常具1~6腺体。花两性；单生，先叶开放；花梗短被短柔毛；花萼紫绿色；萼筒外面基部被短柔毛，萼片花后反折；花瓣白色或带红色，具短爪；雄蕊20~45枚，稍短于花瓣；子房上位，被短柔毛，花柱下部被柔毛。核果，球形，常具红晕，微被短柔毛。果肉多汁，成熟时不开裂；核卵形或椭圆形，两侧扁平，表面稍粗糙或平滑，腹棱较圆，背棱较直，腹面具龙骨状棱；种仁甜或苦。果期6~7月。

生境分布：各乡镇境内有栽培。

用途：果实食用；种仁药用。

花期及蜜源利用价值：花期3~4月，流蜜丰富，蜜琥珀色，有浓郁的杏仁香味。粉淡黄色，量丰富，能促进蜂群的春繁。

（228）山杏　*Armeniaca.vulgaris var. ansu* (Maxim.) Yu et Lu

形态特征：落叶乔木，单叶互生，卵形至近圆形，花单生，先叶开放，白色或微带红色，与原变种的区别在于叶较小，基部圆形或宽楔形；果较小，果肉薄；果棱具锐棱脊；种仁味苦。

生境分布：生于海拔2000～2300米的山坡、坎边、河边杂木林内或灌丛中。各乡镇境内均有分布。

用途：果肉宜作杏脯或直接食用。种仁可供药用。

花期及蜜源利用价值：花期3～4月，蜜、粉量丰富，为山区重要的辅助蜜源。

95.李属 *Prunus*

（229）李子　*Prunus salicina* Lindl.　土名：苦李子

形态特征：落叶乔木，高9～12米。树皮灰褐色，小枝黄红色。单叶互生，叶圆状倒卵形、长椭圆形，叶缘具圆钝重锯齿，常有单锯齿，幼时齿尖带腺，上面深绿色，有光泽，两面无毛；叶柄先端具2腺体或无，有时叶基边缘具腺体。花两性，常3朵并生，花瓣5，白色，先端啮蚀状，具紫色脉纹；萼裂片5；雄蕊多数，花丝不等长，排成不规则2轮；雌蕊1，子房上位，花柱比雄蕊稍长，柱头盘状。核果球形至近圆锥形，外被蜡粉；核具皱纹。果期7～8月。

生境分布：生于海拔1700～2600米的山坡、地边和杂木林中。分布于曲瓦沟、大峪沟、磨沟、瓜咱沟、黑松坪及插岗、卡子沟等。

用途：果供生食，制蜜饯等。种仁药用。

花期及蜜源利用价值：花期4月，蜜、粉量丰富，蜜蜂采集积极，有利于春季蜂群恢复和发展。

96.樱属 *Cerasus*

(230)樱桃　*Cerasus pseudocerasus* (Lindl.)G.Don

形态特征：小乔木，高2~6米，树皮灰白色。小枝灰褐色，嫩枝绿色，无毛或被疏柔毛。叶片卵形或长圆状卵形，边有尖锐重锯齿，齿端有小腺体，上面暗绿色，近无毛，下面淡绿色，沿脉或脉间有稀疏柔毛。花序伞房状或近伞形，有花3~6朵，先叶开放；花梗被疏柔毛；萼筒钟状，外面被疏柔毛，萼片三角卵圆形或卵状长圆形，先端急尖或钝，边缘全缘，长为萼筒的一半或过半；花瓣白色，先端下凹或二裂；雄蕊30~35枚，栽培者可达50枚；花柱与雄蕊近等长，无毛。核果近球形，红色。果期5~6月。

生境分布：沿白龙江两岸有栽培。

用途：果供食用，也可酿樱桃酒。枝、叶、根、花也可供药用。

花期及蜜源利用价值：花期3~4月，蜜、粉量丰富，极有利于蜂群繁殖。在发展经济林中可大面积栽培。

（231）日本樱花 *Cerasus yedoensis*(Matsum.)Yu et Li

形态特征：乔木，高4~16米，树皮灰色。小枝淡紫褐色，无毛，嫩枝绿色，被疏柔毛。叶片椭圆卵形或倒卵形，缘具尖锐重锯齿，齿端渐尖，有小腺体，上面深绿色，无毛，下面淡绿色，沿脉被稀疏柔毛；叶柄密被柔毛，顶端有1～2个腺体或有时无腺体。花序伞形总状，总梗极短，有花3~4朵，先叶开放；总苞片两面被疏柔毛；苞片边有腺体；花梗被短柔毛；萼筒管状被疏柔毛；萼片三角状长卵形，边有腺齿；花瓣白色或粉红色，先端下凹，全缘二裂；雄蕊约32枚，短于花瓣；花柱基部有疏柔毛。核果近球形，黑色，核表面略具棱纹。

生境分布：大川、城关、峰迭新区、立节园林、庭院绿化有栽培。

花期及蜜源利用价值：花期4月，粉量中等，可为辅助粉源。

(232)榆叶梅 *Amygdalus triloba*(Lindl.) Ricker

形态特征：灌木稀小乔木，高2~3米；枝条开展，具多数短小枝；一年生枝灰褐色，无毛或幼时微被短柔毛；短枝上的叶常簇生，一年生枝上的叶互生；叶片宽椭圆形至倒卵形，先端短渐尖，常3裂，上面具疏柔毛或无毛，下面被短柔毛，叶边具粗锯齿或重锯齿；花1~2朵，先于叶开放；萼片卵形或卵状披针形，无毛，近先端疏生小锯齿；花瓣粉红色；雄蕊25~30，短于花瓣；子房密被短柔毛，花柱稍长于雄蕊。果实近球形，顶端具短小尖头，红色，外被短柔毛；果肉薄，成熟时开裂；核近球形，具厚硬壳，两侧几不压扁，表面具不整齐的网纹，果期5~7月。

生境分布：新老城区、公园、道路绿化有栽植。

用途：本种开花早，主要供观赏，

花期及蜜源利用价值：花期3~4月，蜜、粉较多，为早春辅助蜜源。

（233）毛樱桃　*Cerasus tomentosa* (Thunb.) Wall　土名：野樱桃

形态特征：落叶灌木，高0.5～2米，嫩枝密被绒毛至无毛。单叶互生，叶片卵状椭圆形或倒卵状椭圆形，缘具急尖或粗锐锯齿，上面暗绿色，被疏柔毛，下面灰绿色，密被灰色绒毛或以后变稀疏。花两性；单生或2朵簇生，花叶同开、近先叶开放或先叶开放；萼筒外被短柔毛或无毛，萼裂片5，内外两面被短柔毛或无毛；花瓣5，白色或粉红色；雄蕊20～25枚；子房上位，全部被毛或仅顶端或基部被毛；花柱伸出。核果近球形，红色，果期6～9月。

生境分布：生于海拔1800～2600米的山坡杂木林中或灌丛中。分布广，白龙江及拱坝、博峪河流域各支沟都有分布。

用途：果可食或酿造；种子油供制皂和润滑油。果实能调中益气；种仁主治麻疹不透等功效。

花期及蜜源利用价值：花期4～5月，花期早，蜜、粉丰富，为有栽培价值的蜜源植物。

（234）四川樱桃　*Cerasus szechuanica* (Batal.) Yu et Li

形态特征：落叶乔木或灌木，高1～8米，树皮灰褐色或灰黑色。嫩枝绿色，无毛或被柔毛。单叶互生，卵形或卵状椭圆形，叶缘具重锯齿，齿端具呈盘头或平头状腺体，上下无毛或被稀疏柔毛；叶柄无毛或被稀疏短毛，顶端通常具1～3个腺体；托叶绿色，缘具锯齿或分离，齿端具呈盘头状或平头状腺体。花两性；花序近伞房总状，有花4～8朵，花叶同开，下部常具绿色不孕苞片；总苞片、苞片缘具锯齿，齿端腺体呈盘头状或平头状；萼裂片5，反折，缘具圆锥形腺体；花瓣5，白色，先端啮蚀状；雄蕊27～30；子房上位，柱头头状。核果红色卵球形。果期7月。

生境分布：生于海拔2600～2800的山坡灌丛中。分布于插岗河坝、卡子沟、铁坝沟和博峪境内。

花期及蜜源利用价值：花期5月，花期早，蜜、粉中等，为辅助蜜源植物。

（235）多毛樱桃 *Cerasus polytricha* (Koehne) Yu et Li　土名：缠条

形态特征：落叶灌木或乔木，高2～10米，树皮黑色或灰褐色。小枝密被长柔毛。单叶互生，叶片倒卵形或倒卵状长圆形，叶缘具单锯齿或重锯齿，齿端具小腺体，上面绿色，疏被短柔毛，下面淡绿色，密被横展长柔毛，脉间较疏；叶柄密被开展长柔毛，顶端常具1～3枚腺体；托叶缘具羽裂腺齿，疏被长柔毛。花两性；与叶同时开放，花序伞形或近伞形，有花2～4朵；总梗被开展疏柔毛；苞片绿色，宿存，缘具腺齿，腺体圆球形；花梗密被柔毛；萼筒密被柔毛，萼裂片5，缘具腺齿；花瓣5，白色或粉红色，雄蕊20～30枚；子房上位，柱头头状。核果红色，卵球形。果期6～7月。

生境分布：生于海拔2200～2800米的灌木丛中。分布各乡镇境内林区。

花期及蜜源利用价值：花期4～5月，蜜、粉丰富，良好的蜜源植物。

（236）微毛樱桃 *Cerasus clarofolia* (Schneid.) Yu et Li

形态特征：灌木或小乔木，树皮灰黑色。嫩枝紫色或绿色，无毛或多少被疏柔毛。叶片卵形，卵状椭圆形，边有单锯齿或重锯齿，齿端有小腺体或不明显，两面疏被短柔毛或无毛；叶柄无毛或被疏柔毛；托叶披针形，边有腺齿或有羽状分裂腺齿。花序伞形或近伞形，有花2～4朵，花叶同开；总苞片外面无毛，内面被疏柔毛；总花梗、花梗无毛或被疏柔毛；苞片边有锯齿，齿端有锥状或头状腺体；萼筒钟状，无毛或几无毛。花瓣白色或粉红色；雄蕊20～30枚；花柱基部有疏柔毛，柱头头状。核果红色，长椭圆形。果期6～7月。

生境分布：生于海拔1300～3600米的山坡杂木林中或灌丛中。分布于曲瓦沟、拉尕沟、黑峪沟、瓜咱沟、磨沟、南峪沟及拱坝河、博峪河流域林区。

主要识别：本种小枝、花梗、叶柄及叶下面沿脉疏被柔毛或无毛，萼筒外无毛而区别于多毛樱桃。

花期及蜜源利用价值：花期4～6月，蜜、粉中等，为辅助蜜源植物。

（237）托叶樱桃 *Cerasus stipulacea* (Maxim.) Yu et Li

形态特征：落叶灌木或小乔木，高1～7米，小枝灰色或灰褐色，嫩枝无毛。单叶互生，叶片卵形至倒卵形状椭圆形，叶缘具缺刻状尖锐重锯齿，重锯齿由2～3齿组成，上面被稀疏短毛，下面无毛或脉腋被簇毛；叶柄无毛；托叶在营养枝上较大，呈小叶状，卵圆形，缘具羽裂状锯齿，在生殖枝上较小，卵状披针形，缘具尖锐锯齿。花两性；伞形花序，通常有2朵花，稀3朵，先叶开放或近先叶开放；总苞片椭圆形，缘具腺体，里面被伏生长柔毛；总梗无或极短；花梗无毛；萼片三角形，全缘；花瓣淡红色或白色；雄蕊35～40，比花瓣稍短；花柱伸出，远长于雄蕊。核果椭球形，红色；表面略具棱纹；果梗先端肥厚、无毛，果期7～8月。

生境分布：生于海拔2000～2600米的山谷、山坡杂木林和灌丛中。分布于磨沟、庙沟、瓜咱沟及沙滩、插岗、卡子沟、铁坝、博峪。

花期及蜜源利用价值：花期5～6月，蜜、粉中等，为辅助蜜源植物。

97.稠李属 *Padus*

（238）短梗稠李 *Padus brachypoda* (Batal.) Schneid.

形态特征：落叶乔木，高8～10米，树皮黑色，当年生小枝被短绒毛或近无毛。单叶互生，叶片长圆形，长椭圆形，叶缘具贴生或开展锐锯齿，齿尖带短芒，下面淡绿色，无毛或在脉腋被髯毛；叶柄顶端两侧各具1腺体；花两性；总状花序有多花，长16～30厘米，基部有1～3叶，花梗长5～7毫米，总花梗和花梗均被短柔毛；萼筒和萼片外面被疏短毛，里面基部被短柔毛；花瓣5，白色，中部以上啮蚀状或波状；雄蕊25～27，花丝长短不等，排成不规则2轮，着生花盘边缘；雌蕊1，子房上位，柱头盘状。核果球形，幼时紫红色，老时黑褐色，无毛；果梗被短柔毛；核光滑。果期5～10月。

生境分布：生于海拔2000～3200米的沟边灌丛。分布于曲瓦沟、瓜咱沟、磨沟、庙沟、插岗嘎沟、卡子沟。

花期及蜜源利用价值：花期5～6月，粉量丰富，为良好的粉源植物。

98.悬钩子属

(239)茅莓　*Rubus parvifolius* Linn.

形态特征：落叶小灌木，茎拱曲，长约2米；具稀疏针状刺。小枝被灰白色短柔毛及倒生刺。奇数羽状复叶互生，具小叶3，在嫩枝上有时5；上面绿色，疏被伏柔毛，下面密被白色绒毛；叶柄与叶轴均被短柔毛和稀疏细皮刺。花两性；伞房花序顶生，部分腋生，有花3~10朵，被短柔毛和稀疏细刺；总花梗和花梗密被绒毛；萼裂片5，被柔毛，花时开展，后期直立；花瓣5，粉红色或紫色，基部具爪；雄蕊多数，花丝白色，比花瓣稍短；心皮多数，离生，子房上位，被柔毛。聚合核果球形，红色，无毛或被稀疏柔毛，味酸；果期7~8月。

生境分布：生于海拔1600~2600米的杂木林或灌丛中。常见种。分布于曲瓦沟、大峪沟、黑峪沟、磨沟、插岗、卡子沟。

用途：果实酸甜多汁，可供食用、酿酒及制醋等；根和叶含单宁，可提取栲胶；全株入药。

花期及蜜源利用价值：花期5~6月，蜜、粉丰富，为良好的蜜源植物，对蜂群繁殖发展有利。

（240）腺花茅莓　*Rubus parvifolius Linn.var.adenochlamys*(Focke) Migo

形态特征：落叶小灌木；具稀疏针状刺。小枝被灰白色短柔毛及倒生刺。奇数羽状复叶互生，具小叶3，在嫩枝上有时5；侧生小叶缘浅裂和具不整齐粗锯齿，上面绿色，疏被伏柔毛，下面密被白色绒毛；叶柄与叶轴均被短柔毛和稀疏细皮刺。花两性；伞房花序顶生，部分腋生，有花3～10朵，被短柔毛和稀疏细刺；总花梗和花梗具带红色腺毛；花萼具红色腺毛，萼裂片5，花时开展，后期直立；花瓣5，粉红色或紫色，基部具爪；雄蕊多数，花丝白色，比花瓣稍短；心皮多数，离生，子房上位，被柔毛。聚合核果球形，红色，无毛或被稀疏柔毛，味酸。果期7～8月。

生境分布：生于海拔1600～2600米的杂木林或灌丛中。常见种。分布于卢坝沟、大峪沟、黑峪沟、磨沟、插岗、卡子沟、东山、坪定。

用途：果可供食用、酿酒及制醋等。

花期及蜜源利用价值：花期5～6月，蜜、粉丰富，为良好的蜜源植物，对蜂群繁殖发展有利。

（241）西藏悬钩子 *Rubus thibetanus* Franch.

形态特征：落叶灌木，枝蔓生，红褐色，被白粉，具细刺；小枝细长，密被柔毛；刺直立或稍下弯。奇数羽状复叶互生，小叶5~7片，稀为9片，叶缘具尖锐锯齿，上面被绢状短柔毛，下面被白色绒毛；顶生小叶片比侧生小叶片大，基部叶缘羽状深裂，上部叶缘浅裂至不裂或仅具尖锐重锯齿；叶柄疏生细刺。花两性；伞房花序顶生，通常具花3~5朵，稀花单生叶腋；花梗与总梗均被柔毛；萼裂片5，全缘，两面均具柔毛，花时开展，果时反折；花瓣5，浅红色或紫红色。雄蕊多数，紫红色；心皮多数，离生，子房上位；花柱无毛。聚合核果球形，浆果状，黑色或红色，密被灰色短绒毛。果期8月。

生境分布：生于海拔2200米左右的山坡林缘、河谷或沟边。分布于拱坝河谷及两岸山坡。

用途：果实可食或制醋。

花期及蜜源利用价值：花期5~6月，蜜、粉中等，为辅助蜜源植物。

（242）菰帽悬钩子　*Rubus pileatus* Focke

形态特征：落叶灌木，枝蔓生，具疏细刺；小枝紫红色，无毛，被白粉。奇数羽状复叶互生，具小叶5～7片；叶缘具重锯齿，有时具浅裂片，上面侧脉间被白绒毛，下面沿叶脉被柔毛；叶柄与叶轴均疏具细刺和被疏柔毛。花两性；伞房花序顶生，具花3～5朵，稀单个腋生；花梗细，下垂，具疏细刺或无刺；萼裂片5，果时开展或反折；花瓣5，白色，两面被疏短柔毛或近无毛，比萼裂片稍短；雄蕊多数，子房上位，密被白色长绒毛；花柱下部密被毛，花柱果时增长。聚合核果近球形，浆果状，红色，具宿存的花柱，密被白色长绒毛；幼果呈蘑菇帽状。果期8～9月。

生境分布：生于海拔2000～2800米的山谷、山坡林缘、灌丛或杂木林中。分布于曲瓦沟、大峪沟、峰迭磨沟、憨班黑峪沟、博峪及拱坝河流域各支沟林区。

主要识别：本种枝条紫红色而被白粉，幼果呈蘑菇帽状可区别属内其他种。

用途：果可食。

花期及蜜源利用价值：花期6～7月，粉量丰富，为辅助粉源植物。

（243）秀丽莓　*Rubus amabilis* Focke 别名：美丽悬钩子

形态特征：灌木，高1～3米；枝无毛，具稀疏皮刺；花枝短，具柔毛和小皮刺。小叶7～11枚，卵形或卵状披针形，上面无毛或疏生伏毛，下面沿叶脉具柔毛和小皮刺，边缘具缺刻状重锯齿，顶生小叶边缘有时浅裂或3裂；侧生小叶和叶轴均于幼时具柔毛，疏生小皮刺。花单生于侧生小枝顶端，下垂；花梗具柔毛，疏生细小皮刺；花萼外面密被短柔毛，无刺或有时具稀疏短针刺；萼片在花果时均开展；花瓣白色；花丝线形，带白色；花柱浅绿色无毛，子房具短柔毛。果实长圆形，红色，幼时具稀疏短柔毛。果期7～8月。

生境分布：生于海拔1300～3600米山麓、沟边或山谷丛林中。分布于各乡镇境内林区、林缘区。

用途：果可食用。

花期及蜜源利用价值：花期4～5月，蜜、粉丰富，为重要的辅助蜜源植物。

(244)香莓(疏刺悬钩子) *Rubus pungens var. oldhamii* (Miq.) Maxim

形态特征：半匍匐灌木，高达3米；枝圆柱形，幼时被柔毛，枝上针刺较稀少。小叶常5~7枚，稀3或9枚，卵形、三角卵形或卵状披针形，基部圆形至近心形，上面疏生柔毛，下面有柔毛或仅在脉上有柔毛，边缘具尖锐重锯齿或缺刻状重锯齿。花单生或2~4朵成伞房状花序，顶生或腋生；花萼上具疏密不等的针刺或近无刺；花萼片在花果时均直立，稀反折；花枝、叶柄、花梗和花萼上无腺毛有稀疏短腺毛；花瓣白色，基部具爪，比萼片短；雄蕊多数，直立，长短不等；雌蕊多数，子房有柔毛或近无毛。果实近球形，红色，具柔毛或近无毛；核卵球形，有明显皱纹。果期7~8月。

生境分布：生于海拔1300~3000米的山麓、沟边或山谷灌丛中。分布于南峪沟、拱坝河流域各沟系。

用途：果可食用，根可供药用。

花期及蜜源利用价值：花期4~5月，蜜、粉少量，为辅助蜜源植物。

（245）喜阴悬钩子　*Rubus mesogaeus* Focke　土名：黑芒子

形态特征：攀援灌木，高1～4米；老枝有稀疏基部宽大的皮刺，小枝红褐或紫褐色，具稀疏针状皮刺或近无刺，幼时被柔毛。小叶常3枚，稀5枚，顶生小叶宽菱状卵形或椭圆卵形，边缘常羽状分裂，侧生小叶上面疏生平贴柔毛，下面密被灰白色绒毛，边缘有不整齐粗锯齿并常浅裂；叶柄与叶轴均有柔毛和稀疏钩状小皮刺。伞房花序生于侧生小枝顶端或腋生，具花数朵至二十余朵，通常短于叶柄；总花梗具柔毛，有稀疏针刺；花梗密被柔毛。花萼外密被柔毛；萼片边缘具绒毛，花后常反折；花瓣白色或浅粉红色；花柱无毛，子房有疏柔毛。果实扁球形，紫黑色，无毛。果期7～8月。

生境分布：生海拔1700～2700米山坡、山谷林下潮湿处或沟边冲积台地。各乡镇境内林区、林缘区均有分布。

用途：果酸甜可口，可食用。

花期及蜜源利用价值：花期5～6月，蜜、粉少量，为辅助粉源植物。

（246）密刺悬钩子　*Rubus subtibetanus* Hand.-Mazz.

形态特征：攀援灌木，高1～2米；老枝褐色或红褐色，密被长短不等的针刺和短皮刺，并有柔毛；小枝暗绿色，被较密针刺。小叶3～5枚，顶生小叶宽卵形至卵状披针形，边缘常羽状分裂，侧生小叶斜椭圆形或斜卵形，上面有柔毛，下面密被灰白色至黄灰色绒毛，边缘有不整齐或缺刻状粗锯齿；叶柄被柔毛和较密针刺。伞房花序顶生或腋生；总花梗和花梗均被柔毛和较密针刺；花瓣白色带红或紫红色；花萼外密被柔毛；萼片花时直立开展，果时常反折；雄蕊花丝线形，无毛；花柱无毛，子房具柔毛。果实近球形，成熟时蓝黑色，微具柔毛；核较平滑或有细皱纹。果期6～7月。

生境分布：生于海拔1800～2300米山坡或山谷灌丛中。分布于拉尕沟、瓜咱沟、黑峪沟、插岗、铁坝境内。

花期及蜜源利用价值：花期5～6月，蜜、粉少量，为辅助蜜源植物。

(247)红泡刺藤　*Rubus niveus* Thunb.

形态特征：灌木，高1～2.5米；枝常紫红色，被白粉，疏生钩状皮刺，小枝幼时被绒毛状毛。小叶常7～9枚，稀5或11枚，椭圆形、卵状椭圆形，顶生小叶卵形或椭圆形,上面无毛或仅沿叶脉有柔毛，下面被灰白色绒毛，边缘常具不整齐粗锐锯齿，顶生小叶有时具3裂片；叶柄和叶轴均被绒毛状柔毛和稀疏钩状小皮刺。花成伞房花序或短圆锥状花序，顶生或腋生；总花梗和花梗被绒毛状柔毛；花萼外面密被绒毛；花瓣近圆形，红色；雄蕊几与花柱等长；雌蕊55～70，花柱紫红色，子房和花柱基部密被灰白色绒毛。果实半球形，深红色转为黑色，密被灰白色绒毛。果期7～9月。

生境分布：生于海拔1500～2800米的山坡灌丛、地埂、路旁或山谷河滩、溪流旁。分布于白龙江及拱坝河河谷两岸山坡。

用途：根皮含鞣质，可浸提栲胶；果供食用及酿酒。

花期及蜜源利用价值：花期5～7月，流蜜期约20天，蜜、粉丰富，气温在20℃以上流蜜较好，蜜浅黄色，质浓，蜜汁较多，中蜂可以充分利用。为山区重要的辅助蜜源植物。

(248)陕西悬钩子　*Rubus piluliferus* Focke

形态特征：灌木；枝拱曲，幼时被柔毛，具稀疏针状皮刺或近于无刺，稀有较密细刺。小叶3~5枚，卵形、菱状卵形或卵状披针形，上面有稀疏短柔毛或近无毛，下面密被白色绒毛，边缘常羽状浅裂，有缺刻状粗重锯齿；叶柄与叶轴均被柔毛和稀疏小刺。花5~15朵成伞房花序，着生于侧生短枝顶端；总花梗和花梗均被带黄色柔毛；花萼外面被柔毛；萼片顶端渐尖；花瓣浅红色，近圆形，基部有长爪；雄蕊多数，花丝线形；雌蕊20~40，花柱基部和子房密被白色绒毛。果实近球形，密被白色短绒毛。果期7~8月

生境分布：生于海拔1200~2000米山坡、荒地或山谷林下，分布于瓜咱沟。

花期及蜜源利用价值：花期5~6月，蜜粉少量，为辅助蜜源植物。

（249）粉枝莓　*Rubus biflorus* Buch.-Ham. ex Smith

形态特征：落叶灌木，高达3米。茎攀援，无毛，被白粉；刺粗壮，直立或微弯。奇数羽状复叶互生，具小叶3片，稀5片；叶缘具粗锯齿或重锯齿，上面被伏生柔毛，下面被灰色绒毛；顶生小叶先端常3裂；叶柄与叶轴均具刺，无毛或被稀疏柔毛。花两性；2~5朵簇生或近伞房状；花梗无刺或具稀疏小刺，无毛；萼裂片5，先端具短尖头，外面无毛，里面和外面边缘被短绒毛，果时直立或开展；花瓣5，白色，近圆形；雄蕊多数，直立；心皮多数，分离，子房上位，被短柔毛；花柱短，基部被绒毛。聚合果球形，浆果状，黄色，无毛或顶端常有具绒毛的残存花柱。果期8月。

生境分布：生于海拔1600~2500米的山坡和山谷杂木林下。分布于巴藏芦坝沟及拱坝河流域的沙滩、插岗、卡子沟。

用途：果可食用、味甜。

花期及蜜源利用价值：花期5~6月，蜜粉中等，为辅助蜜源植物。

（250）黄果悬钩子　*Rubus xanthocarpus* Bureau et Franch.　土名：芒子

形态特征：草本或低矮半灌木，高15～50厘米；地上茎草质，有钝棱，幼时密被柔毛，疏生较长直立针刺。小叶3枚，有时5枚，长圆形或椭圆状披针形，顶生小叶片基部常有2浅裂片，下面沿脉有细刺，边缘具不整齐锯齿；叶柄被疏柔毛和直立针刺。花1～4朵成伞房状，顶生或腋生，稀单生；花梗有柔毛和疏生针刺；花萼外被较密直立针刺和柔毛；花瓣白色，基部有长爪，被细柔毛；雄蕊多数，短于花瓣，花丝宽扁；雌蕊多数，子房近顶端有柔毛。果实扁球形，橘黄色，无毛。果期8月。

生境分布：生于海拔600～3200米的山坡、路旁、林缘、林中或荒坡、荒地、山沟石砾滩地。分布广，全县各乡境内都有分布。

用途：果酸甜，可供食用及酿酒；全草供药用，能消炎止痛。

花期及蜜源利用价值：花期5～6月，蜜、粉丰富，为山区重要的辅助蜜源。

99.草莓属 *Fragaria*

(251)五叶草莓 *Fragaria pentaphylla* Lozinsk. 土名:白瓢子

形态特征：多年生草本，高(6)10~15厘米，茎高出于叶，密被开展柔毛。羽状5小叶，质地较厚，顶生小叶具短柄，上面一对侧生小叶无柄，小叶片倒卵形或椭圆形，边缘具缺刻状锯齿，锯齿急尖或钝；叶柄密被开展柔毛。花序聚伞状，有花(1)2~3(4)朵；萼片5，卵圆披针形，外面被短柔毛，比副萼片宽，副萼片披针形，与萼片近等长，顶端偶有2裂；花瓣白色，近圆形，基部具短爪；雄蕊20枚，不等长；雌蕊多数。聚合果卵球形，白色，宿存萼片显著反折；瘦果卵形，仅基部具少许脉纹。果期5~6月。

生境分布：生于海拔1300~2300米的山坡、草地。各乡镇境内孝有分布。

主要识别：本种羽状5小叶，质地较厚，萼片在果成熟时极为反折，且副萼片在果时显著伸长，果实白色，易与本属其他种区别。

用途：果可食用。

花期及蜜源利用价值：花期4~5月，蜜、粉丰富，为山区重要的辅助蜜源植物。

(252)东方草莓　*Fragaria orientalis* Lozinsk.　土名:瓢子

形态特征：多年生草本，高5~30厘米。茎被开展柔毛，上部较密，下部有时脱落。三出复叶，倒卵形或菱状卵形，边缘有缺刻状锯齿，上面散生疏柔毛，下面淡绿色，有疏柔毛，沿叶脉较密；叶柄被开展柔毛有时上部较密。花序聚伞状，有花（1）2~5（6）朵，花梗被开展柔毛。花两性，稀单性；萼片卵圆披针形，副萼片线状披针形，偶有2裂；花瓣白色，几圆形，基部具短爪；雄蕊18~22，近等长；雌蕊多数。聚合果半圆形，成熟后紫红色，宿存萼片开展或微反折；瘦果卵形，表面脉纹明显或仅基部具皱纹。果期7~9月。

生境分布：生于海拔1300~3800米山坡草地或林下。各乡镇境内都有分布。

用途：果实鲜红色，质软而多汁，香味浓厚，略酸微甜，可生食或供制果酒、果酱。

花期及蜜源利用价值：花期5~7月，蜜、粉丰富，为山区重要的辅助蜜源。

100、蛇莓属 *Duchesnea*

（253）蛇莓　*Duchesnea indica* (Andr.) Focke

形态特征：多年生草本；匍匐茎多数，长30～100厘米，有柔毛。小叶片倒卵形至菱状长圆形，边缘有钝锯齿，两面皆有柔毛，或上面无毛；叶柄有柔毛。花单生于叶腋；花梗有柔毛；萼片卵形，外面有散生柔毛；副萼片倒卵形，比萼片长，先端常具3～5锯齿；花瓣倒卵形，长5～10毫米，黄色，先端圆钝；雄蕊20～30；心皮多数，离生；花托在果期膨大，海绵质，鲜红色，有光泽，外面有长柔毛。瘦果卵形，光滑或具不显明突起，鲜时有光泽。果期8～10月。

生境分布：生于海拔1250～1800米山坡、河岸、草地、路旁、潮湿的地方。全县境内都有分布。

用途：全草药用，能散瘀消肿、清热解毒。茎叶捣敷治疗疮有特效，亦可敷蛇咬伤、烫伤、烧伤。果实煎服能治支气管炎。

花期及蜜源利用价值：花期5～8月，蜜、粉丰富，蜜蜂采访积极，对蜂群发展壮大很有利，为重要的辅助蜜源植物。

101.蔷薇属 *Rosa*

（254）七里香蔷薇　*Rosa banksiae Ait. var. normalis* Regel.

形态特征：落叶或半常绿灌木。茎攀援，长达10米，具疏刺或无刺；嫩枝绿色，无毛；树皮片状脱落。奇数羽状复叶互生，小叶3~5枚，稀7枚；小叶片椭圆状卵形或长圆状披针形，叶缘具细锐单锯齿，上面无毛，稍有光泽，下面沿中脉基部被柔毛。花两性；伞形花序具多数花；花托膨大成壶状，卵形，外面无毛；萼裂片5，近全缘，外面无毛，里面被短柔毛；花瓣5，白色，单瓣，先端微凹；雄蕊多数；子房上位；花柱比雄蕊短。蔷薇果球形，无毛，萼裂片脱落。果期10月。

生境分布：生于海拔1500米的山坡、沟边杂木林或灌丛中。分布于占单、花园沟及拱河河谷及两岸山坡。

用途：根皮含鞣质，可提栲胶；花含芳香油，可用于化妆、皂用香精中。根皮药用，称红根，能活血，调经，外伤红肿等症。

花期及蜜源利用价值：花期4~5月，蜜、粉中等，为辅助蜜源植物。

(255)黄蔷薇　*Rosa hugonis* Hemsl.

形态特征：落叶灌木，高约2.5米，多分枝；皮刺直，侧扁，正三角或长三角形，常混有刺毛。奇数羽状复叶互生，具小叶5~13，常为9~11 枚，常在短枝上簇生，小叶片卵状矩圆形或倒卵形，叶缘具尖锐细锯齿，两面无毛，或下面嫩时沿中脉被稀疏柔毛；叶柄与叶轴均无毛。花两性；花单生于短枝顶端；花托膨大成壶状，球形，外面无毛；萼裂片5，全缘，里面被短柔毛；花瓣5，鲜黄色，先端圆或微凹;雄蕊多数,黄色；子房上位，花柱离生，被柔毛。蔷薇果球形或扁球形，红褐色，无毛，萼片反折。果期8月。

生境分布：生于海拔2000~3400米的向阳干燥山坡灌丛中，耐旱耐寒。分布于各乡镇境内。

用途：果实可食和酿酒，也可入药。可栽培庭院或植为绿篱。

花期及蜜源利用价值：花期4~6月，蜜、粉丰富，有利于蜂群繁殖，为山区辅助蜜源植物。

(256)峨眉蔷薇　*Rosa omeiensis* Rolfe

形态特征：落叶灌木，高2~3米，小枝紫红色，具刺或无刺，嫩时密被刺毛；刺扁化，基部扩大，有时下延。奇数羽状复叶互生，具小叶9~13（17）片；小叶片矩圆形或椭圆状长圆形，叶缘具尖锐细锯齿，两面均无毛，或下面被稀疏柔毛。花两性；单生于短枝顶端，花梗细无毛；花托膨大成壶状，球形或椭圆形，红色，无毛；萼裂片4，稀为5，白色；雄蕊多数；花柱约10个，分离，密被柔毛，微伸出花托口，甚短于雄蕊。蔷薇果椭圆形，鲜红色，具膨大的肉质果梗；果梗橙黄色；萼裂片直立。果期7~8月。

生境分布：生于海拔2500~3000米的山坡杂木林中。分布曲瓦沟、大峪沟、瓜咱沟、磨沟及拱坝河流域高山林区。

用途：花可提取芳香油；果药用。根皮可提栲胶。

花期及蜜源利用价值：花期5~6月，蜜、粉少量，为辅助蜜源植物。

（257）刺毛蔷薇　*Rosa setipoda* Hemsl. et Wils.

形态特征：落叶灌木，高2～3米，小枝红褐色，具疏刺和被刺毛；刺直立，基部宽扁。奇数羽状复叶互生，具小叶7～9片，稀为11片；小叶片椭圆或卵形，叶缘具尖锐单锯齿，稀具重锯齿，下面沿脉被短柔毛，中脉无刺或具细刺；叶柄与叶轴均被短腺毛和稀疏细刺。花两性；伞形花序顶生，具花4～8朵；花梗密被腺刺毛；花托膨大成壶状、狭长圆状卵形，外面密被腺状刺毛；萼裂片5，缘具稀疏锯齿，外面被刺状腺毛或无毛，里面密被短绒毛；花瓣5，外面被稀疏短柔毛，淡红色，基部微白色；雄蕊多数；子房上位，花柱离生，被柔毛。蔷薇果长卵形，红色，先端狭缩，萼裂片直立。果期8～9月。

生境分布：生于海拔2500～2700米的杂木林中。分布于黑水沟、黑峪沟、拉尕沟、罗家峪沟。

花期及蜜源利用价值：花期6月，蜜、粉丰富，为山区粉源植物。

(258)扁刺蔷薇　*Rosa swegizowii* Koehne

形态特征：落叶灌木，高达5米，小枝细，紫红色具刺和刺毛；刺直立，基部侧扁。奇数羽状复叶互生，具小叶7~11片；小叶片椭圆形至卵状长圆形，边缘具重锯齿，下面被短柔毛；叶柄与叶轴均具腺毛和稀疏细刺。花两性；花单生或2~3朵簇生；花梗被腺毛或腺刺毛；花托膨大成壶状，被腺毛或腺刺毛；萼裂片5，外面被腺刺毛，里面密被短绒毛；花瓣5，红色，尖端微凹；雄蕊多数；心皮多数，离生，子房上位。蔷薇果长圆形，被腺刺毛，鲜红色或橘红色，萼片宿存。果期9月。

生境分布：生于海拔2000~3100米的山坡杂木林中。分布于磨沟、八楞阳山及拱坝河流域各支沟。

用途：果供药用，有滋补强壮，顺肝补肾之效。

花期及蜜源利用价值：花期6月，粉量丰富，为辅助粉源植物。

(259)巴东蔷薇 *Rosa helenae* Rehd.et Wils.

形态特征：落叶灌木，茎蔓生，长达5米；小红枝无毛，具钩刺。奇数羽状复叶互生，具小叶7~9片；小叶片长圆状卵形、椭圆状倒卵形或长圆状椭圆形，叶缘具细锐单锯齿，下面灰白色，沿脉被短柔毛或全被柔毛。花两性；复伞房花序顶生，具多数花，花梗细被腺毛；花托膨大成壶状，被腺毛；花芳香；萼裂片5，基部边缘具数个小裂片，外面被腺毛和稀疏柔毛，里面被短柔毛，花后反折；花瓣5，白色，倒卵形，先端微凹；雄蕊多数；子房上位，花柱密被柔毛，显著伸出花托口外。蔷薇果卵形或椭圆状卵形，红色或深红色。

生境分布：生于海拔1800米左右的山坡、山谷杂木林中或灌丛中。分布于城关西半山、花园沟、角儿桥、拱坝等地。

用途：根含鞣质，可提取栲胶。花香，宜作庭院观赏树。

花期及蜜源利用价值：花期5~6月，粉量丰富，为山区重要的辅助粉源植物。

(260)黄刺玫　*Rosa xanthina* Lindl.

形态特征：落叶灌木，高1～3米，茎直立。小枝细长，紫褐色，幼时微被柔毛，分枝稠密，具梗皮刺，不扁化或仅基部稍扁化。奇数羽状复叶互生，具小叶7~13，常簇生侧枝端；小叶宽卵形或近圆形，叶缘具圆钝锯齿，下面被长柔毛，至少幼时被长柔毛；叶柄与叶轴均被疏柔毛及小皮刺。花两性；单生，无苞片；花梗无毛；花托膨大成壶状，球形，外面无毛；萼裂片5，全缘，外面无毛，里面被柔毛，宿存，花片反折；花瓣5或半重瓣，倒卵形，先端微凹，黄色；雄蕊多数，黄色；心皮多数，离生，子房上位。蔷薇果近球形，红黄色，先端宿存反折的萼片。果期9~10月。

生境分布：新老城区园林绿化及庭院栽培。

用途：茎皮可作纤维板及造纸原料；果实可酿酒、制果酱或食用；花可提取香精；花多而艳，枝稠叶茂，为优良的观赏兼绿化树种。

花期及蜜源利用价值：花期4～5月，花粉丰富，为辅助粉源植物。

(261)玫瑰 *Rosa rugosa* Thunb.

形态特征：直立灌木，高可达2米；小枝密被绒毛，并有针刺和腺毛，有直立或弯曲的皮刺，皮刺外被绒毛。小叶5～9，小叶片椭圆形或椭圆状倒卵形，边缘有尖锐锯齿，叶脉下陷，有褶皱，下面灰绿色，密被绒毛和腺毛或不明显；叶柄和叶轴密被绒毛和腺毛。花单生于叶腋，或数朵簇生；花梗密被绒毛和腺毛；萼片常有羽状裂片而扩展成叶状，上面有稀疏柔毛，下面密被柔毛和腺毛；花瓣，重瓣至半重瓣，芳香，紫红色至白色；花柱离生，被毛，比雄蕊短很多。果扁球形，砖红色，平滑，萼片宿存。果期8～9月。

生境分布：憨班老沟有小片种植，庭院、园林绿化均有栽培。

用途：鲜花可以蒸制芳香油，供食用及化妆品用，花瓣可以制饼馅、玫瑰酒、玫瑰糖浆，干制后可以泡茶，花蕾入药治肝、胃气痛、胸腹胀满和月经不调。

花期及蜜源利用价值：花期5～6月，蜜、粉丰富，为辅助蜜源植物。

（262）山刺玫　*Rosa davidii* Crep.

形态特征：落叶灌木，高达3米。茎直立或铺散；小枝无毛；刺直立或微弯，基部侧扁，羽状复叶互生，小叶7~9片，稀11片；小叶片椭圆形到卵状长圆形，叶缘三分之一以上具尖锐单锯齿，下面灰白色，密被短柔毛；叶柄与叶轴均被短柔毛，稀疏腺毛和小刺。花两性，整齐；伞房花序紧密，具多数花；苞片密被短柔毛；花梗细被腺毛，有时被腺毛和稀疏刺毛；花托膨大成壶状，卵形，外面被腺毛或柔毛；萼裂片5，里面被灰色绒毛；花瓣5，淡红色；雄蕊多数；子房上位；花柱长与雄蕊近等。蔷薇果卵形或长卵形，深红色，外面被腺毛或无腺毛，萼裂片宿存；果期9月。

生境分布：生于海拔1800~2600米的山坡杂木林或灌丛中。分布于磨沟、瓜咱沟、大峪沟、八楞西岔和插岗角儿桥、铁坝沟、博峪境内。

用途：果可食，酿酒或药用，根、茎皮可提取栲胶。可栽培观赏。

花期及蜜源利用价值：花期6~7月，花粉黄色，量丰富，为山区主要粉源植物。

(263)钝叶蔷薇　*Rosa sertata* Rolfe

形态特征：落叶小灌木，高约2米，茎直立，小枝紫红色，具疏刺或疏刺毛，刺细长，针状，直立。奇数羽状复叶互生，小叶7~11；上部小叶常比下部大，小叶宽椭圆形或卵形，缘具尖锐单锯齿，下面灰绿色，无或沿中脉被柔毛；总叶柄与叶轴均被稀疏腺毛和小皮刺。花两性；花单生或数朵簇生，花梗无毛或被腺毛；花托膨大成壶状，外面无毛，萼裂片5，全缘，花瓣淡红色或红紫色；雄蕊多数；心皮多数、离生，花柱多数，被柔毛，微伸出花托口。蔷薇果卵形，深红色，无毛，先端狭缩，萼裂片宿存。果期8~9月。

生境分布：生于海拔2000~2800米的山坡灌丛中。分布于各乡镇境内林区。

花期及蜜源利用价值：花期5~6月，粉少量，为辅助粉源植物。

(264)复伞房蔷薇 *Rosa brunonii* Lindl.

形态特征：攀援灌木，高4~6米；小枝圆柱形，幼时有柔毛，有短而弯曲的皮刺。小叶通常7，近花序小叶常为5或3；小叶片长圆形或长圆披针形，边缘有锯齿，上面微被柔毛，稀无毛，下面密被柔毛；小叶柄和叶轴密被柔毛和散生钩状小皮刺；托叶大部贴生于叶柄，边缘有腺，两面均被毛。花多朵排成复伞房状花序；花梗被柔毛和稀疏腺毛；萼筒倒卵形，外被柔毛；萼片内外两面均被柔毛；花瓣白色，宽倒卵形；花柱结合成柱，伸出。果卵形，黄色或橘红色，有光泽，无毛，成熟后萼片脱落。果期7~11月。

生境分布：生于海拔1200~2750米的林下或河谷林缘灌丛中，分布于各乡镇境内。

花期及蜜源利用价值：花期6~7月，花粉量丰富，为山区主要粉源植物。同时也是山花蜜源大流蜜期到来的指示植物之一。

（265）月季花 *Rosa chinensis* Jacq.

形态特征：直立灌木，高1～2米；小枝粗壮，有短粗的钩状皮刺或无刈。小叶3~5，稀7，小叶片宽卵形至卵状长圆形，边缘有锐锯齿，两面近无毛，上面暗绿色，常带光泽，总叶柄较长，有散生皮刺和腺毛。花几朵集生，稀单生；花梗近无毛或有腺毛，萼片卵形，边缘常有羽状裂片，稀全缘，内面密被长柔毛；花瓣重瓣至半重瓣，红色、粉红色至白色，先端有凹缺；花柱离生，伸出萼筒口外。果卵球形或梨形，红色，萼片脱落。果期6~11月。

生境分布：新老城园林绿化、各乡镇庭院普遍栽培。

用途：花、根、叶均入药。园林花卉。

花期及蜜源利用价值：花期长，4~9月，花粉中等，为辅助粉源植物。

三十一、豆科 Leguminosae

102.羊蹄甲属 *Bauhinia*

（266）马鞍羊蹄甲 *Bauhinia brachycarpa* Wall.ex Benth.

形态特征：小灌木，高1～3米。小枝有条棱，疏被短柔毛。单叶互生，叶形变化很大，通常近肾圆形，先端二裂，裂至叶片的三分之二至三分之一处，裂片圆，下面密被红棕色短柔毛和丁字毛，有脉7～9条。花两性，伞房状短总状花序，顶生或与叶对生；萼筒陀螺状，萼裂片2，全缘，佛焰苞状，匙形；花瓣5，具爪，最上方一瓣在最里面，白色；发育雄蕊10，5长5短；子房上位，密被长柔毛，含多数胚珠，具柄；花柱短，柱头顶生。荚果革质，条状倒披针形，先端尖，基部渐狭，密被短柔毛，开裂。果期8～12月。

生境分布：生于海拔1300～1700米的灌丛和杂木林中或干旱山坡。分布于白龙江畔的两岸及黑峪沟、黑水沟、三眼峪。

用途：可作庭园栽培，供观赏。

花期及蜜源利用价值：花期6～9月，蜜、粉少量，为辅助蜜源植物。

103.合欢属 *Albizia*

（267）合欢 *Albizia julibrissin* Durazz.

形态特征：落叶乔木，高可达16米，树冠开展；小枝有棱角，嫩枝、花序和叶轴被绒毛或短柔毛。二回羽状复叶，总叶柄近基部及最顶一对羽片着生处各有1枚腺体；羽片4~12对，栽培的有时达20对；小叶10~30对，线形至长圆形，有缘毛，有时在下面或仅中脉上有短柔毛；中脉紧靠上边缘。头状花序于枝顶排成圆锥花序；花粉红色；花萼管状；花冠裂片三角形，花萼、花冠外均被短柔毛。荚果带状，嫩荚有柔毛，老荚无毛；果期8~10月。

生境分布：大川、城关、峰迭新区庭院、园林绿化有栽培。

用途：常植为城市行道树、观赏树。花、树皮供药用。

花期及蜜源利用价值：花期6~7月，蜜、粉丰富，蜜源少时对维持蜂群生活，保证繁殖，壮大群势有很大作用，分布集中处可取得商品蜜。

104.皂荚属 *Gleditsia*

（268）皂荚 *Gleditsia sinensis* Lam. 土名：皂角

形态特征：落叶乔木，高达15米，干和枝上都具单生或分村的粗壮刺。一回偶数羽状复叶，互生；叶轴被短柔毛；小叶6~18，近对生或互生；长卵形、长椭圆形至卵状披针形，叶缘具细锯齿，两面沿中脉被柔毛；小叶柄与叶轴的沟沿上被柔毛。花杂性；总状花序，腋生，被柔毛；花淡绿色或白色，被短柔毛；花瓣4，雄蕊6~8，花丝基部被细长毛；花药丁字着生，纵裂；子房上位，花柱短，柱头顶生；沿缝线被毛。荚果带形，不扭转，两面微凸起，被白色粉霜，不裂。种子长圆状卵形，褐色，有光泽；果期10月。

生境分布：生于海拔1300~2000米的山坡、路边、沟旁、宅旁。分布于曲瓦岭坝、大川、南峪、城关、丰迭、铁坝等乡境内。

用途：木材坚硬，供制家具等用；荚果煎汁可代肥皂；荚瓣、种子入药，可祛痰；枝刺药用能消肿排脓，杀虫治癣等。

花期及蜜源利用价值：花期5月，花期约20天，流蜜较猛，中蜂喜采，集中分布处可取到少量商品蜜，蜜棕黄色，浓稠，略有苦味。

105.槐属 *Sophora*

（269）苦参 *Sophora flavescens* Alt.

形态特征：草本或亚灌木，通常高1米左右。茎具纹棱，幼时疏被柔毛。羽状复叶长达25厘米；小叶6~12对，互生或近对生，纸质，椭圆形、卵形、披针形，下面疏被灰白色短柔毛或近无毛。总状花序顶生，长15~25厘米；花多数；花萼钟状疏被短柔毛；花冠白色或淡黄白色，旗瓣倒卵状匙形，翼瓣单侧生，强烈皱褶几达瓣片的顶部，龙骨瓣与翼瓣相似，雄蕊10，分离或近基部稍连合；子房被淡黄白色柔毛，花柱稍弯曲。荚果，种子间稍缢缩，呈不明显串珠状，疏被短柔毛或近无毛，成熟后开裂成4瓣，有种子1~5粒；种子长卵形，稍压扁，深红褐色或紫褐色。果期7~10。

生境分布：生于海拔1500米左右的山坡、草坡灌木林中或路旁。分布于八楞西岔梁等地。

用途：根入药有清热利湿，抗菌消炎，健胃驱虫之效；种子可作农药；茎皮纤维可织麻袋等。

花期及蜜源利用价值：花期6~8月，蜜、粉少量，可作为辅助蜜源。

(270)槐 *Sophora japonica* L. 别名:国槐

形态特征：落叶乔木，高达25米。枝幼时绿色，疏被毛，皮孔明显。奇数羽状复叶，互生；叶轴微被柔毛，基部膨大；小叶7~15，卵状长圆形或卵状披针形，全缘，下面被贴伏毛及白粉。花两性；花冠乳白色；旗瓣微有紫脉，先端凹，具短爪；翼瓣与龙骨瓣近同形，具爪；雄蕊10，基部稍合生成环状，花药背着生；子房上位，被毛，含多数胚珠，花柱内弯，柱头头状。荚果串珠状；下垂，黄绿色，不裂，有光泽，经冬不落，含种子1~6。果期10~11月。

生境分布：生于海拔1200~1500米的山坡、路旁、村旁，分布于大川、南峪、城关、峰迭、曲瓦等乡境内。园林绿化、行道树有栽培。

用途：槐花可作黄色染料，花蕾与花可食，花、槐实又为良性收敛止血药，并能降血压和治糖尿病。可在四旁绿化、造林中大量栽培。

泌蜜规律：花期7~8月，在气温稳定，天气晴朗，昼夜温差大的情况下流蜜好。蜜质好，为上等蜜，浅白色，气味纯芳，有槐树花香，分布集中区每群蜂可产蜜约10千克。本属植物龙爪槐为本种的变种，也为较好的蜜源植物，其泌蜜规律同槐树。

（271）白刺花　*Sophora viciifolia* Hance　别名：狼牙刺

形态特征：落叶灌木，高1～2.5米。枝多瘤，小枝先端刺状，嫩枝被短柔毛。奇数羽状复叶，互生；小叶11～21，椭圆形长卵形至长倒卵形，全缘，下面疏被绢毛。花两性；总状花序生于老的短枝顶端，具花6～12朵，花疏生而下垂；萼齿5，紫蓝色，密被短柔毛；花冠白色或蓝白色；雄蕊10，基部合生成环状；子房上位，被柔毛，花柱内弯，柱头头状。荚果串珠状，节间长而细缩，先端具宿存花柱。种子椭圆形；具种阜。果期8月。

生境分布：生于海拔1200～2400米的干旱山坡灌丛或杂木林中。分布于白龙江沿岸各乡镇、拱坝、曲告纳及博峪境内。

用途：枝干可供燃料，叶可做饲料，根可入药治牙痛。狼牙刺生长快，具根瘤菌能固氮。具有改良土壤之效。

泌蜜规律：花期5～6月，花粉乳白色，近球形，有3孔沟。泌蜜适温25℃。一般情况下，流蜜较为稳定，受小气候影响小。蜜质好，上等，浅白色，常年每群单产可达20千克。若在早春受霜杀，花期延迟，且不流蜜。

106.香槐属 *Cladrastis*

(272)小花香槐 *Cladrastis sinensis* Hemsl.

形态特征：乔木，高达20米。幼枝、叶轴、小叶柄被灰褐色或锈色柔毛。奇数羽状复叶；小叶4~7对，互生或近对生，卵状披针形或长圆状披针形，下面苍白色，被灰白色柔毛，常沿中脉被锈色毛。圆锥花序顶生；花多；花萼齿5，密被灰褐色或锈色短柔毛；花冠白色或淡黄色，偶为粉红色，旗瓣倒卵形，先端微缺或倒心形，翼瓣箭形，龙骨瓣椭圆形，基部具1下垂圆耳；雄蕊10,分离；子房线形，被淡黄色疏柔毛。荚果椭圆形或长椭圆形，扁平无翅，有种子1~3(5)粒；种子压扁，褐色，种脐小。果期8~10月。

生境分布：多生于海拔1000~2500米较温暖的山区杂木林中。分布于插岗角儿山、卡子沟、铁坝沟、磨沟、瓜咱沟、曲瓦沟、峰迭阳山沟。

用途：作建筑用材和提取黄色染料。

花期及蜜源利用价值：花期6~7月，蜜、粉少量，可作为辅助蜜源。

107.黄花木属 *Piptanthus*

(273)黄花木　*Piptanthus nepalensis* (Hook.) Sweet　土名:老瓦豆儿

形态特征：落叶或半常绿灌木，高1～4米。枝深绿色，光滑；幼枝被柔毛，后无毛。掌状复叶，互生；小叶3，椭圆状披针形；全缘，下面淡绿色，嫩时被柔毛，中脉更密，老则变疏；叶柄被柔毛。花两性；总状花序顶生，被柔毛；具3~7轮花，每轮具3~7朵花；萼筒钟状密被柔毛，萼齿5，上方2齿稍合生；花冠黄色，花瓣基部具爪；旗瓣圆形，先端微凹，边缘反折；雄蕊10，分离，花药丁字着生；子房上位，条形，密被长柔毛，具柄。荚果带状倒披针形，镰刀状，具宿存花柱；深褐色，略被短柔毛。种子长圆状肾形，扁平，绿褐色，光亮。果期9月。

生境分布：生于海拔2000米左右的山坡灌丛中。分布于巴藏乡溪岭、大峪境内、磨沟狼岔等地。

花期及蜜源利用价值：花期5~6月，蜜、粉少量，可作为辅助蜜源。

108.苜蓿属 *Medicago*

(274)紫苜蓿　*Medicago sativa* Linn.

形态特征：多年生草本，高30~100厘米。茎直立、丛生以至平卧，四棱形。羽状三出复叶；小叶长卵形、倒长卵形至线状卵形，具由中脉伸出的长齿尖，边缘三分之一以上具锯齿，下面被贴伏柔毛。花序总状或头状，具花5~30朵；萼齿线状锥形，被贴伏柔毛；花冠深蓝至暗紫色，花瓣均具长瓣柄，旗瓣先端微凹，比翼瓣和龙骨瓣长；子房线形，具柔毛，花柱短阔，柱头点状。荚果螺旋状紧卷，熟时棕色。种子卵形，平滑，黄色或棕色。果期6~8月。

生境分布：生于田边、路旁、旷野、草原、河岸及沟谷等地。全县各乡境内都有栽培或逸为野生状态。

用途：优质牧草，可作绿肥。

泌蜜规律：花期5~7月，花粉黄色，近球形，有3孔沟。泌蜜稳定，冬春雨水充足，花期天气晴朗，温度较高时泌蜜多，长期干旱不流蜜或流蜜少。蜜琥珀色、半透明，结晶颗粒较粗，白色，有豆香味。

（275）天蓝苜蓿 *Medicago lupulina* Linn.

形态特征：一年生或二年生或多年生草本，高15～60厘米，全株被柔毛或有腺毛。茎平卧或上升，多分枝。羽状三出复叶；小叶倒卵形、阔倒卵形或倒心形，纸质，边缘在上半部具不明显尖齿，两面均被毛，顶生小叶较大。花序小头状，具花10～20朵；总花梗细，密被贴伏柔毛；花梗短；萼钟形密被毛，萼齿线状披针形；花冠黄色，旗瓣近圆形，顶端微凹，翼瓣和龙骨瓣近等长，均比旗瓣短。荚果肾形，表面具同心弧形脉纹，被稀疏毛，熟时变黑；有种子1粒。种子卵形，褐色，平滑。果期9～10月。

生境分布：常见于山坡、地边、河岸、路边、田野及林缘。分布广，各乡镇境内都有分布。

用途：可作饲料、绿肥。全草药用。

花期及蜜源利用价值：花期6～7月，泌蜜良好，为重要的辅助蜜源。

（276）花苜蓿 *Medicago ruthenica* (Linn.)Trautv.

形态特征：多年生草本，高20~70厘米。茎直立，四棱形，基部分枝，丛生，羽状三出复叶；叶柄比小叶短，被柔毛；长圆状倒披针形、卵状长圆形，先端钝圆或微凹，中央具细尖，边缘在基部四分之一处以上或仅在上部具不整齐尖锯齿，下面被贴伏柔毛；叶柄被毛。花序伞形，具花(4) 6~9 (~15)朵；总花梗腋生，通常比叶长；花梗、萼被柔毛；花冠黄褐色，中央深红色至紫色条纹，旗瓣先端凹头；子房线形，无毛。荚果长圆形或卵状长圆形，扁平，具短喙，腹缝有时具流苏状的狭翅，熟后变黑；有种子2~6粒。种子椭圆状卵形，棕色，平滑，种脐偏于一端。果期8~10月。

生境分布：生于草坡、砂地、河岸及砂砾质土壤的山坡旷野。分布于拱坝河流域。

花期及蜜源利用价值：花期6~9月，蜜、粉量少，为辅助蜜源。

109.草木犀属 *Melilotus*

（277）白花草木犀　*Melilotus albus* Medic.ex Desr.

形态特征：一年生或二年生草本，高70～200厘米。茎直立，圆柱形，中空，多分枝，几无毛。羽状三出复叶；小叶长圆形或倒披针状长圆形，边缘疏生浅锯齿，下面被细柔毛，顶生小叶稍大，具较长叶柄。总状花序长9～20厘米，腋生，具多花，排列疏松；花梗短；萼钟形微被柔毛；花冠白色，旗瓣椭圆形，稍长于翼瓣；子房卵状披针形，无毛。荚果椭圆形，棕褐色，老熟后变黑褐色；有种子1～2粒。种子卵形，棕色，表面具细瘤点。果期7～9月。

生境分布：生于海拔1300～2400米的山坡、田边、路旁荒地及林缘草丛。分布于各乡镇境内。

用途：是优良的饲料植物与绿肥。

泌蜜规律：花期6～8月，泌蜜稳定，受小气候干扰小。泌蜜涌而丰富，可取得商品蜜。但天气长期干旱常生蚜虫，不仅影响流蜜，还会引起蜜蜂甘露蜜中毒。蜜色浅，香醇，为上等蜜。

（278）黄香草木犀　*Melilotus officinalis* (L.) Pall.

形态特征：二年生草本，高40~150厘米。茎直立，粗壮，多分枝，具纵棱，微被柔毛。羽状三出复叶；叶柄细长；小叶倒卵形、阔卵形，边缘具不整齐疏浅齿，上面无毛，粗糙，下面散生短柔毛。总状花序长6~20厘米，腋生，具花30~70朵，初时稠密，花开后渐疏松；花冠黄色，旗瓣倒卵形，与翼瓣、龙骨瓣近等长；雄蕊筒在花后常宿存包于果外；子房卵状披针形，花柱长于子房。荚果卵形，先端具宿存花柱，表面具凹凸不平的横向细网纹，棕黑色；有种子1~2粒。种子卵形，黄褐色，平滑。果期6~10月。

生境分布：生于山坡、河岸、路旁、地旁、草地及林缘。分布广，各乡镇境内都有分布。

用途：可作牧草、绿肥。

泌蜜规律：花期5~9月，花先于白花草木樨，蜜质好，上等白色蜜，流蜜量仅次于白花草木樨，但流蜜较稳，同时花粉十分丰富，对繁殖蜂群作用极大。

110.刺槐属 *Robinia*

（279）刺槐　*Robinia pseudoacacia* Linn.　别名:洋槐

形态特征：落叶乔木，高达25米，树皮深灰褐色，无毛；无顶芽。奇数羽状复叶，互生；小叶7～25对生，椭圆形至卵形，全缘；叶柄常具刺毛状或针刺状托叶。花两性；总状花序腋生下垂10～20厘米；花白色，甚芳香；旗瓣圆形，广展，外弯短于翼瓣和龙骨瓣，基部具一绿黄斑；翼瓣镰状长圆形，弯曲，离生；龙骨瓣钝，内曲，下部合生；雄蕊9+1的两体，上部离生或部分离生；子房上位，具柄含多数胚珠。荚果条状矩圆形，扁平，红褐色，平滑，腹缝具窄翅，2瓣开裂，下垂，有3～10粒种子。种子间无隔膜，种子肾形，黑褐色。果期8～9月。

生境分布：全县各乡镇境内都有栽培。

用途：树皮强韧，含鞣质，是造纸、编织、提炼栲胶的原料。种子含油，可供制皂和油漆，叶可作饲料。

泌蜜规律：花稠密，芳香为理想的蜜源植物。花期4～5月，盛花期一般在15天左右，气温20℃以上泌蜜较好，泌蜜很涌但不稳定。气温20℃，不易结晶，气味芬芳，是上等蜜。但刺槐花流蜜易受小气候的影响，如果在花蕾期或开花期受到西北风或西南风的吹袭，花期会推迟，流蜜会停止；在盛花期如遇到阴雨天气，流蜜也会停止。就是同一地方由于地形不同，流蜜也会不同，山上的流蜜，山下的不一定会流蜜，林缘的流蜜，林中的不一定会流蜜。针对这种情况要灵活转场。在荒山造林四旁绿化中可大量栽培。

111.木蓝属 *Indigofera*

(280)河北市蓝　*Indigofera bungeana* Welp.　土名:铁扫帚

形态特征：落叶灌木，高40~100厘米，枝条被白色丁字毛。奇数羽状复叶，互生；小叶7~9枚，长圆形或倒卵状长圆形，全缘，两面被白色丁字毛，具短柄；叶柄、小叶柄被白色丁字毛。花两性；总状花序腋生，有10~15朵花；萼筒小，萼齿5，等长或最下齿较长；花冠紫色或紫红色，外面被毛；旗瓣宿存，无柄或短缩成爪，翼瓣与龙骨瓣微连，早落；龙骨瓣直，基部每侧具短耳，有爪；雄蕊成9+1的两体；花柱弯曲，柱头头状，具刷状毛。荚果圆柱形，褐色，被白色丁字毛。种子椭圆形。果期8~10月。

生境分布：生于海拔1600~2300米的山坡灌丛中。分布广。分布于各乡镇境内林区、林缘山坡。

用途：全株入药，可清热止血，消肿生肌；外敷治创伤。

花期及蜜源利用价值：花期5~8月，蜜、粉量中等，为良好的辅助蜜源植物。

112.紫穗槐属 *Amorpha*

（281）紫穗槐　*Amorpha fruticosa* Linn.

形态特征：落叶灌木，丛生，高1～4米。小枝灰褐色，被疏毛，后变无毛，嫩枝密被短柔毛。叶互生，奇数羽状复叶，有小叶11～25片；小叶卵形或椭圆形，先端有一短而弯曲的尖刺，上面无毛或被疏毛，下面有白色短柔毛，具黑色腺点。穗状花序常1至数个顶生和枝端腋生，长7~15厘米，密被短柔毛；花萼被疏毛或几无毛；旗瓣心形，紫色，无翼瓣和龙骨瓣；雄蕊10，下部合生成鞘，上部分裂，包于旗瓣之中，伸出花冠外。荚果下垂，微弯曲，顶端具小尖，棕褐色，表面有凸起的疣状腺点。果期5~10月。

生境分布：大川、南峪乡境内及拱坝甘涧有栽培。

用途：枝叶作绿肥、家畜饲料；茎皮可提取栲胶，枝条编制篓筐；果实含芳香油，种子含油，可作油漆、甘油和润滑油之原料。

花期及蜜源利用价值：花期5月，花粉红色，量丰富，可用于专门生产花粉；流蜜丰富，蜜琥珀色，略有异味。在荒山造林中可适当发展。

113.锦鸡儿属 *Caragana*

（282）甘蒙锦鸡儿 *Caragana opulens* Kom.

形态特征：落叶直立灌木，高达2米，树皮灰褐色，有光泽。小枝细长，具条棱。偶数羽状复叶，互生，小叶4，假掌状排列，倒卵状披针形，先端具刺尖，全缘，下面疏被白色短柔毛；叶轴短和托叶在长枝上宿存并硬化成针刺状，在短枝上脱落。花两性，单生；萼筒具囊状突起，外面无毛；萼齿里面密被白色短柔毛；花冠黄色，略带红色，旗瓣两侧向外反卷；雄蕊呈9+1的两体，花药同形；子房条形；花柱细长，柱头小，无毛，带紫褐色，二瓣裂。种子近圆形，无种阜。果期6~7月。

生境分布：生于海拔1900~2800米的干旱山坡和沟谷灌丛中。较为常见种。分布于白龙江河谷、两岸山坡，黑峪沟，曲告纳境内。

花期及蜜源利用价值：花期4~5月，蜜、粉量较少，为辅助蜜源。

(283)红花锦鸡儿　*Caragana rosea* Turcz. ex Maxim.

形态特征：灌木，高0.4~1米。树皮绿褐色或灰褐色，小枝细长，具条棱，托叶在长枝者成细针刺，短枝者脱落；叶柄脱落或宿存成针刺；叶假掌状；小叶4，楔状倒卵形，先端具刺尖，近革质，下面淡绿色，两面无毛，有时小叶边缘、小叶柄、小叶下面沿脉被疏柔毛。花梗单生，关节在中部以上；花萼管状常紫红色，萼齿三角形，内侧密被短柔毛；花冠黄色，常紫红色或全部淡红色，凋时变为红色，旗瓣长圆状倒卵形，先端凹入；子房无毛。荚果圆筒形，具渐尖头。果期6~7月。

生境分布：生于海拔1600~1800米的山坡及沟谷或灌丛中。分布于巴藏、立节、憨班、立节、峰迭等乡镇境内。

花期及蜜源利用价值：花期4~6月，蜜、粉量较丰富，为重要的辅助蜜源植物。

（284）树锦鸡儿　*Caragang arborescens* (Amm.) Lam.

形态特征：落叶大灌木或小乔木，高2～5米，稀高达7米，树皮平滑有光泽，枝条细；幼枝绿色被贴伏毛。偶数羽状复叶，互生，有小叶8～14；叶轴中间具沟，通常被毛，先端具短针尖，脱落；托叶在长枝上的有时宿存硬化成粗壮的针刺；小叶长椭圆形或卵形，先端具细尖，全缘，几无毛，花两性，单生或偶有2朵生于一花梗上；花梗2～5簇生或单生，被伏毛，近顶端处具关节；花冠黄色；具蜜腺；旗瓣宽与长几相等，具短爪；雄蕊成9+1的两体，花药同形；花柱细长。荚果条形，扁，无毛。果期7～9月。

生境分布：生于海拔1800～2600米的干旱山坡灌丛中。分布于曲瓦缠藏、铁坝沟。

用途：种子含油，油可制肥皂和油漆。

花期及蜜源利用价值：花期5～7月，蜜、粉量中等，为辅助蜜源。

(285)扁刺锦鸡儿 *Caragana boisii* Schneid.

形态特征：灌木，高1～2.5米；老枝深褐色，一年生枝紫褐色，有条棱，幼时稍被短柔毛。羽状复叶有4～10对小叶；托叶硬化成针刺，宿存，宽扁，开展，红褐色，有时无针刺；叶轴常脱落，无毛；小叶椭圆形，长圆形或倒卵状椭圆形，先端圆或稍凹，具刺尖，基部宽楔形或稍圆，幼时两面或仅下面沿脉上被绢毛，后期表面无毛，暗绿色，下面灰白色。花梗单生或2个并生，有时3个簇生，中部以上或近顶部具关节；花萼钟状，无毛或疏被短柔毛，萼齿三角形；花冠黄色，翼瓣的柄与瓣片近等长，龙骨瓣的瓣片与瓣柄近等长；子房被毛。荚果扁，无毛。果期7～8月。

生境分布：生于海拔1800～2600米的干旱山坡灌丛中。分布于曲瓦、大峪、黑峪沟、铁坝沟。

用途：种子含油，油可制肥皂和油漆。

花期及蜜源利用价值：花期5～6月，蜜、粉量中等，为辅助蜜源。

（286）川西锦鸡儿　*Caragana erinacea* Kom.

形态特征：落叶灌木；高约50厘米，树皮绿褐色，具纵条纹。枝短而密，密被短柔毛。偶数羽状复叶互生，小叶通常6枚，很少有8枚；短枝上小叶2对，呈假掌状着生；小叶倒卵状披针形，先端具一突起的短针头，全缘，密被短柔毛，叶轴硬化成针刺状，多而密。花两性，单生于叶腋；花梗极短，基部具关节；花萼密被短柔毛，成囊状凸起或稍成浅囊状，萼齿5，被短柔毛；花冠黄色，具蜜腺；旗瓣直立，两侧向外反卷，基部具渐狭的爪；雄蕊呈9+1的两体，花药同形；花柱细长，微弯，柱头小。荚果圆筒形，常无柄，成熟后变黑色，被毛，二瓣裂。种子近球形，无种阜。果期8～9月。

生境分布：生于海拔1800～2600米的干旱山坡上和灌丛中。分布于沙滩林场、曲瓦尕瓦山、结拜梁及大峪乡境内。

用途：为一种较好的饲用灌木，羊在春、夏、秋天均可食其嫩枝。

花期及蜜源利用价值：花期6～7月，蜜、粉量较少，为辅助蜜源。

114.黄芪属 *Astragalus*

（287）多序岩黄耆　*Hedysarum polybotrys* Hand.-Mazz. 土名：面芪

形态特征：多年生草本，高100~120厘米。茎直立，丛生，多分枝；枝条坚硬、无毛，稍曲折。羽状复叶有小叶11~19，小叶片卵状披针形或卵状长圆形，先端圆形或钝圆，通常具尖头，基部楔形，上面无毛，下面被贴伏柔毛。总状花序腋生；花多数；花萼斜宽钟状，被短柔毛；花冠淡黄色，旗瓣倒长卵形，先端圆形、微凹，翼瓣线形，等于或稍长于旗瓣，龙骨瓣长于旗瓣；子房线形，被短柔毛。荚果2~4节，被短柔毛，节荚近圆形或宽卵形，两侧微凹，具明显网纹和狭翅。果期8~9月。

生境分布：生于海拔1700~2400米的山坡草地、林缘、灌丛或疏林下。分布于各乡镇境内。

用途：根为著名中药材，名曰“红芪”。

花期及蜜源利用价值：花期6~8月，蜜量中等，可为山区辅助蜜源。

（288）金翼黄耆　*Astragalus chrysopterus* Bunge

形态特征：多年生草本，高30～70厘米。茎细弱，具条棱，多少被伏贴的柔毛。羽状复叶有12～19片小叶；小叶宽卵形或长圆形，顶端钝圆或微凹，具小凸尖，基部楔形，上面无毛，下面粉绿色，疏被白色伏贴柔毛。总状花序腋生，生3～13花，疏松；总花梗通常较叶长；花萼钟状，被稀疏白色柔毛，萼齿毛稍密；花冠黄色，旗瓣倒卵形，先端微凹，翼瓣与旗瓣近等长，龙骨瓣明显较旗瓣、翼瓣长，瓣片半卵形，具短耳；子房无毛，具长柄。荚果倒卵形，先端有尖喙，无毛，有网纹，果颈远较荚果长；种子2～4颗。果期6～8月。

生境分布：生于海拔1600～3700米的山坡、灌丛、林下及沟谷中。曲瓦、坪定及各乡镇林区有分布。

泌蜜规律：花期6～8月，蜜量较少。可为辅助蜜源。

（289）蒙古黄芪　*Astragalus mongholicus* Bunge　别名：膜荚黄芪

形态特征：多年生草本，高50～100厘米。茎直立，上部多分枝，有细棱。羽状复叶有小叶12～18对；小叶椭圆、宽椭圆形或长圆状卵形，先端钝圆或微凹，具小尖头或不明显，基部圆形，上面绿色，近无毛，下面被伏贴白色柔毛，托叶披针形。总状花序腋生，稍密，花多数，花冠黄色，萼钟状。荚果膜质膨胀，半卵形，无毛。种子3～8颗。果期7～9月。

生境分布：生于山坡草地、沟边或疏林下，或栽培。分布于八楞、坪定、东山、大峪等乡境内。也有人工栽培。

用途：根作“黄芪”入药。

花期及蜜源利用价值：花期6～8月，蜜量丰富，可为山区辅助蜜源。人工栽培面积大时是非常好的主要蜜源。

115.胡枝子属 *Lespedeza*

(290)多花胡枝子 *Lespedeza floribuda* Bunge

形态特征：落叶小灌木，高60~80厘米，枝微具棱，被平贴的白色柔毛，具3小叶的复叶互生，小叶倒卵形、长圆形或卵状长圆形，先端微凹，具芒尖，基部楔形，全缘，上面被柔毛，后无毛，下面密被平贴白色柔毛。花两性；总状花序腋生，较叶短或有时稍长，花梗无关节；具无瓣和有瓣花两种，无瓣花簇生叶腋，无花梗，呈头状花序；萼筒被白色长柔毛，萼齿5，上方2裂片稍合生，疏被白色柔毛；花冠紫色。旗瓣倒卵状矩形，基部短宿成爪；雄蕊成9+1 的两体。荚果卵状菱形，被柔毛。种子1 枚。果期10月。

生境分布：生于海拔2000~2600米的山谷溪流两岸灌丛中草坡上。分布于曲瓦沟、瓜咱沟、磨沟、插岗、卡子沟等地；较普遍。

用途：可作饲料和绿肥，能改良土壤。亦为水土保持树种。

花期及蜜源利用价值：花期6~8月，蜜、粉量中等，可为辅助蜜源。

(291)胡枝子　*Lespedeza bicolor* Turcz

形态特征：落叶灌木，高1～2米。枝具棱，密被长柔毛。叶为具3小叶的复叶互生，长圆形或卵状矩圆形，先端钝圆或微凹，具短芒，全缘，两面被伏贴短毛；叶柄被柔毛；托叶钻形，宿存。花两性，总状花序腋生，在枝端成圆锥花序；花梗较短，被柔毛，在花萼下不具关节，苞片宿存；萼筒钟状，被白色柔毛，4裂较浅，上方2裂稍合生，萼齿锐尖；花冠紫色；旗瓣较龙骨瓣长；翼瓣稍短；雄蕊成9+1的两体；子房上位，1室，具1胚珠，密被柔毛，先端短尖。种子一枚。果期9～10月。

生境分布：生于海拔2500米的山坡、山谷及河流两旁灌丛中。分布于沙滩、曲瓦沟、大峪沟、瓜咱沟、磨沟、铁坝沟、卡子沟等处。

用途：根可入药，能清热解毒。也可作绿肥植物。枝条可编筐篮等；嫩茎，叶可代茶用；种子可食。嫩枝、叶可作家畜饲草。

泌蜜规律：花期7～8月，泌蜜20多天；泌蜜适温25℃～30℃，属高温型，温度高空气湿润，则泌蜜多，每群蜂常年可产蜜5～10千克；2～3年的植株，花多，泌蜜丰富；花前20～40天干旱，则花期早而短，泌蜜少或无；受虫害，泌蜜也减少。花期如遇低温多雨，泌蜜也会减少，是不稳定的蜜源。蜜质浅琥珀色，质地优良，为上等蜜。

（292）美丽胡枝子　*Lespedeza formosa* (Vog.) Koehne

形态特征：落叶灌木，高1～2米，枝微具棱，被平贴白色柔毛或近无毛。叶为具3小叶复叶互生；小叶卵形、卵状椭圆形，先端具短尖，全缘，上面被短柔毛或有时无毛，下面密被平贴白色柔毛；叶柄被短毛。花两性；总状花序腋生，单生或于枝端集为圆锥状；花梗短，在花萼下不具关节，被白色柔毛；宿存，每苞片内常具2花；萼钟状，被白色柔毛，4深裂，长为萼筒的2～4倍，密被短柔毛；花冠紫色，基部短缩成爪；旗瓣短。荚果卵形稍偏斜，被锈色短柔毛，具明显网纹，具短尖。种子1枚。果期9～10月。

生境分布：生于海拔2000～2400米以下的山谷灌丛或路旁。分布于各乡镇境内林区；常见种。

用途：根亦可入药，有凉血清肿、除热解毒之效。可栽培作优良的观赏灌木或饲料，并为水土保持植物。

花期及蜜源利用价值：花期6～9月，蜜、粉量中等，可为辅助蜜源。

（293）达乌里胡枝子　*Lespedeza daurica* (Laxm.)Schindl.

形态特征：小灌木，高达1米。茎通常稍斜升，单一或数个簇生；老枝黄褐色或赤褐色，被短柔毛或无毛，幼枝绿褐色，有细棱，被白色短柔毛。羽状复叶具3小叶；托叶线形；小叶长圆形或狭长圆形，先端圆形或微凹，有小刺尖，下面被贴伏的短柔毛。总状花序腋生。较叶短或与叶等长；总花梗密生短柔毛；花萼5深裂，外面被白毛，萼裂片先端成刺芒状；花冠白色或黄白色，旗瓣长圆形，中央稍带紫色，具瓣柄；闭锁花生于叶腋，结实。荚果小，先端有刺尖，基部稍狭，两面凸起，有毛，包于宿存花萼内。果期9~10月。

生境分布：生于干山坡、草地、路旁及沙质地上。白龙江两岸及拱坝河下游有分布。

用途：为优良的饲用植物，亦可做绿肥。

花期及蜜源利用价值：花期6~8月，蜜多粉少，可为辅助蜜源。

116.杭子梢属 *Campylotropis*

（294）太白杭子梢　*Campylotropis macrocarpa* (Bge.) Rehd. var. giraldii K. T. Fu et P. Y. Fu

形态特征：落叶灌木，高1～2米。幼枝稍具棱，密被白色贴伏柔毛。羽状复叶具三出小叶，小叶片长圆形或有时倒卵形，先端具短尖，上面微被短柔毛，下面密被贴伏短毛或近无毛；叶柄上面具槽，被短毛。花两性，总状花序腋生或有时在顶端略成圆锥状；花梗在萼下具关节，花常自关节处脱落，梗被短柔毛；每苞片内具一花；萼筒钟状，被短毛，具5齿；花冠蓝紫色，雄蕊10枚，二体（9+1）；子房上位，具短柄，密被短毛。荚果倒卵状长圆形，密被短贴伏毛；先端具宿存花柱。种子1枚。果期9～10月。

生境分布：生于海拔1500～2500米的山坡下或路旁灌丛中。各乡镇境内都有分布。

花期及蜜源利用价值：花期6～10月，蜜粉少量，可为辅助蜜源。

117.岩黄芪属 *Hedysarum L.*

(295)红花岩黄芪　*Hedysarum multijugum* Maxim.

形态特征：半灌木或仅基部木质化而呈草本状，高40～80厘米，茎直立，多分枝，具细条纹，密被灰白色短柔毛。羽状复叶，小叶通常15～29；小叶片阔卵形、卵圆形，上面无毛，下面被贴伏短柔毛。总状花序腋生，花序被短柔毛；花9～25朵；花冠紫红色或玫瑰状红色，旗瓣倒阔卵形，先端圆形，微凹，基部楔形，翼瓣线形，龙骨瓣稍短于旗瓣；子房线形，被短柔毛。荚果通常2～3节，节荚椭圆形或半圆形，被短柔毛，边缘具较多的刺。果期8～9月。

生境分布：生于海拔1200～2400米的地坎、砾石质山坡以及干燥山坡和砾石河滩。分布于东山马莲坪、城关白龙江两岸及铁坝沟、果卵三角坪、八楞花园沟。

用途：优良牧草，根可入药。

花期及蜜源利用价值：花期6～8月，有蜜有粉，蜂喜采集，是较好蜜源植物。

118.胡卢巴属 *Trigonella*

(296)胡卢巴　*Trigonella foenum*～*graecum* L.　土名:苦豆

形态特征：一年生草本，高30～80厘米。茎直立，多分枝，微被柔毛。羽状三出复叶；小叶长倒卵形、卵形至长圆状披针形，边缘上半部具三角形尖齿，下面疏被柔毛，或秃净；花无梗，1～2朵着生叶腋；萼筒状，被长柔毛；花冠黄白色或淡黄色，旗瓣长倒卵形，先端深凹，明显地比翼瓣和龙骨瓣长；子房线形，微被柔毛，花柱短，柱头头状。荚果圆筒状，直或稍弯曲，无毛或微被柔毛，先端具细长喙，背缝增厚，有种子10～20粒。种子长圆状卵形，棕褐色，表面凹凸不平。果期7～9月。

生境分布：巴藏、大峪、武坪、插岗等乡境内有栽培。

用途：全草有香豆素气味。可作饲料；嫩茎、叶可作蔬菜食用；种子供药用，能补肾壮阳，祛痰除湿；茎、叶或种子晒干磨粉掺入面粉中蒸食作增香剂。

花期及蜜源利用价值：花期6～7月，蜜粉少量，为辅助蜜源。

119.大豆属 *Glycine*

(297)野大豆 *Glycine soja Sieb.et* Zucc.

形态特征：一年生缠绕草本，长1～4米。茎、小枝纤细，全体疏被褐色长硬毛。叶具3小叶。顶生小叶卵圆形或卵状披针形，全缘，两面均被绢状的糙伏毛。总状花序通常短；花小；花梗密生黄色长硬毛；花萼钟状，密生长毛，裂片5；花冠淡红紫色或白色，旗瓣先端微凹，基部具短瓣柄；花柱短而向一侧弯曲。荚果长圆形，稍弯，两侧稍扁，密被长硬毛，种子间稍缢缩，干时易裂；种子2～3颗，椭圆形，稍扁，褐色至黑色，果期8～10月。

生境分布：生于海拔1200～2650米潮湿的田边、沟旁、向阳的山坡灌木丛。分布于插岗斜坡、拱坝、曲告纳乡境内。

用途：全株可作饲料、牧草、绿肥。茎皮纤维可织麻袋。种子含蛋白质，油脂，供食用、榨油，油粕是优良饲料和肥料。全草还可药用，有补气血、强壮、利尿等功效。

花期及蜜源利用价值：花期6～7月，蜜粉少量，为辅助蜜源。

(298)大豆 *Glycine max* (Linn.) Merr. 土名:黄豆

形态特征：一年生草本，高30~90厘米。茎粗壮，直立，或上部近缠绕状，密被褐色长硬毛。叶通常具3小叶；小叶纸质，宽卵形，近圆形，先端具小尖凸，通常两面散生糙毛或下面无毛；小叶柄被黄褐色长硬毛。总状花序腋生；通常有2~8朵；花萼密被长硬毛或糙伏毛，常深裂成二唇形，裂片5，均密被白色长柔毛，花紫色、淡紫色或白色，旗瓣先端微凹并通常外反，基部具瓣柄；雄蕊二体。荚果肥大，黄绿色，密被褐黄色长毛；种子2~5颗，椭圆形、近球形，种皮光滑，种脐明显，椭圆形。果期7~9月。

生境分布：各乡镇境内均有栽培。

用途：含有丰富脂肪、蛋白质、维生素等，除供直接食用外，可作酱、酱油和各种豆制食品；茎、叶、豆粕及粗豆粉作肥料和优良的牲畜饲料。药用有滋补养心、活血解毒等功效。

花期及蜜源利用价值：花期6~7月，蜜、粉少量，为辅助蜜源。

120、野豌豆属 *Vicia*

（299）蚕豆 *Vicia faba* Linn. 土名：大豆

形态特征：一年生草本，高30~120厘米。茎粗壮，具四棱，中空、无毛。偶数羽状复叶，叶轴顶端卷须短缩为短尖头；小叶通常1~3对，互生，上部可达4~5对，小叶椭圆形，长圆形或倒卵形，全缘，两面均无毛。总状花序腋生；具花2~4（6）朵呈丛状着生于叶腋，花冠白色，具紫色脉纹及黑色斑晕；雄蕊2体（9+1），子房线形无柄，花柱密被白柔毛。荚果肥厚；表皮绿色被绒毛，内有白色海绵状，横隔膜，成熟后表皮变为黑色。种子2~4，中间内凹，种皮革质；种脐线形，黑色，位于种子一端。果期7~8月。

生境分布：全县高半山农村境内都有种植。

用途：种子作为粮食磨粉制糕点、小吃。嫩时作为时新蔬菜或饲料，花、果、种子、叶药用治疗高血压和浮肿。

花期及蜜源利用价值：花期5~6月，花粉黑紫色，粉量多，可为重要粉源，对繁殖蜂群极为有利。

(300)歪头菜　*Vicia unijuga* A.Br.

形态特征：多年生草本，高达1米。通常数茎丛生，具棱，疏被柔毛，老时渐脱落。叶轴末端为细刺尖头；偶见卷须；小叶一对，卵状披针形或近菱形，边缘具小齿状，两面均疏被微柔毛。总状花序；花向一面密集于花序轴上部；花萼紫色，无毛或近无毛；花冠蓝紫色、紫红色，旗瓣倒提琴形，中部缢缩，先端圆有凹，子房线形，无毛，花柱上部四周被毛。荚果扁、长圆形，无毛，表皮棕黄色，近革质，两端渐尖，先端具喙，成熟时腹背开裂，果瓣扭曲。种子3~7，扁圆球形，种皮黑褐色，革质。果期8~9月。

生境分布：生于低海拔1700~4000米山地、林缘、草地、沟边及灌丛。分布于拉尕沟、黑峪沟、磨沟、瓜咱沟、曲瓦沟、南峪沟。山后各乡镇境内。

用途：本种为优良牧草。嫩时亦可为蔬菜。全草药用，有补虚、调肝、理气、止痛等功效。

花期及蜜源利用价值：花期6~7月，蜜、粉量少，可为辅助蜜源。

(301)救荒野豌豆　*Vicia sativa* Linn.　土名:辽豆弯儿

形态特征：一年生或二年生草本，高25～90厘米。茎斜升或攀援，单一或多分枝，具棱，被微柔毛。偶数羽状复叶，叶轴顶端卷须有2～3分支；小叶2～7对，长椭圆形或近心形，先端具短尖头，两面被贴伏黄柔毛。花1～2腋生，近无梗；萼钟形，外面被柔毛；花冠紫红色或红色，旗瓣长倒卵圆形，中部缢缩；子房线形，微被柔毛，子房具柄短，花柱上部被淡黄白色髯毛。荚果线长圆形，表皮土黄色种间缢缩，有毛，成熟时背腹开裂，果瓣扭曲。种子4～8，圆球形，棕色或黑褐色。果期7～9月。

生境分布：生于海拔1250～3000米荒山、田边草丛及林中。各乡镇境内都有分布。

用途：种子可食，为绿肥及优良牧草。全草药用。

花期及蜜源利用价值：花期5～6月，在雨量适宜、气温较高的条件下，流蜜多而稳定，24℃～28℃流蜜最多，超过28℃流蜜渐减。蜜浅琥珀色，气味芳香，结晶细腻，为上等蜜。

（302）广布野豌豆　*Vicia cracca* Linn.

形态特征：多年生草本，高40～150厘米。茎攀援或蔓生，有棱，被柔毛。偶数羽状复叶，叶轴顶端卷须有2～3分支；小叶5～12对互生，线形、长圆或披针状线形，全缘。总状花序与叶轴近等长，花多数，10～40密集一面向着生于总花序轴上部；花萼钟状，萼齿5；花冠紫色、蓝紫色或紫红色；旗瓣长圆形，中部缢缩呈提琴形，花柱弯，上部四周被毛。荚果长圆形或长圆菱形，先端有喙。种子3～6，扁圆球形，种皮黑褐色。

生境分布：广布于舟曲县各乡的林缘、山坡、河滩草地及灌丛。

用途：嫩时为牛羊等牲畜喜食饲料及绿肥作物，花期早春为蜜源植物之一。全草药用。

花期及蜜源利用价值：花期5～6月，开花适宜温度14℃～20℃，泌蜜适温24℃～28℃。雨水过多，会促成徒长，流蜜减少或不流蜜，蜜色浅，结晶洁白。

（303）山野豌豆　*Vicia amoena* Fisch.ex DC.

形态特征：多年生草本，高30~100厘米，植株被疏柔毛。茎具棱，多分枝，细软，斜升或攀援。偶数羽状复叶，顶端卷须有2~3分支；托叶半箭头形，边缘有3~4裂齿；小叶4~7对，互生或近对生，椭圆形至卵披针形；上面被贴伏长柔毛，下面粉白色；沿中脉毛被较密。总状花序通常长于叶；花10~20（30）密集着生于花序轴上部；花冠红紫色、蓝紫色或蓝色花期颜色多变；子房无毛，花柱上部四周被毛。荚果长圆形。两端渐尖，无毛。种子1~6，圆形，种皮革质，深褐色，具花斑；种脐内凹，黄褐色。果期7~10月。

生境分布：生于海拔1380~3000米草甸、山坡、灌丛或杂木林中。各乡镇境内都有分布。

用途：优良牧草。全草入药，民间药用称透骨草，有去湿，清热解毒之效。种子可榨油、制皂，早春蜜源植物。

花期及蜜源利用价值：花期5~6月，18℃开始泌蜜，泌蜜适温20℃~28℃泌蜜最多。花期中雨水影响不大，只要气温高，雨停蜂就积极采集，对繁殖越冬蜂，贮存越冬饲料有重要的作用。

（304）野豌豆　*Vicia sepium* L.　土名：辽豆弯儿

形态特征：多年生草本，高30～100厘米。根茎匍匐，茎柔细斜升或攀援，具棱，疏被柔毛。偶数羽状复叶长7～12厘米，叶轴顶端卷须发达；小叶5～7对，长卵圆形或长圆披针形，两面被疏柔毛，下面较密。短总状花序，花2～4(6)朵腋生；花冠红色或近紫色至浅粉红色，稀白色；旗瓣近提琴形，先端凹；子房线形，无毛。荚果宽长圆状，近菱形，成熟时亮黑色，先端具喙，微弯。种子5～7，扁圆球形，表皮棕色有斑。果期7～8月。

生境分布：生于海拔1300～2200米山坡、林缘草丛、田间地头。分布于各乡镇境内。

用途：为牧草，亦用于蔬菜。种子含油。叶及花果药用有清热、消炎解毒之效。

花期及蜜源利用价值：花期5～6月，有蜜有粉，可为辅助蜜源。

（305）大花野豌豆 *Vicia bungei* Ohwi

形态特征：一年生或二年生缠绕或匍匐伏草本，高15~40 (50) 厘米。茎有棱，多分枝，近无毛偶数羽状复叶顶端卷须有分枝；托叶半箭头形，有锯齿；小叶3~5对，长圆形或狭倒卵长圆形，下面叶脉明显被疏柔毛。总状花序长于叶或与叶轴近等长；具花2~4 (5) 朵，着生于花序轴顶端，萼钟形，被疏柔毛；花冠红紫色或金蓝紫色；子房柄细长，沿腹缝线被金色绢毛，花柱上部被长柔毛。荚果扁长圆形。种子2~8，球形。果期6~7月。

生境分布：生于海拔1280~3000米山坡、谷地、草丛、田边及路旁。各乡镇境内有分布。

用途：可作牧草及绿肥。

花期及蜜源利用价值：花期5~6月，蜜、粉量中等，可为辅助蜜源。

（306）大野豌豆　*Vicia sinogigantea*

形态特征：多年生草本，高40～100厘米。灌木状，全株被白色柔毛。根茎粗壮，近木质化。茎有棱，多分支，被白柔毛。偶数羽状复叶顶端卷须有2～3分支或单一；小叶3～6对，近互生，椭圆形或卵圆形，两面被疏柔毛，下面中脉凸出，被灰白色柔毛。总状花序长于叶；具花6～16朵，稀疏着生于花序轴上部；花冠白色，粉红色，紫色或雪青色；花萼外面被柔毛；旗瓣先端微凹，翼瓣与旗瓣近等长，龙骨瓣最短；子房无毛，柱头上部四周被毛。荚果长圆形或菱形，表皮棕色。种子2～3，肾形。果期8～10月。

生境分布：生于海拔1400～2600米林下、山坡、草丛及灌丛中。

花期及蜜源利用价值：花期6～7月，蜜、粉量少，可为辅助蜜源。

（307）豌豆　*Pisum sativum* Linn.

形态特征：一年生攀援草本，高0.5～2米。全株绿色，光滑无毛，被粉霜。叶具小叶4～6片，托叶比小叶大，叶状，心形，下缘具细牙齿。小叶卵圆形；花于叶腋单生或数朵排列为总状花序；花萼钟状，深5裂；花冠颜色多样，随品种而异，但多为白色和紫色，雄蕊（9+1）两体。子房无毛，花柱扁，内面有髯毛。荚果肿胀，长椭圆形，顶端斜急尖，背部近于伸直，内侧有坚硬纸质的内皮；种子2～10颗，圆形，青绿色，有皱纹或无，干后变为黄色。花期6～7月，果期7～9月。

生境分布：曲瓦、大峪、拉尕、憨班、瓜咱沟、东山、武坪、插岗等乡境内有栽培。

用途：种子及嫩荚、嫩苗均可食用；种子含淀粉、油脂，可作药用，有强壮、利尿、止泻之效；茎叶能清凉解暑，并作绿肥、饲料。

花期及蜜源利用价值：花期6～7月，蜜量少，粉中等，可为辅助蜜源。

121.兵豆属 *Lens*

(308)兵豆 *Lens culinaris* Medic

形态特征：一年生草本；高10~50厘米。茎方形，基部分枝，被极短柔毛。叶具小叶4~12对；托叶斜披针形，被白色长柔毛；叶轴被柔毛，顶端小叶变为卷须或刺毛，小叶倒卵形，倒卵状长圆形至倒卵状披针形，全缘，两面被白色长柔毛；无柄。总状花序腋生，有花1~3朵，花序轴及总花梗密被白色柔毛；萼5裂，萼筒浅杯状，密被白色长柔毛；花冠白色或蓝紫色；雄蕊(9+1)两体；子房无毛，具短柄，花柱顶扁平，近轴面有髯毛。荚果长圆形，膨胀，黄色，有种子1~2颗。种子褐色，双凸镜形。果期8~9月。

生境分布：栽培于曲瓦、大峪、巴藏、坪定、东山、武坪、插岗等乡镇境内。

用途：种子可食用，茎、叶和种子可做饲料，枝叶做绿肥。

花期及蜜源利用价值：花期6~7月，蜜、粉量少，可为辅助蜜源。

122.菜豆属 *Phaseolus*

(309)菜豆 *Phaseolus vulgaris* Linn. 土名:豆角儿、刀刀菜

形态特征：一年生、缠绕或近直立草本。茎被短柔毛或老时无毛。羽状复叶具3小叶。小叶宽卵形或卵状菱形，侧生的偏斜，全缘，被短柔毛。总状花序比叶短，有数朵生于花序顶部的花；花萼杯状，上方的2枚裂片连合成一微凹的裂片；花冠白色、黄色、紫堇色或红色；子房被短柔毛，花柱压扁。荚果带形，稍弯曲，略肿胀，通常无毛，顶有喙；种子4~6，长椭圆形或肾形，白色、褐色、蓝色或有花斑，种脐通常白色。

生境分布：全县境内均有栽培。

用途：本种为本属栽培最广的一种作物，嫩荚供蔬食，种子入药。

花期及蜜源利用价值：花期5~8月，蜜量中等，可为辅助蜜源。

123.豇豆属　*Vigna*

（310）豇豆　*Vigna unguiculata* (Linn.) Walp.

形态特征：一年生缠绕、草质藤本或近直立草本，有时顶端缠绕状。茎近无毛。羽状复叶具3小叶；小叶卵状菱形，边全缘或近全缘，有时淡紫色，无毛。总状花序腋生，具长梗；花2~6朵聚生于花序的顶端，花梗间常有肉质密腺；花冠黄白色而略带青紫，各瓣均具瓣柄，旗瓣扁圆形，顶端微凹，基部稍有耳，翼瓣略呈三角形，龙骨瓣稍弯；子房线形，被毛。荚果下垂，直立或斜展，线形，稍肉质而膨胀或坚实，有种子多颗；种子长椭圆形或圆柱形或稍肾形，黄白色、暗红色或其他颜色。

生境分布：栽培蔬菜，白龙江沿河川各村庄有栽培。

用途：嫩荚果为蔬菜供食用。种子入药。

花期及蜜源利用价值：花期5~8月，蜜量中等，可为辅助蜜源。

124.驴食草属 *Onobrychis*

(311)红豆草 *Onobrychis viciifolia* Scop.

形态特征：多年生草本，高40～80厘米。茎直立，中空，被向上贴伏的短柔毛。小叶13～19，几无小叶柄；小叶片长圆状披针形或披针形上面无毛，下面被贴伏柔毛。总状花序腋生，明显超出叶层；花多数，长9～11毫米，具1毫米左右的短花梗；萼钟状，萼齿披针状钻形，长为萼筒的2～2.5倍，下萼齿较短；花冠玫瑰紫色，旗瓣倒卵形，翼瓣长为旗瓣的1/4，龙骨瓣与瓣约等长；子房密被贴伏柔毛。荚果具1个节荚，节荚半圆形，上部边缘具或尖或钝的刺。

生境分布：东山乡境内有栽培或逸为野生。

用途：优良牧草。

花期及蜜源利用价值：花期6月，每个花序的花期为20～25天，开花顺序自下而上，先阳后阴。总花期约45天。花期长，蜜粉丰富。蜜浅琥珀色，质优级。

125.百脉根属 *Lotus*

（312）百脉根　*Lotus corniculatus* Linn.

形态特征：多年生草本，高15～50厘米，全株散生稀疏白色柔毛或秃净。茎丛生，平卧或上升，实心，近四棱形。羽状复叶小叶5枚；叶轴疏被柔毛，顶端3小叶，纸质，斜卵形至倒披针状卵形；小叶柄密被黄色长柔毛。伞形花序；花3～7朵集生于总花梗顶端；花梗短，基部有苞片3枚；萼钟形，无毛或稀被柔毛；花冠黄色或金黄色，干后常变蓝色；雄蕊两体，花丝分离部略短于雄蕊筒；花柱直，柱头点状，子房线形，无毛。荚果直，线状圆柱形，褐色，二瓣裂，扭曲；有多数种子，卵圆形，灰褐色。果期7～10月。

生境分布：生于海拔1600～2400米的湿润的山坡、草地、田野或河滩地。分布于武坪、八楞、果耶、东山、坪定等乡境内。

用途：本种是良好的牧草或饲料。由于花中含有苦味甙和氢氰酸，故盛花期时牲畜不愿啃食，但干草或经青贮处理后，毒性即可消失。具根瘤菌，有改良土壤的功能。又是优良的蜜源植物之一。

花期及蜜源利用价值：花期5～9月，蜜、粉量中等，可为辅助蜜源。

126.车轴草属 *Trifolium L.*

(313)白车轴草 *Trifolium repens* Linn. 土名:三叶草

形态特征：短期多年生草本，生长期达5年。茎匍匐蔓生，上部稍上升，节上生根，全株无毛。掌状三出复叶；小叶倒卵形至近圆形，全圆；花序球形，顶生；具花20~50 (80) 朵，密集；无总苞；苞片披针形，膜质，锥尖；萼钟形，具脉纹10条，萼齿5，披针形，稍不等长，短于萼筒，萼喉开张，无毛；花冠白色、乳黄色或淡红色，具香气。旗瓣椭圆形，比翼瓣和龙骨瓣长近1倍，龙骨瓣比翼瓣稍短；子房线状长圆形，花柱比子房略长。荚果长圆形。

生境分布：新老城区绿化、公路、乡镇绿化有栽培。

用途：可作为绿肥、堤岸防护草种、草坪装饰，以及蜜源和药材等用。

花期及蜜源利用价值：花期5~10月，蜜、粉量中等，可为辅助蜜源。

三十二、酢浆草科 Oxalidaceae

127.酢浆草属 *Oxalis*

(314)红花酢浆草 *Oxalis corymbosa* DC.

形态特征：多年生直立草本。无地上茎，地下部分有球状鳞茎。叶基生；叶柄被毛；小叶3，扁圆状倒心形，顶端凹入，被毛或近无毛；背面浅绿色，通常两面或有时仅边缘有干后呈棕黑色的小腺体，背面尤甚并被疏毛。总花梗基生，二歧聚伞花序，通常排列成伞形花序式，总花梗被毛；花梗、苞片、萼片均被毛；花瓣5，倒心形，淡紫色至紫红色，基部颜色较深；雄蕊10枚，长的5枚超出花柱，另5枚长至子房中部，花丝被长柔毛；子房5室，花柱5，被锈色长柔毛，柱头浅2裂。果期4~11月。

生境分布：白龙江沿岸、新、老城区园林绿化有栽培。

用途：全草入药，治跌打损伤、赤白痢，止血。

花期及蜜源利用价值：花期4~11月，花期长，蜜量中等，白天开花，20点之后基本全部闭合,中午至傍晚酢浆草花蜜含量最高。可作为辅助蜜源。

三十三、牻牛儿苗科 Geraniaceae

128.天竺葵属 *Pelargonium*

(315)天竺葵 *Pelargonium hortorum* Bailey

形态特征：多年生草本，高30~60厘米。茎直立，基部木质化，上部肉质，具明显的节，具浓烈鱼腥味；叶互生，叶片圆形或肾形，茎部心形，边缘波状浅裂，具圆形齿，有暗红色马蹄形环纹。伞形花序腋生，具多花；花瓣红色、橙红、粉红或白色，宽倒卵形；子房密被短柔毛。蒴果成熟时5瓣开裂，被柔毛。

生境分布：舟曲县庭院有普遍栽培。

花期及蜜源利用价值：花期5~7月，蜜量少，可为辅助蜜源。

三十四、亚麻科 Linaceae

129. 亚麻属 *Linum*

(316)亚麻 *Linum usitatissimum Linn.* 土名:胡麻

形态特征：一年生草本。茎直立，高30~120厘米，多在上部分枝，有时自茎基部亦有分枝，但密植则不分枝，基部木质化，无毛。叶互生；叶片线形，线状披针形或披针形，无柄，内卷。花单生于枝顶或枝的上部叶腋，组成疏散的聚伞花序；花瓣5，倒卵形，蓝色或紫蓝色，稀白色或红色，先端啮蚀状；雄蕊5枚，花丝基部合生；退化雄蕊5枚，钻状；子房5室，花柱5枚，分离。蒴果球形，干后棕黄色，室间开裂成5瓣；种子10粒，长圆形，扁平，棕褐色。果期7~10月。

生境分布：巴藏、大峪、立节、东山、峰迭、插岗等乡镇境内有栽培。

用途：为重要的纤维、油料和药用植物。全草及种子可入药；种子榨亚麻仁油，用作印刷墨、润滑剂和药用，也可食用。

花期及蜜源利用价值：花期6~8月，蜜量中等，可为辅助蜜源。

三十五、蒺藜科 Zygophyllaceae

130、白刺属 *Nitraria*

(317)白刺 *Nitraia tangutorum* Bobr.

形态特征：灌木，高1～2米，稍蔓性。枝开展或平卧，斜上，下部遇湿润土壤可生不定根；小枝白色，先端常成刺状。单叶互生，在短枝上常2~3个簇生，稍肉质，叶片倒披针形或长椭圆状匙形，全缘。花小形，两性，聚伞花序顶生，黄白色；萼片5，覆瓦状排列，下部合生，不脱落；花瓣5，镊合状，腹面凹；雄蕊10～15，无附属物；子房上位，3室，具3个柱头。核果卵形，有时成椭圆形，熟时深红色，果核狭卵形，顶端稍渐尖。果期7～8月。

生境分布：生于海拔1400～2300米的干旱河谷两岸。分布于大川、南峪、城关、峰迭、东山、立节、巴藏、拱坝、曲告纳等乡境内。

用途：果味酸甜，可食，也可酿酒和制醋。果入药对肺病和胃病有疗效。核可榨油。果核油可制肥皂用。

花期及蜜源利用价值：花期5～6月，蜜、粉量少，可为辅助蜜源。

131.骆驼蓬属 *Peganum*

（318）多裂骆驼蓬　*Peganum multisectum* (Maxim.) Bobr.

形态特征：多年生草本，嫩时被毛。茎平卧，长30~80厘米。叶2~3回深裂，基部裂片与叶轴近垂直，裂片长6~12毫米，宽1~1.5毫米。萼片3~5深裂。花瓣淡黄色，倒卵状矩圆形，长10~15毫米，宽5~6毫米；雄蕊15，短于花瓣，基部宽展。蒴果近球形，顶部稍平扁。种子多数，略成三角形，稍弯，黑褐色，表面有小瘤状突起。果期7~10月。

生境分布：生于海拔1400米左右的沙地、黄土山坡、荒地、路旁。分布于黑水沟、白龙江两岸及拱坝河下游两岸。

用途：种子榨油可供工业用；叶子可代肥皂；也可做牧草。

花期及蜜源利用价值：花期6~10月，粉淡黄色，量多，是重要的粉源植物。

132.蒺藜属 *Tribulus*

(319)蒺藜 *Tribulus terrestris* Linn.

形态特征：一年生草本。茎平卧，无毛，被长柔毛或长硬毛，枝长20~60厘米，偶数羽状复叶，长1.5~5厘米；小叶对生，3~8对，矩圆形或斜短圆形，先端锐尖或钝，基部稍偏斜，被柔毛，全缘。花腋生，花梗短于叶，花黄色；萼片5，宿存；花瓣5；雄蕊10，生于花盘基部，基部有鳞片状腺体，子房5棱，柱头5裂，每室3~4胚珠。果有分果瓣5，硬，无毛或被毛，中部边缘有锐刺2枚，下部常有小锐刺2枚，其余部位常有小瘤体。果期6~9月。

生境分布：生于海拔1200~1600米的沙地、荒地、山坡、路旁、村旁。分布白龙江两岸及拱坝河下游两岸。

用途：青鲜时可做饲料。果入药。种子可榨油。

花期及蜜源利用价值：花期6~8月，在雄蕊基部有鳞片状蜜腺，泌蜜丰富；粉黄色，量多，是重要的辅助蜜源植物。

三十六、芸香科 Rutaceae

133.花椒属 *Zanthoxylum*

（320）川陕花椒 *Zanthoxylum piasezkii* Maxim.

形态特征：落叶灌木，高1.5~2米。树皮灰褐色，基部常具大的皮刺。奇数羽状复叶，叶轴两侧具狭翅，上面有钩刺，下面常着生小皮刺；小叶11~17枚，对生，卵形、倒卵形或斜卵形，上端边缘具细钝齿，两面无毛，下面中脉常具细小皮刺。花单性，雌雄异株，小形，黄绿色；多花组成聚伞状圆锥花序，腋生或顶生，被短毛；雄花具雄蕊4~6；子房上位，花柱短，外弯，柱头细小。蓇葖果1~2个，圆球形，外果皮革质，紫红色，表面具凸起的腺体；内果皮纸质，黄白色；种子宽卵圆形，黑色，有光泽。果期6~8月。

生境分布：生于海拔1400~2100米的山谷、山坡灌丛中。分布于各乡镇境内。

用途：果实可提取芳香油；种子可榨油。

花期及蜜源利用价值：花期4~5月，蜜、粉少量，为辅助蜜源植物。

（321）花椒　*Zanthoxylum bungeanum Maxim.*

形态特征：落叶灌木或小乔木，高3～7米，有香气；枝干常有宽扁而直伸的皮刺及瘤状突起；当年生枝被短柔毛。奇数羽状复叶，互生，叶轴两侧有窄翅，叶轴基部常有一对皮刺；小叶5～9，稀3或11，对生，纸质，卵形或椭圆形，边缘具细钝锯齿，齿缝处具粗大透明的油点。花单性，雌雄异株，小形,黄绿色；顶生聚伞圆锥花序，具多花；无花瓣；雄花具雄蕊4～7；子房上位，花柱棒状，柱头头状。蓇葖果球形，红色或紫红色，表面密生突起的腺点，熟时开裂，外果皮革质，内果皮纸质；种子黑色，有光泽。果期7～8月。

生境分布：生于海拔1400～2200米的山谷、山坡灌丛中。各乡镇境内都有栽培，沿白龙江河川、半山地带及拱坝、铁坝种植较多。

用途：特用经济树种；果皮及种子为调味香料，种子榨油，供食用及制肥皂、油漆等工业用。

花期及蜜源利用价值：花期4～5月，蜜、粉丰富，有利于繁蜂修脾，天气晴朗，温度适宜时可取得商品蜜，蜜琥珀色，芳香。

三十七、苦木科 Simaroubaceae

134.臭椿属 *Ailanthus* .

（322）臭椿　*Ailanthus altissima* (Mill.)Swingle.

形态特征：落叶乔木，高达20米；树皮灰色，浅裂或不裂。小枝粗壮，疏生灰黄色皮孔，初被短柔毛，后脱落。奇数羽状复叶，互生，小叶11～41，披针形或卵状披针形，全缘，仅于近基部具1～4粗大腺齿，两面光滑或仅在下面沿脉具疏柔毛。花杂性，绿白色，雄花与两性花异株；圆锥花序顶生，具多数密集的小花；花瓣5~6，中部具柔毛；子房上位，花柱合生，柱头5裂。翅果长圆状椭圆形，扁平，熟时淡黄褐色，两端钝圆；种子扁平。果期9~10月。

生境分布：生于海拔1200～2200米的干热河谷地带山坡、崖边、沟边及村旁。各乡镇境内都有分布。

用途：是上等木纸浆原料；种子可榨油；树皮可提取栲胶；叶可饲椿蚕；树皮、根皮、果入药，有清热利湿、收敛止痢等效。

花期及蜜源利用价值：花期5～6月，蜜、粉丰富，分布集中区，中蜂可取到商品蜜。蜜琥珀色。花粉近球形，表面具条纹状雕纹。为山区重要的辅助蜜源。

三十八、楝科 Meliaceae

135.楝属 *Melia Linn*

(323)楝　*Melia azedarach* Linn.　苦楝子

形态特征：落叶乔木，高10余米；树皮纵裂。小枝有叶痕。叶为2~3回奇数羽状复叶；小叶对生，卵形、椭圆形至披针形，边缘有钝锯齿，幼时被星状毛。圆锥花序约与叶等长，无毛或幼时被鳞片状短柔毛；花芳香；花萼5深裂，外面被微柔毛；花瓣淡紫色，两面均被微柔毛，通常外面较密；雄蕊管紫色，花药10枚，着生于裂片内侧；子房近球形，柱头头状。核果球形至椭圆形，内果皮木质，4~5室，每室有种子1颗；种子椭圆形。果期10~12月。

生境分布：白龙江流域城关、大川、南峪、峰迭等乡境内有栽培。

用途：果核仁油可供制油漆、润滑油和肥皂。用鲜叶可作农药，根皮、叶、果入药。

花期及蜜源利用价值：花期4~5月，花粉浅黄色，长球形或球形，外壁具颗粒状雕纹，数量中等，为辅助粉源。

136.香椿属 *Toona*

（324）香椿 *Toona sinensis* (A. Juss.) Roem.

形态特征：乔木；树皮粗糙，片状脱落。偶数羽状复叶；小叶16～20，对生或互生，纸质，卵状披针形或卵状长椭圆形，边全缘或有疏离的小锯齿，两面均无毛，背面常呈粉绿色。圆锥花序与叶等长或更长，被稀疏的锈色短柔毛或有时近无毛，小聚伞花序生于短的小枝上，多花；花萼外面被柔毛；花瓣5，白色，无毛；雄蕊10，其中5枚能育，5枚退化；花盘无毛，近念珠状；子房无毛，柱头盘状。蒴果狭椭圆形，有小而苍白色的皮孔，果瓣薄；种子基部通常钝，上端有膜质的长翅，下端无翅。果期10～12月。

生境分布：生于海拔1600～2000米的山地杂木林或疏林中。分布于南峪黑水沟、插岗角儿桥、花园沟、斜坡；沿河各乡镇境内广泛栽培。

用途：幼芽嫩叶芳香可口，供蔬食；根皮及果入药。

花期及蜜源利用价值：花期6～7月，花期长，泌蜜多，是较好的蜜源植物。

137.黄连木属 *Pistacia*

(325)黄连木　*Pistacia chinensis* Bge.

形态特征：落叶乔木，高达20米；树干扭曲，呈鳞片状剥落。偶数羽状复叶，互生；小叶5~7对，叶轴被微柔毛，小叶对生或近对生，纸质，披针形或卵状披针形，全缘，两面沿中脉和侧脉被卷曲微柔毛或近无毛。花单性，异株，先花后叶，圆锥花序腋生，多花；雄花序紧密，雌花序疏松；花小形；雄花具花被片2~4，雄蕊3~5；子房上位，花柱极短，柱头3裂，反卷，红色。核果倒卵状球形，熟时紫红色，被白霜；具1粒种子。果期9~10月。

生境分布：生于海拔1000~2500米的山坡、沟谷杂木林中。分布于曲瓦大沟、憨班拉尕沟、脱落坝、卡子沟。

用途：种子榨油可作润滑油或制皂；树皮、叶在中药中可作黄柏皮的代用品，嫩叶可代茶或作蔬菜用。

花期及蜜源利用价值：花期4~5月，蜜、粉丰富，但数量较少，可作辅助蜜源。应加强保护。

138.盐肤木属 *Rhus*

(326)青麸杨　*Rhus potaninii* Maxim.　土名:五百点

形态特征：落叶小乔木，高4~8米；小枝光滑或有微柔毛。奇数羽状复叶，互生，叶轴被微柔毛，无翅；小叶7~9，纸质，卵状长圆形或长圆状披针形，全缘，两面沿中脉被微柔毛或近无毛。花杂性，异株，多花组成顶生圆锥花序，被微柔毛；花白色；花瓣5，两面被微柔毛，边缘具细睫毛，开花时先端外卷；雄蕊5，子房上位，球形，密被白色柔毛，花柱短，柱头3裂。核果近球形，略压扁，熟时血红色，密被具节柔毛和腺毛，内具1粒种子。果期8~9月。

生境分布：生于海拔1500~2500米的山坡、沟谷疏林下或灌丛中。分布于各乡镇境内。

用途：叶上的虫瘿称为“五倍子”，供工业及药用。茎皮及叶可提取栲胶。种子榨油，供制肥皂及润滑油。叶可作猪饲料。

花期及蜜源利用价值：花期5~6月，泌蜜较丰富，为良好的主要蜜源植物。

139.漆树属 *Toxicodendron*

（327）漆树 *Toxicodendron vernicifluum* F.A.Barkley

形态特征：落叶乔木，高达20米；具白色乳汁；树皮不规则纵裂。小枝粗壮，初被棕色柔毛，具明显叶痕及突起的皮孔。奇数羽状复叶，互生；小叶9~15，纸质，卵形至长圆状卵形，全缘，两面脉上均具黄褐色短毛。花杂性或雌雄异株，黄绿色；圆锥花序具多花，集生于当年生枝上部叶腋，被微柔毛；花瓣5，长圆形，外卷；雄蕊5枚，生于花盘边缘，花丝短；子房上位，花柱短，柱头3裂。果序下垂；核果肾形或椭圆形，略压扁，外果皮黄色，具光泽，中果皮蜡质，内果皮淡黄色，果核坚硬。果期7~10月。

生境分布：生于海拔2000~2600米的山坡、沟谷杂木林或疏林中。分布于曲瓦沟、大峪沟、憨班、丰迭、庙沟，拱坝流域及博峪等乡境内。

用途：树干割取生漆。种子可榨油；果皮可取蜡；干漆入药。乳汁有毒，人体接触易引起皮肤红肿、痒痛、红疹。

花期及蜜源利用价值：花期5~6月，蜜、粉丰富，花粉绿色，对繁殖蜂群十分有利。蜜浅绿色，结晶细腻，气味芬芳，为上等蜜。应加强保护。

四十、槭树科 Aceraceae

140、枫属（槭属） *Acer*

（328）元宝枫　*Acer truncatum* Bunge　别名：元宝槭

形态特征：落叶乔木，高8~10米。小枝无毛，具圆形皮孔。叶纸质，常5裂，稀7裂；边缘全缘，有时中央裂片的上段再3裂；下面嫩时脉腋被丛毛。花黄绿色，杂性，雄花与两性花同株，常成无毛的伞房花序；萼片5，黄绿色；花瓣5，淡黄色或淡白色；雄蕊8，着生于花盘的内缘，花药黄色，花丝无毛；花盘微裂；子房嫩时有黏性，无毛，花柱短，无毛，2裂，柱头反卷，微弯曲。翅果嫩时淡绿色，成熟时淡黄色或淡褐色，常成下垂的伞房果序；小坚果压扁状；翅长圆形，两侧平行，张开成锐角或钝角。果期8月。

生境分布：拱坝卡子沟、天干沟，新、老城区园林绿化有栽培。

用途：种子含油丰富，可作工业原料，木材细密可制造各种特殊用具，并可作建筑材料。树皮纤维可造纸及代用棉。在荒山造林、四旁绿化时可迁当扩大栽培。

花期及蜜源利用价值：花期4月，蜜、粉丰富，花粉黄色，长球形，蜜琥珀色。为良好的蜜源植物。

(329)色木枫　*Acer mono* Maxim.　别名：色木槭、五角枫、地锦槭

形态特征：落叶乔木，高15~20米；树皮粗糙，常纵裂，小枝细瘦，无毛。单叶对生，纸质，轮廓近圆形，常3~5裂达中部，全缘，下面仅沿主脉或脉腋间被黄色短柔毛。花杂性，雄花与两性花同株，多数组成伞房花序，顶生，无毛；萼片5，黄绿色，长圆形，先端钝；花瓣5，绿白色；花盘环状；雄蕊8，较花瓣短；子房上位，侧扁，无毛，花柱短，柱头2裂，反卷。小坚果长圆形，2枚基部合生，扁平，先端具长圆形翅，张开成锐角或近于钝角。果期9月。

生境分布：生于海拔1400~2600米的山坡及山谷杂木林中或疏林。分布于曲瓦沟、瓜咱沟、磨沟、插岗、武坪、卡子沟、铁坝沟。

用途：木材供建筑、乐器和胶合板等用材。树皮纤维是人造棉及造纸原料；种子可榨油。嫩叶可代茶。

花期及蜜源利用价值：花期5月，蜜、粉丰富，花粉淡黄色，长球形，蜜琥珀色，结晶乳白色，气味芬芳。分布集中区可取得商品蜜，为良好的蜜源植物。应加强保护。

（330）深灰枫 *Acer caesium* Wall. ex Brandis 别名：深灰槭、太白深灰槭

形态特征：落叶乔木，高8～10米；小枝暗红褐色，无毛，被白粉。单叶对生，纸质，近圆形；常5浅裂，稀3裂，缘具不整齐钝圆齿，下面淡绿色，有时被白粉，仅脉腋或主脉上被长柔毛或近无毛；基出主脉5，在下面凸起，侧脉显著。花杂性，雄花与两性花同株；顶生伞房花序密集，无毛；萼片5，淡黄绿色，外被长柔毛；花瓣5，白色，无毛；雄蕊8，着重于花盘内侧；子房上位，密被长硬毛，花柱2裂，柱头反卷。翅果微带红色；小坚果球形，褐色，稍具肋纹，疏被长柔毛；两翅近平行，呈锐角。果期9月。

生境分布：生于海拔1800～3200米的山坡疏林下、林缘。分布于曲瓦沟、拉尕沟、瓜咱沟、磨沟及拱坝卡子沟、博峪林区。

用途：木材供建筑、家具等用。

花期及蜜源利用价值：花期5～6月，蜜、粉少量，为辅助蜜源植物。

（331）茶条枫　*Acer ginnala* Maxim.　别名:茶条槭

形态特征：落叶灌木或小乔木，高5~8米；树皮粗糙，稍纵裂，小枝细瘦，无毛，当年生枝绿色或紫绿色，皮孔椭圆形或近圆形，淡白色。单叶对生，纸质，长圆卵形或长圆形，常3~5羽状浅裂，或不裂，缘具不规则钝齿；两面无毛。花杂性，雄花与两性花同株；伞房花序，无毛，具多数花；萼片5，黄绿色，具缘毛；花瓣5，白色；雄蕊8，花药黄色，生于花盘内侧；子房上位，密被长柔毛；花柱2裂，柱头平展或反卷。翅果黄绿色或黄褐色；小坚果凸起，具明显的脉纹，两翅张开近于直立或成锐角。果期8月。

生境分布：生于海拔1500~2500米山坡疏林中。分布于黑峪沟、拉尕沟及拱坝河流域林区。

用途：叶、果、树皮含单宁，可提取栲胶，茎皮纤维可供造棉及造纸原料；嫩叶可代茶；种子可榨油，供制肥皂。

花期及蜜源利用价值：花期5月，蜜粉丰富，分布集中区可取到少量商品蜜，为林区重要的辅助蜜源。

（332）长尾枫 *Acer caudatum* Wall. 别名：长尾槭、多齿长尾槭

形态特征：落叶乔木，高达12米；树皮黄褐色，片状剥落。小枝灰褐色或红褐色，光滑，具皮孔。单叶对生，纸质，轮廓近圆形，掌状5~7裂，缘具不规则细尖重锯齿；下面淡绿色，被淡褐色短柔毛或近无毛。花杂性，雄花与两性花同株，多数组成顶生圆锥状总状花序，直立，被短柔毛，萼片5，黄绿色，外被毛；花瓣5，淡黄色，无毛；雄蕊8枚，无毛，花药红色；子房上位，扁平，密生长柔毛，柱头2裂，平展。翅果淡黄褐色；小坚果一面凸，一面凹，椭圆形；两翅成钝角开展。果期7~8月。

生境分布：生于海拔2100~3000米的山坡、山谷疏林中或林缘。分布于曲瓦沟、拉尕沟、瓜咱沟、磨沟及卡子、博峪河各支沟。

用途：木材可制各种细木工器具；叶、果含鞣质，可提取栲胶。

花期及蜜源利用价值：花期5~6月，蜜粉量少，可为辅助蜜源。

（333）五裂枫　*Acer oliverianum* Pax　别名：五裂槭

形态特征：落叶乔木，高5～10米；树皮平滑，灰褐色。小枝细瘦，无毛，被白粉，当年生枝紫绿色，多年生枝淡褐绿色。单叶，对生，纸质，近圆形或肾形，常5浅裂，缘具紧密锐齿，裂片间凹缺钝尖；下面淡绿色，仅脉腋具簇毛；叶柄无毛或近先端部分疏被短柔毛，基部扩大。花杂性，雄花与两性花同株，花叶同时开放，伞房花序顶生于具叶短枝先端，无毛，萼片5，紫褐色；花瓣5，淡白色，卵形；雄蕊8，生于花盘内侧，花药黄色；子房上位，微被长柔毛，花柱无毛，2裂，柱头反卷。翅果微带红色；小坚果凸起近球形，脉纹显著；翅镰刀形，近水平状开展。果期8～9月。

生境分布：生于海拔1500～2300米的山坡疏林或山谷溪旁。分布于拱坝片沟、卡子沟、天干沟。

花期及蜜源利用价值：花期5月，蜜粉少量，可为辅助蜜源。

（334）青榨枫　*Acer davidii* Franch.　别名：青榨槭　土名：青世叶

形态特征：落叶乔木，高达15米；树皮褐绿色，纵裂成蛇皮状条纹。小枝无毛，当年生枝紫绿色或绿褐色，多年生枝黄褐色。单叶，对生，纸质，边缘具不整齐的钝齿；下面淡绿色，嫩时沿叶脉疏生红褐色短柔毛，后渐脱落。花杂性，雄花与两性花同株，黄绿色，组成下垂的总状花序，顶生于具叶短枝，无毛；萼片5，椭圆形，花瓣5，倒卵形；雄蕊8，无毛，花药黄色；子房上位，被红褐色短柔毛，在雄花中不发育，花柱细瘦，柱头2裂反卷。翅果嫩时淡绿色，熟时黄褐色；小坚果略扁平，展开成钝角或近水平。果期7~9月。

生境分布：生于海拔1500~2600米山坡疏林中。分布各乡镇境内林区。

用途：木材坚实致密，宜作家具、建筑及胶合板等用材；茎皮纤维可供人造棉及造纸原料；也可用作庭院绿化及观赏造林树种。

花期及蜜源利用价值：花期5月，蜜粉少量，可为辅助蜜源。

（335）五尖枫　*Acer maximowiczii* Pax　别名：五尖槭、重齿槭、马氏槭

形态特征：落叶乔木，高5～9米；树皮暗灰色，平滑，小枝细瘦，无毛；当年生枝紫色或红紫色。单叶对生，纸质，卵形或三角状卵形，3～5裂，裂片边缘微裂并有紧贴的双重锯齿，锯齿粗壮；下面淡绿色或黄绿色，脉腋具簇毛。花单性雌雄异株，黄绿色，多数组成长4～5厘米下垂的总状花序，无毛；先叶后花；萼片5，花瓣5，雄花具雄蕊8，生于花盘外侧边缘，花药黄色；雌花子房上位，扁平，无毛，柱头2裂，反卷。翅果，幼时紫色，熟时黄褐色；小坚果略扁平，一面凹，一面凸，无毛；翅无毛，张开呈钝角。果期8～9月。

生境分布：生于海拔1500～2700米的山坡、山谷疏林中。分布于曲瓦、大峪、拉尕沟、磨沟、瓜咱沟及拱坝、博峪流域各支沟。

花期及蜜源利用价值：花期5月，蜜粉少量，可为辅助蜜源。

(336)四蕊枫　*Acer stachyophyllum* subsp. *betulifolium* (Maxim.)P. C. de Jong

别名：四蕊槭、桦叶四蕊槭

形态特征：落叶乔木，高3~12米；树皮平滑。小枝细瘦，无毛，紫色或褐红色。单叶对生，纸质，长圆状卵形至宽卵形，不裂或微三浅裂，边缘有不整齐的粗钝锯齿，上面无毛或边缘有短柔毛，下面淡绿色，无毛或沿脉疏生短柔毛，脉腋常具白色簇毛。花黄绿色，单性，雌雄异株；总状花序无毛；雄花总状花序很短，近无总花梗，具3~5花；雌花的总状花序生于具2叶的短枝先端，具5~8花；萼片4，卵形；花瓣4，长圆状椭圆形；雄花具雄蕊4，生于花盘内侧；子房上位，无毛；柱头2裂，反卷。翅果嫩时紫色，熟时黄褐色，小坚果两面凸起；翅张开呈钝角。果期7月。

生境分布：生于海拔1700~2800米的山坡、山谷溪旁杂木林中。分布于曲瓦沟、立节拉尕沟、磨沟、插岗沟、卡子沟、天干沟等。

花期及蜜源利用价值：花期4~5月，蜜粉少量，可为辅助蜜源。

（337）川甘枫　*Acer yui* Fang　别名:川甘槭

形态特征：落叶乔木，高约7米。树皮纵裂。小枝无毛；当年生枝淡紫色或淡紫绿色；多年生枝有卵形或近于圆形的皮孔。单叶，对生，纸质，阔卵形，3裂，裂片边缘全缘或微呈浅波状；中裂片长圆披针形或披针形，与侧裂片成直角展开，两侧的边缘常平行向侧面平伸；下面在脉腋被淡灰色或淡黄色的短柔毛；叶柄近顶端有短柔毛。花先叶开放，复总状伞房花序，花杂性，花萼5，有绒毛；花瓣5淡黄绿色，雄蕊5～6，雌蕊柱头2裂，反卷，翅果淡黄褐色，3～5个组成伞房果序，小坚果凸起，卵圆形，被黄褐色微柔毛；翅果，倒卵形，先端钝形，展开成钝角。果期9月。

生境分布：生于海拔1800～2000米的林中或溪边。分布于巴藏芦坝沟、各皂山，二喜山、磨沟、杜坝山、插岗、博峪第二坎。

花期及蜜源利用价值：花期4月，蜜粉量中等，可为辅助蜜源。

141.金钱槭属 *Dipteronia*

（338）金钱枫 *Dipteronia sinensis* Oliv. 别名：金钱槭

形态特征：落叶小乔木,高5～15米。奇数羽状复叶，对生，小叶纸质，7～13枚，长圆卵形或长圆披针形，边缘具稀疏钝锯齿，下面脉腋及脉上具白色簇毛；总叶柄无毛；叶轴上部小叶无柄或极短。花小，杂性同株，顶生或腋生圆锥花序；萼片5；花瓣5，白色；花盘盘状，雄花的雄蕊8，生于花盘内侧；两性花具扁形子房，被长硬毛，2室，花柱很短，先端2裂，反卷。翅果，常有两个扁形果实生于一个果梗上，周围具圆形或卵形的宽翅，形似古钱，幼果紫红色，被长硬毛，成熟时淡黄色，无毛；种子圆盘形。果期8～9月。

生境分布：生于海拔2000～2500米的山坡及山谷杂木林中。分布于插岗嘎沟、丰迭磨沟、瓜咱沟、曲瓦沟等地。

用途：我国特有的珍贵树种，需要加强保护。

花期及蜜源利用价值：花期6～7月，蜜粉量中等，可为辅助蜜源。

四十一、无患子科 Sapindaceae

142.栾树属 *Koelreuteria*

（339）栾树　*Koelreuteria paniculata* Laxm.　土名：萝木树

形态特征：落叶乔木，高5~15米，有时呈灌木状；小枝被柔毛，具钝棱和皮孔。奇数羽状复叶，有时二回或不完全二回羽状复叶，互生；小叶7~15枚，纸质，卵状至卵状披针形，缘具不规则锯齿或羽状浅裂。花杂性，两性花与单性花同株，不整齐，黄色，中心紫色；圆锥花序由多数小花组成，被短柔毛；花瓣4~5；雄蕊8；房子上位，3室，柱头3浅裂。蒴果，幼果红色，熟时黄色，果皮膜质，3瓣裂，每室具1粒种子；种子圆球形，黑色。果期8~9月。

生境分布：生于海拔1500~2150米的山坡及河谷杂木林中或地边、村旁。分布广，分布于各乡镇境内。

用途：木材可供制家具及薪炭用材；花可提取黄色染料；叶可提取栲胶及作青色染料用；种子可榨油，用于制造肥皂及润滑油。

花期及蜜源利用价值：花期6~7月，蜜、粉量中等，分布集中区可取到少量商品蜜，可为重要辅助蜜源。

143.文冠果属 *Xanthoceras*

（340）文冠果 *Xanthoceras sorbifolia* Bunge.

形态特征：落叶小乔木或灌木，高2～4米；树皮条裂，小枝紫褐色，幼时密被短柔毛，后脱落。奇数羽状复叶，互生；小叶9～19，对生或近对生，纸质，狭椭圆形至卵状披针形，缘具细锐锯齿，下面疏生星状柔毛，有时呈灰白色。花杂性同株，辐射对称；顶生总状花序，具多花；花梗纤细，基部具1枚卵形苞片；萼片5；花瓣5，白色；基部具黄色或红色斑点，有脉纹；雄蕊8，花丝分离；子房上位，3室，柱头3裂。蒴果近球形，果皮厚，木质，熟时3瓣裂；种子多数，近球形，熟时暗褐色。果期6～8月。

生境分布：生于海拔1 400～2300米的干旱阳坡、坎边及沟岸灌丛中。分布于曲瓦村、丰迭杜坝、博峪等地有野生。数量较少。城关、峰迭有栽培。

用途：木材供制家具、器具；叶可代茶用。种子嫩时可生食，熟时可榨油，供食用或工业用油。

花期及蜜源利用价值：花期5月，蜜粉量中等，可生产少量商品蜜。

四十二、凤仙花科 Balsaminaceae

144.凤仙花属 *Impatiens*

(341)凤仙花 *Impatiens balsamina* Linn. 土名:指甲花

形态特征：一年生草本，高60~100厘米。茎粗壮，肉质，直立，不分枝或有分枝，无毛或幼时被疏柔毛。叶互生，最下部叶有时对生；叶片披针形、狭椭圆形或倒披针形，边缘有锐锯齿，向基部常有数对无柄的黑色腺体，两面无毛或被疏柔毛；叶柄上面有浅沟，两侧具数对具柄的腺体。花单生或2~3朵簇生于叶腋，白色、粉红色或紫色，单瓣或重瓣，雄蕊5，花丝线形，花药卵球形，顶端钝；子房纺锤形，密被柔毛。蒴果宽纺锤形，两端尖，密被柔毛。种子多数，圆球形，黑褐色。

生境分布：庭院广泛栽培，为常见的观赏花卉。

用途：民间常用其花及叶染指甲。茎及种子入药。种子可榨油。

花期及蜜源利用价值：花期7~10月，花粉黄白色，扁球形，表面具网状雕纹。泌蜜涌，分布集中区可取得商品蜜。

(342)水金凤　*Impatiens noli-tangere* Linn.

形态特征：一年生草本，高40～70厘米。茎较粗壮，肉质，上部多分枝，无毛，下部节常膨大。叶互生；叶片卵形或卵状椭圆形，边缘有粗圆齿状齿，齿端具小尖，两面无毛。总状花序具2～4花；花黄色；旗瓣圆形或近圆形，先端微凹，背面中肋具绿色鸡冠状突起，顶端具短喙尖；雄蕊5，花丝线形，上部稍膨大，花药卵球形，顶端尖；子房纺锤形，直立，具短喙尖。蒴果线状圆柱形。种子多数，长圆球形，褐色，光滑。

生境分布：生于海拔1600～2500米的山坡林下、林缘草地或沟边。分布于曲瓦沟、瓜咱沟、磨沟及拱坝河流域林区。

用途：全草药用。

花期及蜜源利用价值：花期7～9月，蜜、粉量中等，可为辅助蜜源。

四十三、马桑科 Coriariaceae

145.马桑属 *Coriaria*

(343)马桑 *Coriaria nepalensis* Wall.

形态特征：灌木，高1.5~2.5米，小枝四棱形或成四狭翅，老枝具显著圆形突起的皮孔。叶对生，纸质至薄革质，椭圆形或阔椭圆形，全缘；总状花序，雄花序先叶开放，多花密集，序轴被腺状微柔毛；苞片和萼片上部具流苏状细齿；花瓣极小，里面龙骨状；雄蕊10，花丝线形；不育雌蕊存在；雌花序与叶同出；花瓣肉质，较小，龙骨状；雄蕊较短，花柱具小疣体，柱头紫红色，具多数小疣体。果球形，成熟时由红色变紫黑色，种子卵状长圆形。

生境分布：生于海1300~3000米的山坡林缘、河谷灌丛中。分布于各乡镇境内。

用途：果可提酒精。种子榨油可作油漆和油墨。茎叶可提栲胶。全株含马桑碱，有毒，可作土农药。

对花期及蜜源的危害：花期3~4月，全株及花粉有毒，对人、畜、蜂有害，为有毒蜜源之一。

四十四、冬青科 Aquifoliaceae

146.冬青属 *Ilex*

（344）猫儿刺　*Ilex pernyi* Franch.

形态特征：常绿灌木或小乔木，高1～5米。小枝有棱角，被短柔毛。单叶互生，革质，卵形或卵状披针形，刺状，边缘具1～3对或（常二对）粗大刺状牙齿，刺坚硬，向外伸展；两面无毛。花单性，雌雄异株，辐射对称，聚伞花序簇生于二年生小枝叶腋，每分枝仅有一花；雄花具一对近圆形小苞片，花萼4裂，花瓣宽椭圆形，雄蕊4；雌花花萼与雄花的相似，花瓣卵形；子房上位，花柱极短，柱头盘状，浅裂。核果浆果状，近球形，熟时红色；分核4，背面有掌状纵纹，内果皮薄木质。花期5月，果期7-8月。

生境分布：生于海拔1300～2100米的山谷及山坡杂木林内。分布于拱坝河流域各乡境内及磨沟、南峪沟、花园沟。

用途：树皮含小檗碱，可作为黄连制剂的代用品。

花期及蜜源利用价值：花期7～8月，蜜、粉量丰富，可为山区的重要辅助蜜源。

四十五、卫矛科 Celastraceae

147.卫矛属 *Euonymus*

(345)栓翅卫矛 *Euonymus phellomanus* Loes.

形态特征：落叶灌木，高达3米。枝硬直，常具四棱，棱上具褐色木栓质窄翅。单叶对生，纸质，长圆形或长圆状倒披针形，缘具细锯齿。花两性，绿白色，3至多数花组成腋生聚伞花序，1－2回分歧；萼片4；花瓣4，狭至卵形，先端钝圆；花盘深褐色，平滑，4浅裂；雄蕊4枚，较花瓣短，花丝细长，着生于花盘上；子房上位，4室，花柱单一。蒴果倒三角状心形，具四棱，带粉红色，每室仅有一种子发育；种子椭圆形，外被橙黄色假种皮。果期9月。

生境分布：生于海拔1700～2700米的山谷、山坡灌丛中。分布于大峪沟、瓜咱沟、拉尕沟、磨沟、插岗、卡子沟。

用途：茎皮、根皮含硬橡胶；茎皮、根皮可入药；嫩叶可代茶；种子含油，可供制肥皂也可栽培为园林绿化树种。

花期及蜜源利用价值：花期6～7月，蜜、粉少量，可为辅助蜜源。

（346）卫矛　*Euonymus alatus* (Thunb.) Sieb.

形态特征：落叶灌木，高1～2米，树皮光滑，具细皱纹，全株无毛。小枝具2～4纵列的木栓质窄翅，或有时近无翅；幼枝绿色。单叶对生，纸质，椭圆形或菱状倒卵形，缘具细锐锯齿。花两性，淡黄绿色，3～9朵组成腋生聚伞花序；总花梗细弱；萼片4，半圆形，绿色；花瓣4，倒卵圆形；雄蕊4，花丝极短，生于花盘近边缘；花盘肉质，扁平，4浅裂；子房上位，藏于花盘内，4室，花柱短粗。蒴果4深裂，果皮常带紫色；种子褐色，椭圆形，外面为橙红色假种皮包围。果期9～10月。

生境分布：生于海拔2000～2500米的山坡、山谷灌丛中。分布于曲瓦沟、大峪沟、瓜咱沟、磨沟、沙滩、插岗、拱坝、曲告纳、博峪境内。

用途：茎皮、根皮含硬橡胶；茎皮和叶含鞣质，可提取栲胶；种子可榨油，供制肥皂、润滑油；根、木栓质翅及细枝可入药。

花期及蜜源利用价值：花期5～6月，有粉少量，可为辅助粉源。

(347)疣枝卫矛 *Euonymus verrucosoides* Loes.

形态特征：落叶灌木，高2~3米，全株无毛，小枝淡绿色，常具紫褐色瘤状小突起。单叶对生，纸质，卵形、椭圆形或菱状倒卵形，两面光滑无毛，边缘具细锯齿。花两性，红色或紫红色，3~15朵组成腋生聚伞花序，总花梗常带紫红色；萼片4，半圆形；花瓣4，长圆形，全缘；雄蕊4枚，着生于花盘靠近子房的部位，花盘4裂，肥厚；子房上位，与花盘贴生，4室。蒴果4全裂，常仅1~2心皮发育，基部连合，绿色或带紫色；种子黑色，椭圆形，外被橙红色假种皮，假种皮在种子先端一侧开裂。果期7~8月。

生境分布：生于海拔1 400~2500米的山坡林中或林缘。分布于曲瓦沟、巴藏后北山、大峪沟、磨沟及南峪小水沟、拱坝、博峪各支沟。

花期及蜜源利用价值：花期6~7月，蜜、粉少量，可为辅助蜜源。

148.南蛇藤属 *Celastrus*

(348)苦皮藤 *Celastrus angulatus* Maxim.

形态特征：落叶藤状灌木，长3~10米。小枝无毛，常有4－6纵棱；髓心片隔状。单叶互生，纸质或坚纸质，宽卵形或长圆状椭圆形，边缘具不规则钝齿，齿端具内曲的腺状小突起，下面沿脉疏生短柔毛。花两性，雌雄异株，淡绿色，小形；多花组成聚伞圆锥花序，顶生；萼裂片及花瓣均为5数；花瓣长圆形，边缘具不整齐细齿；雄蕊5；雌花与雄花近等大，具退化雄蕊，子房上位，3室，花柱单一，圆柱形，柱头3裂。蒴果近球形，熟时黄色，3瓣裂；种子椭圆形，红褐色，外被橙红色肉质假种皮。果期8~10月。

生境分布：生于海拔1450~1800米的山坡灌丛、半阳坡杂木林下或土崖上。分布于各乡镇境内。

用途：茎皮纤维为造纸及人造棉原料；根皮及茎可杀虫灭菌；果皮及种仁富含油脂，供工业用油。

花期及蜜源的危害：花期5~6月，蜜少粉多，花粉灰白色，可引起蜜蜂食物中毒。

四十六、鼠李科 Rhamnaceae

149.枣属 *Ziziphus*

（349）无刺枣　*Ziziphus jujuba Mill.var. inermis* (Bge.) Rehd.

形态特征：落叶小乔木，高5~10米。长枝呈“之”字形弯曲，红褐色，光滑，无皮刺；短枝短粗，在老枝上互生；无芽新枝绿色，1~7簇生于短枝上。单叶互生，纸质，卵状椭圆形至卵状长圆形，边缘具圆锯齿，两面无毛；花小形，两性，黄绿色；单生或2~8朵密集成腋生聚伞花序；总花梗极短；萼片5；子房上位，花柱2裂。核果长圆形或长卵圆形，熟时深红色，中果皮厚肉质；核两端锐尖。果期9~10月。

生境分布：大川、南峪、城关、峰迭等乡镇境内有栽培。

用途：果味甜，可生食，还可加工成各种食品；木材坚硬细致，通常作为细木工用材；花为蜜源。

泌蜜规律：花期5~6月。花粉近球形，具三孔沟，表面具细网状雕纹，属高温型泌蜜花种，泌蜜适温为28℃~33℃，以20~50年龄的枣树泌蜜丰富。开花期20~30天。每群单产约20千克。枣蜜浅琥珀色，黏稠，为上等蜜。

(350)酸枣 *Ziziphus jujuba Mill var. spinosa* (Bge.)Hu

形态特征：落叶灌木，高1～2米；小枝称之字形弯曲，紫褐色。酸枣树上的托叶刺有2种，一种直伸长针状，另一种常弯曲成钩状。叶互生，较小，叶片椭圆形至卵状披针形，边缘有细锯齿，基部3出脉。花黄绿色，2～3朵簇生于叶腋。核果近球形或短矩圆形，中果皮薄，核两端钝，味酸。果期8～9月。

生境分布：生于海拔1200～2000米向阳干燥山坡及山谷沟边。分布于白龙江河谷两岸地带及拱坝河中下游两岸等。

用途：酸枣仁入药，枣肉味酸可生食或制作果酱。

花期及蜜源利用价值：花期5～6月，泌蜜较丰富，为沿河川较好的辅助蜜源。

150、勾儿茶属 *Berchemia*

(351)勾儿茶 *Berchemia sinica* Schneid. 土名:铁棍儿

形态特征：落叶藤状灌木，高达6米。小枝黄褐色，平滑无毛。单叶互生，纸质，卵形、卵圆形或长圆形，全缘，上面无毛，下面仅脉腋被短柔毛。花两性，辐射对称，黄绿色，数花在侧枝先端排成具短分枝的窄聚伞圆锥花序，有时为腋生短总状花序，花序轴无毛；萼片5，花瓣5，兜状；花盘厚，10浅裂，雄蕊5，生于花盘外缘基部；子房上位，基部埋藏于花盘内，2室，花柱单一，粗短外露；柱头头状，微2裂。核果圆柱形，先端具短尖头，基部具皿状宿存花盘，熟时紫红色或黑色。果实第二年6-7月。

生境分布：生于海拔1200~2500米的山坡、沟谷灌木中或杂木林下。分布于拱坝河流域各乡镇及南峪、曲瓦、丰迭、憨班和大峪等乡境内。

用途：果可食。

花期及蜜源利用价值：花期6~8月，蜜、粉少量，可为辅助蜜源。

(352)黄背勾儿茶　*Berchemia flavescens* (Wall.) Brongn.　土名:马铁棍儿

形态特征：落叶藤状灌木，高7~8米，全株无毛。小枝圆柱形，开展，黄绿色或变淡褐色，有时多少被白粉。单叶互生，纸质，卵圆形、卵状椭圆形或长圆形，先端具短尖头，全缘，上面绿色，下面干时常变金黄色；花两性，辐射对称，黄绿色；顶生聚伞圆锥花序；萼片5；花瓣5，倒卵形，兜状；花盘厚，10浅裂，填塞于萼管内；雄蕊5，花丝无毛，生于花盘外缘基部；子房上位，花柱单一，柱头头状，不分裂。核果近圆柱形，先端具小尖头，基部有盘状宿存花盘，熟时紫红色或紫黑色。果期第二年5~7月。

生境分布：生于海拔1200~2400米的山谷、山坡灌丛中或杂木林下。分布于沙滩、嘎沟、卡子沟、铁坝沟及磨沟、瓜咱沟、南峪沟、曲瓦和大峪等乡境内。

用途：果味酸甜可食。

花期及蜜源利用价值：花期6~7月，蜜、粉量中等，可为辅助蜜源。

（353）多花勾儿茶 *Berchemia floribunda* (Wall.) Brongn. 土名：铁棍儿

形态特征：落叶藤状灌木，高达5米。小枝黄绿色，光滑无毛。单叶互生，纸质，枝条上部之叶较小，卵形、卵状椭圆形，下部叶较大，长达11 厘米，全缘，下面无毛或仅沿脉基部疏被短柔毛。花两性，辐射对称，淡绿色；顶生宽聚伞圆锥花序具多数花，或下部腋生聚伞总状花序，长达20厘米；萼片5；花瓣5，兜状；花盘厚，10浅裂；雄蕊5，花丝生于花盘外缘基部；子房上位，花柱单一，短粗，柱头头状。核果圆柱形，先端具小尖头，基部有盘状宿存花盘，熟时紫红色或紫黑色。果期在第二年6~7月成熟。

生境分布：生于海拔1500~2400米的山坡、沟谷灌木中或杂木林下。分布于沙滩、嘎沟、卡子沟、铁坝沟及磨沟、瓜咱沟、南峪沟、曲瓦和大峪等乡境内。

用途：可栽培观赏，根可入药；嫩叶可代茶。

花期及蜜源利用价值：花期6~7月，蜜、粉量中等，可为辅助蜜源。

151.鼠李属 *Rhamnus*

（354）高山冻绿 *Rhamnus utilis Decne. var. szechuanensis* Y. L. Chen et P. X. Chou

形态特征：落叶灌木，高达1.5~3米。幼枝无毛，对生或近对生，先端具明显顶芽而无刺，或在分叉处有刺。单叶对生或近对生，或在短枝上簇生，纸质，椭圆形、长圆形或倒卵状椭圆形，缘具明显深锯齿或重锯齿，上面被白色短柔毛，下面沿脉被金黄色柔毛；叶柄疏被微毛或无毛。花单性，雌雄异株，数朵簇生于叶腋或集生于小枝下部；花瓣4，极小，花盘薄，杯状；雄蕊4，在雌花中退化；子房上位，卵球形，花柱较长，2浅裂或半裂。浆果状核果圆球形，熟时黑色，基部具宿存萼筒。果期5~8月。

生境分布：生于海拔2400~3000米的山坡林下或林缘。分布于插岗、沙滩、黑峪沟、立节拉尕沟、瓜咱沟、博峪等地。

用途：果实、树皮及叶含黄色染料；种子榨油，可作润滑油。

花期及蜜源利用价值：花期4~6月，蜜量中等，可为辅助蜜源。

（355）甘青鼠李　*Rhamnus tangutica* J.Vass.

形态特征：落叶灌木，稀小乔木，高2~6米。小枝对生或近对生，枝端或分叉处有针刺。单叶在长枝上对生或近对生，在短枝上簇生，纸质；椭圆形、倒卵形状椭圆形，边缘上细锯齿，上面疏被白色短糙毛。花单性，雌雄异株，辐射对称，黄绿色；数朵花簇生于短枝先端或长枝下部叶腋；萼片4，三角形；花瓣4，极小；花盘薄，杯状；雄花具雄蕊4；雌花的子房上位，球形，2室，生于花盘上但不为花盘包围，花柱2浅裂。浆果状核果倒卵状球形，熟时黑色，基部有宿存的萼筒，具2分核；种子具纵沟。果期7~9月。

生境分布：生于海拔1400~2600米的山坡沟谷、杂木林下或灌木林中。分布于各乡镇境内林区。

用途：果实可提取黑色染料。

花期及蜜源利用价值：花期5~6月，蜜、粉少量，可为辅助蜜源。

(356)刺鼠李 *Rhamnus dumetorum* Schneid. 别名:乌杈刺

形态特征：落叶灌木，高3~5米。小枝对生或近对生，枝端或分叉处有细针刺，当年生枝被细柔毛。单叶对生或近对生、或在短枝上簇生，纸质，椭圆形、倒披针状椭圆形或长圆形，边缘具不明显的波状齿或细锯齿，上面疏被短柔毛，下面沿脉疏被短柔毛或腋有簇毛。花单性，雌雄异株，辐射对称，数朵簇生于短枝先端叶腋；萼片4；花瓣4，细小，黄绿色；花盘薄，杯状，贴生于萼筒内部；雄蕊4，与花瓣对生，与萼片互生，花丝极短；子房上位，近卵球形，花柱2浅裂或半裂。浆果状核果球形，熟时黑色或淡黑色，背面基部有短沟，上部有沟纹。果期6~10月。

生境分布：生于海拔1400~2100山坡灌丛或杂木林下。分布于各乡镇境内林区。

用途：果实可做泻药。

花期及蜜源利用价值：花期4~5月，蜜、粉量少，可为辅助蜜源。

152.枳椇属 *Hovenia*

(357)北枳椇 *Hovenia dulcis* Thunb. 土名:拐枣

形态特征：高大乔木，稀灌木，高10余米；小枝无毛，有不明显的皮孔。叶纸质或厚膜质，卵圆形、宽矩圆形或椭圆状卵形，边缘有不整齐的锯齿或粗锯齿，无毛或仅下面沿脉被疏短柔毛。花黄绿色，排成不对称的顶生，稀兼腋生的聚伞圆锥花序；花序轴和花梗均无毛；萼片卵状三角形，具纵条纹或网状脉，无毛；花瓣倒卵状匙形，向下渐狭成爪部；花盘边缘被柔毛或上面被疏短柔毛；子房球形，花柱3浅裂，无毛。浆果状核果近球形，无毛，成熟时黑色；花序轴结果时稍膨大；种子深栗色或黑紫色。果期8~10月。

生境分布：花园沟、城关、峰迭境内庭院有栽培。

用途：肥大的果序轴含丰富的糖，可生食、酿酒、制醋和熬糖。木材细致坚硬，可供建筑和制精细用具。

花期及蜜源利用价值：花期5~7月，泌蜜丰富，为一种良好的蜜源植物。

四十八、葡萄科 Vitaceae

153.葡萄属 *Vitis*

（358）葡萄 *Vitis vinifera* Linn.

形态特征：木质藤本。小枝圆柱形，有纵棱纹。卷须2叉分枝，每隔2节间断与叶对生。叶卵圆形，显著3~5浅裂或中裂，边缘有22~27个锯齿，齿深而粗大，不整齐，齿端急尖，下面浅绿色，无毛或被疏柔毛。圆锥花序密集或疏散，多花，与叶对生，基部分枝发达；萼浅碟形，边缘呈波状，外面无毛；花瓣5，呈帽状粘合脱落；雄蕊5，花丝丝状，花药黄色；花盘发达，5浅裂；雌蕊1，在雄花中完全退化，子房卵圆形，花柱短，柱头扩大。果实球形或椭圆形，种子倒卵椭圆形，基部有短喙，腹面中棱脊突起。果期8~9月。

生境分布：大川、南峪、城关、江盘、峰迭、立节、巴藏等乡境内栽培较多，其他乡镇有少量栽培。

用途：生食或制葡萄干，并酿酒，酿酒后的酒脚可提酒食酸，根和藤药用能止呕、安胎。

花期及蜜源利用价值：花期4~5月，蜜、粉较丰富，可为辅助蜜源。

（359）复叶葡萄 *vitis piasezkii* Maxim. 变叶葡萄

形态特征：落叶木质藤本，攀援性。枝节增粗；幼枝及叶柄被褐色柔毛及长柔毛；卷须与叶对生，单一或分叉。叶互生，在同一枝上变化很大，多为卵圆形，纸质，浅裂、深裂至全裂，边缘具粗牙齿，下面沿叶脉有黄褐色柔毛；全裂叶为3~5小叶的掌状复叶，中间小叶菱状卵形，具短柄，两侧小叶近无柄,聚伞圆锥花序与叶对生，花序轴具褐色柔毛；花小，黄绿色，具短梗；花瓣5枚，先端粘合，花后呈帽状脱落；雄蕊5枚，花丝细；子房上位，具5角棱。浆果球形，熟时黑褐色；种子2~4粒，腹面有2沟。果期8~9月。

生境分布：生于海拔1100~2000米山坡、沟谷中。分布于卡子沟、天干沟、茶坪沟。

用途：果味酸，供食用或酿酒。

花期及蜜源利用价值：花期5~6月，蜜、粉较丰富，可为辅助蜜源。

(360)毛葡萄　*vitis quinquangularis* Rehd.

形态特征：落叶攀援灌木，长达8米，卷须与叶对生，细枝、叶柄和花序轴密被灰白色或豆沙色蛛丝状柔毛；老枝紫具纵棱，节部膨大。单叶互生，纸质，宽卵形或五角状卵形，不分裂或不明显3裂，边缘具小牙齿，下面密被密被灰白色或豆沙色绒毛。聚伞圆锥花序与叶对生；花小，淡黄绿色，辐射对称，具细梗；花萼不明显；花瓣5，镊合状排列，先端粘合，花后呈帽状脱落；花盘位于子房基部，由5个腺体组成；雄蕊5，生于花盘基部；子房上位，花柱单一，圆锥形，浆果球形，熟时紫黑色；种子2～4粒，腹部有2角棱。果期9月。

生境分布：生于海拔1300～1600米的山坡灌丛或林缘。分布于卡子沟、铁坝沟及博峪、磨沟等地。

用途：果实味甜可食；根皮药用。

花期及蜜源利用价值：花期6月，蜜、粉较丰富，可为辅助蜜源。

五十、椴树科 Tiliaceae

154.椴树属 *Tilia*

(361)少脉椴 *Tilia panucicostata* Maxim.

形态特征：落叶乔木，高达12米；树皮暗灰色，深纵裂。小枝无顶芽，被短柔毛或无毛。单叶互生，卵圆形，叶缘具带刺尖的粗锯齿，下面淡绿色，疏被灰柔毛而脉腋被有淡褐色簇毛；叶柄无毛或有时仅上部被短柔毛。花两性，整齐，聚伞花序有花6~8朵；总花梗与苞片的中部相贴生，无毛；苞片具明显网状脉，两面均无毛，花黄色；萼片5，分离，肥厚，上面密被长毛；花瓣5，覆瓦状排列，基部具一小鳞片；雄蕊多数，5束，每束具匙形退化雄蕊一枚，花丝先端分歧为2，各着生一花药；子房上位，密被茸毛，花柱圆柱形。核果倒卵圆形或近球形，密被灰白色短茸毛，具疣状突起。

生境分布：生于海拔2000~2400米的山坡林下。分布于憨班黑峪、插岗角儿桥、铁坝沟、磨沟等林区。

用途：茎皮纤维可代麻；木材优。花可提芳香油，也可入药。

花期及蜜源利用价值：花期6~7月，蜜、粉丰富，数量较多，为主要蜜源植物，应加强保护。

（362）华椴　*Tilia chinensis* Maxim.

形态特征：乔木，高15米；嫩枝无毛，顶芽倒卵形，无毛。叶阔卵形，上面无毛，下面密被灰白色星状茸毛，边缘密具细锯齿；叶柄被灰色毛。聚伞花序，有花3朵，花序柄有毛，下半部与苞片合生；苞片窄长圆形，无柄，上面有疏毛，下面毛较密；萼片长卵形，外面有星状柔毛；退化雄蕊较花瓣短小；子房被灰黄色星状茸毛，花柱无毛。果实椭圆形，两端略尖，有5条棱突，被黄褐色星状茸毛。

生境分布：生于海拔2000～2500米的山坡、山谷、水边的杂木林中。分布于曲瓦、大峪、憨班、峰迭等乡镇境内及拱坝河流域林区。

用途：为做家具的良好材料，韧皮纤维可制绳索等。

泌蜜规律：花期6～7月，花粉粒淡黄色，扁球形，表面具网状雕纹。蜜腺位于花萼基部呈乳头形，泌蜜适温22℃～25℃，中午1点左右为泌蜜高峰期；花蕾前期干旱或受冻影响泌蜜，天气晴朗，持续高温泌蜜较好，有大小年现象，每群单产约20千克。椴树花蜜浅琥珀色，具浓郁薄荷香味，为特等蜜。为优质主要蜜源植物应加强保护并进行人工栽培。

五十一、锦葵科 Malvaceae

155.蜀葵属 *Althaea*

(363)蜀葵 *Althaea rosea* (Linn.) Cavan.

形态特征：二年生直立草本，高达2米，茎枝密被刺毛。叶近圆心形，掌状5~7浅裂或波状棱角，裂片三角形或圆形，上面疏被星状柔毛，粗糙，下面被星状长硬毛或绒毛；叶柄被星状长硬毛。花腋生，单生或近簇生，排列成总状花序式，具叶状苞片，被星状长硬毛；萼钟状，5齿裂，密被星状粗硬毛；花大，有红、紫、白、粉红、黄和黑紫等色，单瓣或重瓣，花瓣先端凹缺，爪被长髯毛；雄蕊柱无毛，花丝纤细，花药黄色；花柱分枝多数，微被细毛。果盘状，被短柔毛，分果爿近圆形，多数，具纵槽。

生境分布：全县大部分乡镇庭院、公路、园林绿化广泛栽培。

用途：全草入药，有清热止血、消肿解毒之功。茎皮含纤维可代麻用。种子可榨油。

花期及蜜源利用价值：花期4~9月，蜜少粉多，可作为辅助蜜源。

156.木槿属 *Hibiscus*

（364）木槿 *Hibiscus syriacus* Linn.

形态特征：落叶灌木，高3~4米，小枝密被黄色星状绒毛。叶菱形至三角状卵形，具深浅不同的3裂或不裂，边缘具不整齐齿缺，下面沿叶脉微被毛或近无毛；叶柄上面被星状柔毛。花单生于枝端叶腋间，花梗被星状短绒毛；小苞片6~8，线形，密被星状疏绒毛；花萼钟形密被星状短绒毛，裂片5，三角形；花钟形，淡紫色，花瓣倒卵形，外面疏被纤毛和星状长柔毛；雄蕊柱长约3厘米；花柱枝无毛。蒴果卵圆形，密被黄色星状绒毛；种子肾形，背部被黄白色长柔毛。

生境分布：县内行道树、庭院绿化、新老城区公园有栽培。

用途：茎皮富含纤维，供造纸原料；茎、果实入药。

花期及蜜源利用价值：花期7~10月，蜜少粉多，可为辅助蜜源。

(365)野西瓜苗　*Hibiscus trionum* Linn.

形态特征：一年生直立或平卧草本，高25～70厘米，茎柔软，被白色星状粗毛。叶二型，下部的叶圆形，不分裂，上部的叶掌状3～5深裂，通常羽状全裂，上面疏被粗硬毛或无毛，下面疏被星状粗刺毛；叶柄被星状粗硬毛和星状柔毛。花单生于叶腋，花梗被星状粗硬毛；花萼钟形，被粗长硬毛或星状粗长硬毛，裂片5，具纵向紫色条纹；花淡黄色，内面基部紫色，花瓣5，倒卵形，外面疏被极细柔毛；花丝纤细，花药黄色；花柱枝5。蒴果长圆状球形，被粗硬毛，果爿5，果皮薄，黑色；种子肾形，黑色，具腺状突起。

生境分布：生于荒坡、路旁或田埂，是常见的田间杂草。分布于白龙江沿岸河谷、山坡、旧寨村。

用途：全草和果实、种子作药用，治烫伤、烧伤、急性关节炎等。

花期及蜜源利用价值：花期7～9月，蜜少粉多，可为辅助蜜源。

157.棉属 *Gossypium*

（366）草棉 *Gossypium herbaceum* Linn.

形态特征：一年生草本至亚灌木，高0.7～1.3米，疏被柔毛。叶掌状5裂，通常宽超过于长，裂片宽卵形，深裂不到叶片的中部，先端短尖，基部心形，上面被星状长硬毛，下面被细绒毛，沿脉被长柔毛；叶柄被长柔毛；托叶线形，早落。花单生于叶腋，花梗被长柔毛；小苞片阔三角形，宽超过于长，先端具6～8齿，沿脉被疏长毛；花萼杯状，5浅裂；花黄色，内面基部紫色。蒴果卵圆形，具喙，通常3～4室，种子大，分离，斜圆锥形，被白色长棉毛和短棉毛。

生境分布：白龙江沿河川及拱坝、曲告纳境内沿河川有栽培。

用途：棉花供纺织原料；根入药；棉籽能榨油，可食用或做润滑剂。

花期及蜜源利用价值：花期7～9月，蜜量中等，可为辅助蜜源。

五十二、瑞香科 Thymelaeaceae

158.狼毒属 *Stellera*

(367)狼毒 *Stellera chamaejasme* Linn.

形态特征：多年生草本，高20~50厘米；茎直立，丛生，基部木质化。叶散生，稀对生或近轮生，薄纸质，披针形或长圆状披针形，边缘全缘。花白色、黄色至带紫色，芳香，多花的头状花序，顶生，圆球形；雄蕊10，2轮，花药微伸出，花丝极短，花药黄色；子房椭圆形，上部被淡黄色丝状柔毛，花柱短，柱头头状，顶端微被黄色柔毛。果实圆锥形，上部或顶部有灰白色柔毛，为宿存的花萼筒所包围；种皮膜质，淡紫色。果期7~9月。

生境分布：生于海拔1700~3200米的干燥而向阳的高山草坡、草坪或河滩台地。各乡镇境内都有分布。

用途：狼毒的毒性较大，可以杀虫；根入药，有祛痰、消积、止痛之功能。根还可提取工业用酒精，根及茎皮可造纸。

花期及对蜜蜂的危害：花期5~6月，蜜、粉对人、畜、蜂有毒。为有毒蜜源植物之一。

五十三、八角枫科 Alangiaceae

159.八角枫属 *Alangium*

（368）稀花八角枫 *Alangium chinense subsp. pauciflorum* Fang

形态特征：落叶乔木或灌木，高3~5米；小枝略呈“之”字形，无毛或有稀疏的疏柔毛。叶纸质，近圆形或椭圆形、卵形，不分裂或3~7 (9)裂，裂片短锐尖或钝尖，下面脉腋有丛状毛。聚伞花序腋生，被稀疏微柔毛，有7~30花；花冠圆筒形，花萼顶端分裂为5~8枚齿状萼片；花瓣6~8，线形，基部黏合，上部开花后反卷，外面有微柔毛，初为白色，后变黄色；雄蕊和花瓣同数而近等长，花丝有短柔毛；花盘近球形；子房2室，花柱无毛，柱头头状，常2~4裂。核果卵圆形，幼时绿色，成熟后黑色。果期7~11月。

生境分布：生于海拔1600~1800米的山地或疏林中。分布于瓜咱沟、阳山沟、花园沟及拱坝河流域。

用途：本种药用，根名白龙须，茎名白龙条，治风湿、跌打损伤、外伤止血等。树皮纤维可编绳索。

花期及对蜜蜂的危害：花期5~7月，蜜、粉对人、畜、蜂有毒。为有毒蜜源植物之一。

五十四、胡颓子科 Elaeagnaceae

160、胡颓子属 *Elaeagnus*

(369)长叶胡颓子 *Elaeagnus bockii* Diels 秋胡颓子

形态特征：常绿灌木，高1～3米，枝具粗硬长刺；小枝密被鳞片。单叶互生，薄革质，狭披针形至狭长圆形，全缘，稍反卷，上面幼时被鳞片，后脱落，有光泽，下面灰白色或淡褐色，被鳞片；叶柄上面具浅槽，密被褐色鳞片。花两性，具单层花被，辐射对称，银白色杂有褐色鳞片或淡黄色，1－6朵簇生于叶腋成短总状花序，下垂；花被合生成钟状，里面密被褐色星状柔毛，檐部4裂；雄蕊4枚，花丝极短，生于花被筒喉部；子房上位，卵形，花柱单一，纤细，幼时被白色鳞片，熟时红色。果期次年4～5月。

生境分布：生于海拔1300～1700米的干旱阳坡灌丛中。分布于舟曲铁坝沟、拱坝干间、插岗角桥。

用途：果味甘，可食用。

花期及蜜源利用价值：花期10～11月，蜜粉量中等，可为秋季主要辅助蜜源。

(370)牛奶子　*Elaeagnus umbellate* Thunb.　土名:剪子

形态特征：落叶灌木，高达4米。小枝具枝刺，幼枝密被银白色鳞片。单叶互生，纸质，椭圆形至倒卵状披针形，全缘，上面深绿色，疏被银白色鳞片或星状毛，后渐脱落，下面密被银白色或杂有褐色鳞片。花两性，具单层花被，辐射对称，先叶开放，黄白色，芳香，1～7朵丛生于新枝下部，成腋生伞形花序状；花被合生成管状，檐部4裂，外被银白色鳞片；雄蕊4，花丝极短；子房上位，花柱单一，疏被鳞片。坚果包藏于肉质花托内，成核果状，近球形至卵圆形，疏被银白色鳞片，熟时红色，多汁；种子1枚。果期9~10月。

生境分布：生于海拔1300~2500米的向阳山坡、沟谷杂木林中、河边沙地或灌丛中。广布种，分布于各乡镇境内。

用途：根、叶、果可入药；果实可生食；酸甜可口，也可酿酒、制作果酱、蜜饯；花可提取芳香油。

花期及蜜源利用价值：花期4~6月，蜜、粉丰富，是秦巴山区大流蜜期到来的标志性植物，为良好的辅助蜜源。

161.沙棘属 *Hippophae*

（371）中国沙棘 *Hippophae rhamnoides subsp. sinensis* Rousi 土名:反剪刺

形态特征：落叶灌木或小乔木，高1～8米，全体被盾形鳞片。枝具粗壮棘刺；幼枝密被褐色鳞片。单叶互生或近对生，厚纸质，条形至条状披针形，全缘，上面幼时具银白色鳞片，后变光滑，下面密被银白色鳞片，并杂有褐色鳞片。花单性，雌雄异株，先叶开放，数朵组成短总状花序，花小，淡黄色，花被片2，雌花后于雄花开放，具短梗，花序轴常变为小枝或刺；雄蕊4，花丝短；花被筒状，先端2裂；子房上位，花柱1，柱头圆柱形。浆果状果实球形或圆形，熟时橙黄色或橘红色。果期7～9月。

生境分布：生于海拔1300～3200米的向阳山坡、沟谷、河滩地及灌木林中。分布广，各乡镇境内都有分布。

用途：果可食，并可制作果酱，果汁酿酒、酿酣等；种子入药及榨油；木材坚硬，可作各种工艺品。

花期及蜜源利用价值：花期3～5月，有蜜少量，可为辅助蜜源。

五十五、柽柳科 Tamaricaceae

162.水柏枝属 *Myricaria*

（372）三春水柏枝 *Myricaria paniculata* P.Y.Chang et Y.J.Chang

形态特征：落叶灌木，高1~3米，老枝红褐色，具条纹，当年生枝灰绿色或红褐色。单叶互生，常密集排列于当年生绿色幼枝上，叶片披针形、卵状披针形或长圆形，无柄，全缘，具狭膜质边；叶腋常生绿色小枝。花两性，集成侧生的总状花序或顶生圆锥花序，一年开两次花；春季生的总状花序基部被多数覆瓦状排列的膜质鳞片；花瓣倒卵形、卵状披针形，常内曲，淡紫红色；雄蕊10枚；子房圆锥形。大型圆锥花序则生于当年生枝的顶端；花开前花序较密，花后则较稀疏。蒴果狭圆锥形，三瓣裂。果期5~10月。

生境分布：生于海拔1400~2400米的山地河谷、河床沙地杂木林中。分布于白龙江沿岸、乱石湾、拱坝河、博峪河河谷。

花期及蜜源利用价值：花期5~9月，蜜粉丰富，可为辅助蜜源。

五十六、葫芦科 Cucurbitaceae

163.赤瓟属 *Thladiantha*

(373)赤瓟 *Thladiantha dubia* Bunge　土名:老鸦瓜

形态特征：攀援草质藤本，全株被黄白色的长柔毛状硬毛；茎有棱沟。叶片宽卵状心形，边缘浅波状，有大小不等的细齿，两面粗糙。卷须纤细，单一。雌雄异株；雄花单生或聚生于短枝的上端呈假总状花序；花冠黄色；雄蕊5，着生在花萼筒簷部，其中1枚分离，其余4枚两两稍靠合,花药卵形；退化子房半球形。雌花单生,退化雌蕊5，棒状；子房长圆形，柱头膨大，肾形，2裂。果实卵状长圆形，顶端有残留的柱基，表面橙黄色或红棕色，被柔毛。花期6~8月。

生境分布：常生于海拔1200~1800米的山坡、河谷、路旁、田旁及林缘湿处。全县境内都有分布。

用途：果实和根入药，能理气、活血、去瘀、清热之效。

花期及蜜源利用价值：花期6~8月，粉量少，可为辅助粉源。

164.葫芦属 *Lagenaria*

（374）葫芦　*Lagenaria siceraria* (Molina) Standl.

形态特征：一年生攀援草本；茎、枝具沟纹，叶片卵状心形或肾状卵形，不分裂或3~5裂，边缘有不规则的齿。卷须纤细，上部分2歧。雌雄同株，雌、雄花均单生。雄花：花梗细，比叶柄稍长，花梗、花萼、花冠均被微柔毛；花萼筒漏斗状；花冠黄色，裂片皱波状；雄蕊3。雌花花萼和花冠似雄花；子房中间缢细，柱头3，膨大，2裂。果实初为绿色，后变白色至带黄色，果形变异很大，成熟后果皮变木质。种子白色，倒卵形或三角形。花期夏季，果期秋季。

生境分布：城关、峰迭、憨班、大川等乡境内有零星栽培。

用途：幼嫩时可供菜食，成熟后外壳木质化，中空，可作各种容器；也可药用。

花期及蜜源利用价值：花期6~7月，花粉丰富，可为辅助粉源。

165.苦瓜属 *Momordica*

（375）苦瓜 *Momordica charantia* Linn.

形态特征：一年生攀援状柔弱草本，多分枝；卷须纤细，长达20厘米，不分歧。叶片轮廓卵状肾形或近圆形，膜质，5~7深裂。雌雄同株。雄花：单生叶腋；花萼裂片卵状披针形；花冠黄色，裂片倒卵形；雄蕊3，离生，药室2回折曲。雌花：单生；子房纺锤形，密生瘤状突起，柱头3，膨大，2裂。果实纺锤形或圆柱形，多瘤皱，成熟后橙黄色，由顶端3瓣裂。种子多数，长圆形，具红色假种皮，两端各具3小齿，两面有刻纹。果期6~10月。

生境分布：舟曲县城关、大川、丰迭等乡境内沿河川有栽植。

用途：本种果味甘苦，主作蔬菜；根、藤及果实入药，有清热解毒的功效。

花期及蜜源利用价值：花期5~10月，蜜、粉量丰富，有利于蜂群繁殖，可为辅助蜜源。

166.丝瓜属 *Luffa*

(376)丝瓜　*Luffa cylindrica* (Linn.) Roem.

形态特征：一年生攀援藤本；茎、枝粗糙，有棱沟。卷须稍粗壮，通常2～4歧。叶片三角形或近圆形，通常掌状5～7裂，裂片三角形。雌雄同株。雄花：通常15～20朵花，生于总状花序上部，花萼筒宽钟形；花冠黄色，辐状；雄蕊通常5，稀3，花初开放时稍靠合，最后完全分离，药室多回折曲。雌花：单生；子房长圆柱状，柱头3，膨大。果实圆柱状，直或稍弯，表面平滑，通常有深色纵条纹，未熟时肉质，成熟后干燥，里面呈网状纤维，由顶端盖裂。种子多数，黑色，卵形，扁，平滑，边缘狭翼状。花果期夏、秋季。

生境分布：城关、大川、丰迭境内有栽培。

用途：果为夏季蔬菜，还可供药用，有清凉、利尿、解毒之效。

花期及蜜源利用价值：花期5～10月，蜜、粉量丰富，有利于蜂群繁殖，是重要的辅助蜜粉源植物。

167.冬瓜属 *Benincasa*

（377）冬瓜　*Benincasa hispida* (Thunb.) Cogn.

形态特征：一年生蔓生或架生草本；茎有棱沟。叶片肾状近圆形，5~7浅裂或有时中裂，裂片宽三角形或卵形。卷须2~3歧，被粗硬毛和长柔毛。雌雄同株；花单生。花萼筒宽钟形，裂片披针形，有锯齿，反折；花冠黄色，辐状，裂片宽倒卵形；雄蕊3，离生，基部膨大，被毛，药室3回折曲，雌花梗长不及5厘米，子房卵形或圆筒形；柱头3，2裂。果实长圆柱状或近球状，大型，有硬毛和白霜。种子卵形，白色或淡黄色，压扁。

生境分布：城关、大川、南峪、江盘、丰迭等乡境内有栽培。

用途：果为夏季蔬菜，种子、果皮药用。有消炎、利尿的功效。

花期及蜜源利用价值：花期6~8月，蜜、粉量丰富，蜜蜂采访积极，蜜、粉满足蜂群繁殖外，可取得少量商品蜜。

168.西瓜属 *Citrullus*

(378)西瓜 *Citrullus lanatus* (Thunb.)Matsum.et Nakai

形态特征：一年生蔓生藤本；茎、枝粗壮，具明显的棱沟。卷须较粗壮，2歧，叶片纸质，轮廓三角状卵形，3深裂。雌雄同株。雌、雄花均单生于叶腋。雄花花萼筒宽钟形，花冠淡黄色，雄蕊3，近离生。雌花：花萼和花冠与雄花同；子房卵形，柱头3，肾形。果实大型，近于球形或椭圆形，肉质，多汁。种子多数，卵形，果、种子色泽因品种各异，花果期夏季。

生境分布：城关、大川、丰迭、立节等乡境内有栽培。

用途：本种果实为夏季之水果，果肉味甜，能降温去暑；种子含油，可食用；果皮药用，有清热、利尿、降血压之效。

花期及蜜源利用价值：花期6~8月，蜜、粉量丰富，是重要的辅助蜜源。

169.黄瓜属 *Cucumis*

(379)黄瓜　*Cucumis sativus* Linn.

形态特征：一年生蔓生或攀援草本；茎有棱沟，被白色的糙硬毛。卷须细，不分歧。叶片宽卵状心形，膜质，两面甚粗糙，3~5个角或浅裂，裂片三角形。雌雄同株。雄花：常数朵在叶腋簇生；花萼筒狭钟状或近圆筒状；花冠黄白色，雄蕊3，花丝近无。雌花：单生或稀簇生；子房纺锤形，粗糙，有小刺状突起。果实长圆形或圆柱形，熟时黄绿色，表面粗糙，有具刺尖的瘤状突起，极稀近于平滑。种子小，狭卵形。花果期夏季。

生境分布：各乡镇境内普遍栽培，也有温室或塑料大棚栽培。

用途：果为夏季主要菜蔬。茎藤药用。

花期及蜜源利用价值：花期5~9月，蜜、粉量丰富，正常情况下，一朵花有花蜜2.6毫克左右，分布集中区可取到商品蜜，蜜黄绿色，稀。花粉有利于蜂群繁殖，是重要的辅助蜜源植物。黄瓜花期由于受蚜虫危害，易打农药，就注意防止农药中毒。

170、南瓜属 *Cucurbita*

（380）南瓜 *Cucurbita moschata* (Duch. ex Lam.)Duch.ex Poiret

形态特征：一年生蔓生草本；茎常节部生根，密被白色短刚毛。叶片宽卵形或卵圆形，质稍柔软，有5角或5浅裂，稀钝。卷须稍粗壮，与叶柄一样被短刚毛和茸毛，3~5歧。雌雄同株。雄花单生；花萼筒钟形，裂片条形；花冠黄色，钟状；雄蕊3，花药靠合。雌花单生；子房1室，花柱短，柱头3，膨大，顶端2裂。果梗粗壮，有棱和槽，瓜蒂扩大成喇叭状；瓠果形状多样，因品种而异，外面常有数条纵沟或无。种子多数，长卵形或长圆形，灰白色，扁平、边缘薄。

生境分布：各乡镇境内都有普遍栽培。

用途：果实作蔬菜，可代粮食。种子含南瓜子氨基酸，有清热除湿、驱虫的功效，藤有清热的作用，瓜蒂有安胎的功效，根治牙痛。

花期及蜜源利用价值：花期5~10月，花粉粒深黄色，球形，粉足质黏，易采携带。分布集中区可取到商品蜜，可繁蜂种造脾，养王分蜂，对培育越冬蜂，贮备饲料有一定的作用。蜜浅琥珀色，质地浓稠，芳香。是重要的辅助蜜源植物。

(381)西葫芦　*Cucurbita pepo* Linn.　土名:番瓜、笋瓜

形态特征：一年生蔓生草本；茎有棱沟，有短刚毛和半透明的糙毛。叶片质硬，挺立，三角形或卵状三角形，边缘有不规则的锐齿。卷须稍粗壮，具柔毛，分多歧。雌雄同株。雄花单生；花萼筒有明显5角，花萼裂片线状披针形；花冠黄色，常向基部渐狭呈钟状；雄蕊3。雌花单生，子房卵形，1室。果梗粗壮，有明显的棱沟，果蒂变粗或稍扩大，但不成喇叭状。果实形状因品种而异；种子多数，卵形，白色，边缘拱起而钝。

生境分布：各乡境内普遍栽培；

用途：果实作蔬菜。

花期及蜜源利用价值：花期5~9月，可作辅助蜜、粉源。

五十七、千屈菜科 Lythraceae

171.千屈菜属 *Lythrum*

（382）千屈菜　*Lythrum salicaria* Linn.

形态特征：多年生草本，茎直立，多分枝，高30～100厘米，枝通常具4棱。叶对生或三叶轮生，披针形或阔披针形，全缘，无柄。花组成小聚伞花序，簇生，形似一大型穗状花序；萼筒有纵棱12条，裂片6，三角形；花瓣6，红紫色或淡紫色，着生于萼筒上部，有短爪，稍皱缩；雄蕊12，6长6短，伸出萼筒之外；子房2室，花柱长短不一。蒴果扁圆形。

生境分布：生于海拔1250～2800米的河岸、溪沟边和潮湿草地或路旁。分布于东山井坪、坪定马场、八楞西岔及拱坝河流域各支沟。

用途：本种全草入药，可为花卉植物。

花期及蜜源利用价值：花期6～8月，蜜、粉量中，可作辅助蜜源。

172.紫薇属 *Lagerstroemia*

（383）紫薇　*Lagerstroemia indica* Linn.

形态特征：落叶灌木或小乔木，高可达7米；树皮平滑，枝干多扭曲，小枝纤细，具4棱，略成翅状。叶互生或有时对生，纸质，椭圆形、阔矩圆形或倒卵形。花淡红色或紫色、白色，常组成7~20厘米的顶生圆锥花序；花萼长7~10毫米，外面平滑无棱，但鲜时萼筒有微突起短棱，两面无毛，裂片6；花瓣6，皱缩，具长爪；雄蕊36~42，外面6枚着生于花萼上，比其余的长得多；子房3~6室，无毛。蒴果椭圆状球形或阔椭圆形，幼时绿色至黄色，成熟时或干燥时呈紫黑色，室背开裂；种子有翅。果期9~12月。

生境分布：新老城区绿化、行道树及白龙江沿岸各乡镇有栽培。

用途：花色鲜艳美丽，花期长，为庭院观赏树，树皮、叶及花，可药用。

花期及蜜源利用价值：花期6~9月，有粉，可为群蜂繁殖植物。

五十八、石榴科 Punicaceae

173.石榴属 *Punica*

(384)石榴 *Punica granatum* Linn.

形态特征：落叶灌木或小乔木，高2~7米。小枝常四棱，先端多为刺状；单叶对生或近簇生，长圆状椭圆形至倒卵形，全缘；花大，两性，单生或2~5朵集生于枝顶或腋生；花萼钟形，红色，厚革质，裂片外面有乳头状突起；雄蕊多数，着生于萼筒上，花丝细弱；子房上位，下部6室，胚珠多数，花柱单一，柱头头状。浆果，近球形，果皮肥厚革质，先端有宿存萼片，内具薄隔膜；种子多数，外种皮淡红色，肉质多汁，有棱角，内种皮骨质。

生境分布：沿白龙江各乡河谷地带及铁坝、大年、拱坝境内有少量栽培。

用途：果可食，花供观赏；根皮、树皮及果实均含单宁，可提取栲胶；果皮、根及花均可入药，有止血、泻杀虫之效。

花期及蜜源利用价值：花期6~7月，有粉，可为辅助粉源植物。

五十九、柳叶菜科 Onagraceae

174.柳叶菜属 *Epilobium*

(385)柳兰 *Epilobium angustifolium* Linn.

形态特征：多年粗壮草本，直立，丛生；茎高20~130厘米，不分枝或上部分枝，圆柱状，下部多少木质化，表皮撕裂状脱落。叶螺旋状互生，稀近基部对生，披针状长圆形至倒卵形，中上部的叶近革质，线状披针形或狭披针形。花两性，花序总状，直立；花蕾倒卵状；子房淡红色或紫红色，花管缺；萼片粉红至紫红色，长圆状披针形；花瓣4，雄蕊8，花粉粒常3孔；柱头白色，深4裂。蒴果圆柱形；种子狭倒卵状；种缨丰富，不易脱落。果期8~10月。

生境分布：生于海拔2400~3600米的开旷较湿润草坡灌丛、火烧迹地、河滩、沟边。分布于曲瓦沟、大峪沟、坪定马场及沙滩、嘎沟、插岗沟、卡子沟、铁坝沟。

用途：为火烧后先锋植物与重要蜜源植物；嫩茎叶可作猪饲料；根状茎可入药，能消炎止痛，跌打损伤；全草含鞣质，可制栲胶。

花期及蜜源利用价值：花期6~9月，泌蜜丰富，在分布集中区可取蜜20千克左右，为山区主要的蜜源植物之一。

六十、山茱萸科 Cornaceae

175.灯台树属 *Bothrocaryum*

（386）灯台树　*Bothrocaryum controversum* Pojark.

形态特征：落叶乔木，高达15米；小枝暗紫红色，无毛，有光泽；单叶互生，常簇生于枝梢，叶片宽卵形或宽椭圆形，全缘或微波状。花两性，伞房状聚伞花序顶生；花小白色；萼裂片4，三角形；花瓣4，镊合状排列，长披针形；雄蕊4，与花瓣对生；子房下位，2～4室；花柱细长，柱头头状。核果球形，紫红色至黑色，果期9月。

生境分布：生于海拔2500米左右的阔叶林中、山坡和溪旁灌丛中。分布于磨沟、瓜咱沟、曲瓦沟、沙滩、插岗、卡子沟、铁坝沟。

用途：种子可榨油，供制肥皂和润滑油等。树皮含鞣质，可提取栲胶。木材黄白色，纹理直，可供建筑、器具、雕刻等用。

花期及蜜源利用价值：花期6～7月，有粉少量，可为辅助粉源植物。

176.梾木属 *Cornus*

（387）毛梾　*Swida walteri* (Wanger.) Sojak

形态特征：落叶乔木，高达13米；树皮具片状突起，小方块裂。小枝对生黄绿色至红褐色。单叶互生，叶片椭圆形至长椭圆形，全缘。花两性，辐射对称，顶生伞房状聚伞花序；花萼筒状小，萼齿4，三角形；花瓣4，白色，披针形，雄蕊4，着生于花盘边缘；子房下位；花盘上位，垫状；花柱棍棒状。核果球形，黑色。种子1枚；胚乳肉质。果期9~10月。

生境分布：生于海拔2000~2500米的阳坡或疏林中。分布于曲瓦沟、拉尕沟、瓜咱沟、磨沟、黑峪沟及拱坝河流域各支沟。

用途：木本油料树，果实可榨油，油可食用或作高级润滑油，油渣可作肥料和饲料。叶和树皮含鞣质可提取栲胶。

花期及蜜源利用价值：花期6月，蜜、粉丰富，为较好蜜源植物。

（388）梾木　*Swida macrophylla* (Wall.) Soják

形态特征：落叶乔木或灌木，高4～20米；树皮暗灰色。小枝红褐色或灰褐带黄色，具条棱；单叶互生，叶片椭圆状卵形至椭圆状长圆形，叶缘具不整齐波状细锯齿或全缘，下面常具乳突；叶柄红色。花两性，辐射对称，二歧聚伞花序圆锥状，顶生；花小白色；萼裂片4，宽三角形，筒状；花瓣4，雄蕊4，与花瓣对生，生在花盘边缘；子房下位，2室，上部具花盘；花柱短，棍棒状，宿存。核果球形，蓝黑色。种子球形，黑色。果期9～10月。

生境分布：生于海拔2200～2300米的山坡杂木林中。分布于曲瓦沟、大峪、拉尕沟及卡子沟、嘎沟及博峪境内。

用途：种子油可制肥皂和做润滑油；树皮和叶可提取栲胶，树皮作紫色染料；也可供药用，有祛风止痛，通经活络之效。

花期及蜜源利用价值：花期6～7月，粉量中等，可为辅助蜜源植物。

（389）红椋子　*Swida hemsleyi* (Schneid. et Wanger.) Sojak

形态特征：落叶灌木或小乔木，高3～5米；树皮暗灰色，呈鳞片状。枝条红色或深红色；单叶互生，叶片卵状长圆形，边缘不明显细波状锯齿。花两性；聚伞花序顶生，花白色；萼筒杯状，萼齿4；花瓣4，披针形；雄蕊4，与花瓣互生；柱头增大，头状。核果球形，幼时紫红色，成熟后变黑色。种子一枚，果期8～9月。

生境分布：生于海拔2000～2700米的山坡、溪旁杂木林中。各乡镇境内林区都有分布。

用途：种子榨油可供工业用。木材可做器具、农具的柄把等用。

识别要点：本种植物花蕾时花瓣较雄蕊长，而花盛开后，花瓣则比雄蕊短。这是一主要特性。

花期及蜜源利用价值：花期6～7月，粉量中等，可为辅助蜜源植物。

（390）沙梾　*Swida bretschneideri* (L. Henry) Sojak

形态特征：落叶小乔木或呈灌木状，高4米；树皮红紫色。小枝黄绿色或微带淡红色；单叶对生，叶片卵形、椭圆状卵形或长圆形，全缘。花两性，辐射对称，伞房状聚伞花序顶生，较密集；花乳白色；花萼筒杯形，萼齿4，三角形，长于花盘；花瓣4，卵状披针形；雄蕊4，长于花瓣，并与花瓣互生；子房下位，近球形；柱头扁球形。核果近球形，蓝黑色。核2室；果期7～9月。

生境分布：生于海拔2000～2600米的山坡杂木林或灌木丛中，分布于曲瓦沟、大峪及插岗、拱坝、博峪、果耶等乡境内。

用途：种子可榨油，油可制肥皂和润滑油的原料。

识别要点：本种与红椋子的区别在于红椋子的树皮暗灰色，呈鳞片状；小枝条红或深红色。

花期及蜜源利用价值：花期6～7月，粉量中等，可为辅助蜜源植物。

177.山茱萸属 *Macrocarpium Cornus*

（391）山茱萸　*Macrocarpium offcinale*(Sieb.et Zucc.)Nakai

Cornus officinalis Sieb. et Zucc.

形态特征：落叶灌木或小乔木，高5~10米；树皮灰褐色，剥落。枝条圆柱状，略具棱。单叶对生，叶片卵形至卵状椭圆形，全缘。花两性，辐射对称，伞形花序腋生，具15~30朵花，先叶开放；花黄色，花萼裂片4，宽三角形；花瓣4，镊合状排列，卵形；雄蕊4，短于花瓣；花盘垫状，圆形，肉质；子房下位，2室；柱头膨大，截形。核果椭圆形，成熟时红色，具宿存的萼片和花柱，核骨质，两端圆，无肋。种子长圆形，两端钝。果期8~9月。

生境分布：生于海拔2100米左右的山坡林缘。分布于插岗角儿桥，立节花年、瓜咱沟、大年、拱坝境内有栽植。

用途：果肉为收敛性强壮药；具有补肝肾止汗的功效。

花期及蜜源利用价值：花期3~4月，粉量中等，为早春辅助蜜源物。

六十一、五加科 Araliaceae

178.五加属 *Acanthopanax*

(392)蜀五加 *Acanthopanax setchuenensis* Harms ex Diels

形态特征：落叶灌木，高达3米。小枝黄绿色，具少数下伸针状皮刺或无刺。掌状复叶互生，小叶通常3，极少5，革质，小叶片长圆状倒卵形或长圆状卵形，叶缘具稀疏的细锯齿或下部近于全缘。伞形花序常3~7个簇生于枝端，稀单生；花萼淡绿色；花瓣5，白色，镊合状排列；雄蕊着生于花盘边缘，与花瓣同数；花药丁字形着生；子房下位，花柱5，合生成筒状。浆果状核果近球形，外果皮肉质，黑褐色，具5棱。种子5枚，果期10月。

生境分布：生于海拔2100~2600米的山坡、山谷灌丛中或杂木林下。分布于曲瓦沟、大峪沟、黑峪沟、南峪沟、瓜咱沟、插岗、卡子沟。

用途：根皮可泡制“五加皮酒”。茎皮及根入药。

花期及蜜源利用价值：花期6~8月，蜜、粉量少，为辅助蜜源植物。

(393)藤五加　*Acanthopanax leucorrhizus* (Oliv.) Harms

形态特征：落叶灌木，高2~4米。小枝黄绿色，散生反曲或下伸的皮刺，有时近于光滑；皮刺在叶柄或花序的基部常数个聚生。掌状复叶互生，小叶5，有时3~4；小叶片长圆状或宽倒披针形，叶缘具尖锐重锯齿。伞形花序单生或数个聚生呈伞房状；花小，淡绿色，萼无毛；边缘微具5齿裂；花瓣5，卵圆形；雄蕊5；子房下位，5室，花柱合生成柱状。浆果状核果球状卵形，黑色，微具五角棱，顶端具宿存短花柱。果期9~10月。

生境分布：生于海拔2100~2400米的山坡、山谷灌丛及杂木林中。分布于大峪沟、嘎沟、磨沟、曲瓦沟、瓜咱沟、卡子沟、铁坝沟。

花期及蜜源利用价值：花期7~8月，蜜、粉量中等，可为辅助蜜源植物。

（394）红毛五加 *Acanthopanax giraldii* Harms 五爪儿

形态特征：落叶灌木，高3米。幼枝密具刚毛状针刺，刺下伸出或平展。掌状复叶互生，小叶5，稀3，小叶片倒卵形至倒卵状长圆形或倒披针形，叶缘具不整齐的重锯齿，两面无毛或幼时被稀疏刚毛。伞形花序顶生，通常单生；伞梗较短；花小，淡绿色；萼裂片5，近全缘；花瓣5，卵圆形；雄蕊5；子房下位，5室，花柱5。浆果状核果，近球形，黑色，具五角棱。果期7～8月。

生境分布：生于海拔1600～2700米的山坡、山谷灌丛中。分布于各乡镇境内林区及林缘。

用途：嫩叶可食，根可泡酒，称五加皮酒，味美，可药用。

花期及蜜源利用价值：花期6～7月，蜜量中等，可为辅助蜜源植物。

179.楤木属 *Aralia*

（395）楤木　*Aralia chinensis* Linn.　土名：乌兰头、乌龙头

形态特征：落叶灌木或小乔木，高达8米。茎直立，顶芽粗大；树皮通常具有针刺及斜环状叶痕，沿叶痕周围的皮刺较密。2~3回奇数羽状复叶互生，小叶5~11，常在枝端集生，叶缘具稍前曲锯齿。伞形花序集成大圆锥花丛，具多数花，顶生；萼钟状，先端5齿裂；花瓣5，覆瓦状排列，白色；雄蕊5，离生；花盘肉质，边缘稍突起。核果近球形，具5角棱，黑紫色。果期9~10月。

生境分布：生于海拔2000~2600米的山坡、沟谷、水边的杂木林中和灌丛中。分布于各乡镇境内，极为普遍。

用途：嫩叶可供食用，根皮供药用，将根打烂捣碎，敷治刀伤；种子油供制肥皂用。

花期及蜜源利用价值：花期7~8月，蜜、粉量少，可为辅助蜜源。

180、刺楸属 *Kalopanax*

（396）刺楸　*Kalopanax septemlobus*(Thunb.)Koidz. 土名：大五爪儿

形态特征：落叶乔木；高达30米。小枝红褐色，粗壮，有粗刺；叶在小枝上互生，短枝上簇生，掌状5~7分裂，裂片阔三角状卵形至长圆状卵形，裂片有锯齿；花两性，排成伞形花序，花序复结成顶生、阔大的圆锥花序；花白色或淡绿黄色；萼5齿裂；花瓣5，镊合状排列；子房下位，2室，花柱合生成一柱；果为一核果，蓝黑色；近球形，宿存花柱有种子2颗。果期9~12月。

生境分布：生于海拔1800~2200米的山坡、山谷针阔混交林中。分布于插岗角儿山、草坡山及卡子沟等林区。

用途：木材质硬，可制家具、建筑用，嫩叶可食，根入药，祛痰收敛。种子可榨油供制肥皂等。

花期及蜜源利用价值：花期7~8月，蜜、粉丰富，粉浅黄色，为良好的蜜源植物。

六十二、伞形科 Umbelliferae

181.芫荽属 *Coriandrum*

（397）芫荽 *Coriandrum sativum* Linn.

形态特征：一年生或二年生，有强烈气味的草本，高20~100厘米。茎圆柱形，直立，多分枝，有条纹，通常光滑。根生叶有柄，叶片1或2回羽状全裂，羽片广卵形或扇形半裂，边缘有钝锯齿、缺刻或深裂，上部的茎生叶3回以至多回羽状分裂，末回裂片狭线形，全缘。复伞形花序顶生或与叶对生；伞辐3~7；小伞形花序有孕花3~9，花白色或带淡紫色；花瓣倒卵形；花柱幼时直立，果熟时向外反曲。果实圆球形，背面主棱及相邻的次棱明显。

生境分布：全县各乡镇境内都有栽种。

用途：茎叶作蔬菜和调香料，并有健胃消食作用；果实可提芳香油；种子含油约20%；果入药，有祛风、透疹、健胃、祛痰之效。

花期及蜜源利用价值：花期4~8月，泌蜜可达30天，流蜜好，诱蜂力强，留种开花集中区可取到商品蜜。蜜色浅琥珀色，有芫荽香味。

182.当归属 *Angelica*

（398）当归　*Angelica sinensis* (Oliv.) Diels

形态特征：多年生草本，高0.4～1米。根圆柱状，有多数肉质须根。茎直立，绿白色或带紫色，有纵深沟纹。叶三出式二至三回羽状分裂，基生叶及茎下部叶轮廓为卵形，小叶片3对，茎上部叶简化成囊状的鞘和羽状分裂的叶片。复伞形花序顶生；伞辐9～30；总苞片2，线形；小伞形花序有花13～36；小总苞片2～4，线形；花白色，花柄密被细柔毛；萼齿5，卵形；花瓣长卵形；果实椭圆至卵形，背棱线形，隆起，侧棱成宽而薄的翅，与果体等宽或略宽，翅边缘淡紫色。果期7～9月。

生境分布：舟曲县大峪、曲瓦及山后等乡镇境内有栽种。少有野生。

用途：根为著名中药“当归”，能补血、和血、调经止痛，润肠滑肠；治月经不调，经闭腹痛，跌打损伤。

花期及蜜源利用价值：花期6～7月，泌蜜中等，蜜色浅琥珀色，花粉丰富，对蜂群繁殖有利。

183. 防风属 *Saposhnikovia*

(399)防风　*Saposhnikovia divaricata* (Trucz.) Schischk.

形态特征：多年生草本，高30~80厘米。根粗壮，细长圆柱形。茎单生，自基部分枝较多，有细棱，基生叶丛生，叶片卵形或长圆形，二回或近于三回羽状分裂。茎生叶与基生叶相似，但较小，顶生叶简化，有宽叶鞘。复伞形花序多数，生于茎和分枝；伞辐5~7；小伞形花序有花4~10；萼齿短三角形；花瓣5倒卵形，白色，具内折小舌片。双悬果狭圆形或椭圆形，幼时有疣状突起，成熟时渐平滑；侧棱具翅。胚乳腹面平坦。果期9~10月。

生境分布：生长于草地、路旁、多砾石山坡。分布于各乡镇境内。

用途：根供药用，有发汗、祛风、镇痛的功效，用于治感冒等症。

花期及蜜源利用价值：花期8~9月，蜜、粉少量，可为辅助蜜源。

184.独立属 *Heradeum linn*

(400)尖叶独活　*Heracleum franchetii* M.hiroe

形态特征：多年生草本，高0.6~1米。茎直立，粗糙或有稀疏毛叶片轮廓为三角形或阔卵状三角形，3裂或羽状分裂，裂片长卵形或披针形，边缘有卵圆齿，基部截形或心形，茎上部叶裂片较小，有宽展的叶鞘、淡棕黄色、膜质。复伞形花序顶生和侧生，花序梗长、粗状；无总苞；伞辐有柔毛；花白色花柄不等长，果实倒卵形、扁平、无毛或有疏稀的柔毛。

生境分布：生于海拔2000~3200米的林间草地，林下沟旁或溪旁林缘。分布于曲瓦、大峪、拉尕沟、磨沟及拱坝河域流各林区。

用途：根可药用。

花期及蜜源利用价值：花期6~8月，蜜少粉多，可为辅助蜜源。

185.茴香属 *Foeniculum*

（401）茴香 *Foeniculum vulgare* Mill.

形态特征：多年生草本，高0.4～2米。茎直立，光滑，灰绿色或苍白色，多分枝。基生叶圆卵形至宽三角形，中部或上部的叶柄部分或全部成鞘状，叶鞘边缘膜质；叶片轮廓为阔三角形，4～5回羽状全裂，末回裂片线形。复伞形花序顶生与侧生；伞辐6～29，不等长；小伞形花序有花14～39；花瓣5黄色，花柱基圆锥形，花柱极短。果实长圆形，主棱5条，尖锐。果期7～9月。

生境分布：各乡镇境内都有栽培。

用途：嫩叶可作蔬菜食用或作调味用。果实入药，有驱风祛痰、散寒、健胃和止痛之效。

花期及蜜源利用价值：花期6～7月，蜜腺外露，泌蜜丰富，单产20~30千克，产量高而稳，可为夏季主要的蜜源之一。蜜色琥珀色，甘甜清香。

186.胡萝卜属 *Daucus*

(402)胡萝卜　*Daucus carota Linn. var. sativa* Hoffmann

形态特征：二年生栽培草本植物，根肉质，长圆锥形，肥厚，红色或黄色。基生叶矩圆形，2~3回羽状复叶全裂，裂片条形或披针形。花白色或淡红色，成大型美丽复伞形花序，生于枝顶，总苞片叶状，小总苞片条形。双悬果矩圆形，4棱有翅。

生境分布：各乡镇境内都有栽培。

用途：根为栽培蔬菜。

花期及蜜源利用价值：花期8~9月，蜜少量，可为辅助蜜源。

（403）野胡萝卜　*Daucus carota* Linn.

形态特征：二年生草本，高15~120厘米。茎单生，全体有白色粗硬毛。基生叶薄膜质，长圆形，二至三回羽状全裂，末回裂片线形或披针形，茎生叶近无柄，有叶鞘，末回裂片小或细长。复伞形花序；总苞有多数苞片，呈叶状，羽状分裂，伞辐多数；小总苞片5~7，线形，不分裂或2~3裂；花通常白色，有时带淡红色。果实圆卵形，棱上有白色刺毛。

生境分布：生于山坡、荒地、草坡、路旁。各乡境内都有分布。

用途：果实入药，有驱虫作用，又可提取芳香油。

花期及蜜源利用价值：花期6~8月，蜜少量，可为辅助蜜源。

187.芹属　*Apium*

(404)旱芹　*Apium graveolens* Linn.　别名:芹菜

形态特征：二年生或多年生草本，有强烈香气。根圆锥形。茎直立，光滑，并有棱角和直槽。根生叶有柄，基部略扩大成膜质叶鞘；叶片轮廓为长圆形至倒卵形，通常3裂达中部或3全裂，边缘有圆锯齿或锯齿；较上部的茎生叶为阔三角形，通常分裂为3小叶，边缘疏生钝锯齿以至缺刻。复伞形花序顶生或与叶对生，通常无总苞片和小总苞片；伞辐细弱，3~16，小伞形花序有花7~29；花瓣白色或黄绿色，圆卵形；花丝与花瓣等长或稍长于花瓣。分生果圆形或长椭圆形，果棱尖锐。

生境分布：全县境内有栽培。

用途：叶供作蔬菜。果实可提取芳香油，作调和香精。

花期及蜜源利用价值：花期7~8月，粉少量，可为辅助粉源。

188.柴胡属 *Bupleurum*

(405)北柴胡 *Bupleurum chinense* DC.

形态特征：多年生草本，高50～85厘米。茎单一或数茎，表面有细纵槽纹，实心，上部多回分枝，微作之字形曲折。基生叶倒披针形或狭椭圆形，早枯落；茎中部叶倒披针形或广线状披针形，基部收缩成叶鞘抱茎，常有白霜；复伞形花序很多，花序梗细，形成疏松的圆锥状；伞辐3～8，纤细；花5～10；花瓣鲜黄色，顶端2浅裂。果广椭圆形，棕色，两侧略扁。果期10月。

生境分布：生于海拔1300～2200米的向阳山坡灌木林、草丛中、地边及林缘地带。各乡镇境内均有野生分布，也有成片栽培。

用途：全草药用。

花期及蜜源利用价值：花期7～8月，粉少量，可为辅助粉源。

189.羌活属 *Notopterygium*

（406）羌活 *Notopterygium incisum* Ting ex H.T.Chang

形态特征：多年生草本，高60～120厘米。根茎部有枯萎叶鞘。茎直立，圆柱形，中空，有纵直细条纹，带紫色。基生叶及茎下部叶有柄，下部有长2～7厘米的膜质叶鞘；叶为三出式三回羽状复叶，末回裂片长圆状卵形至披针形，边缘缺刻状浅裂至羽状深裂；茎上部叶常简化，无柄，叶鞘膜质，长而抱茎。复伞形花序，侧生者常不育；伞辐7～18（39）；花多数；花瓣白色，顶端钝，内折；雄蕊的花丝内弯，花药黄色；花柱2，花柱基平压稍隆起。果期8～9月。

生境分布：生于海拔2000～3800米的林缘及灌丛内，分布于曲瓦、大峪、武坪、插岗、博峪等乡镇境内林区，武坪、东山、大峪等乡镇境内也有种植。

用途：根药用。有辛温解表散寒、祛湿、止痛的作用。

花期及蜜源利用价值：花期6～7月，蜜粉少量，可为辅助蜜源。

（407）宽叶羌活　*Notopterygium franchetii* H. de Boissieu

形态特征：多年生草本，高80~180厘米。茎直立，少分枝，圆柱形，中空，有纵直细条纹，带紫色。基生叶及茎下部叶有柄，下部有抱茎的叶鞘；叶大，三出式2~3回羽状复叶，一回羽片2~3对，有短柄或近无柄，末回裂片无柄或有短柄，长圆状卵形至卵状披针形，边缘有粗锯齿，脉上及叶缘有微毛；茎上部叶少数，叶片简化，仅有3小叶，叶鞘发达，膜质。复伞形花序顶生和腋生，伞辐10~17(23)；小伞形花序有多数花；萼齿卵状三角形；花瓣淡黄色；雄蕊的花丝内弯，花药椭圆形，黄色；花柱2，短。分生果近圆形，背腹稍压扁，背棱、中棱及侧棱均扩展成翅，果期8~9月。

生境分布：生于海拔1700~3400米的林缘及灌丛内，分布于曲瓦、大峪、武坪、插岗、博峪等乡镇境内林区，武坪、东山、大峪等乡镇境内也有种植。

用途：根药用。有辛温解表散寒、祛湿、止痛的作用。

花期及蜜源利用价值：花期6~7月，蜜粉少量，可为辅助蜜源。

六十三、杜鹃花科 Ericaceae

190、杜鹃花属 *Rhododendron*

(408)照山白 *Rhododendron micranthum* Turcz. 土名:小枇杷

形态特征：常绿灌木，高1～2米。单叶互生，革质，倒披针形或狭长圆形，全缘，微反卷，上面散生鳞片，且脱落，下面密被褐色鳞片；叶柄被短柔毛和鳞片。花两性，整齐，顶生短总状花序具多花，花梗被短柔毛和鳞片，花萼小，5深裂，被鳞片及缘毛；花冠合生成钟状，乳白色，5深裂，外被鳞片；雄蕊10，花药顶孔开裂；子房上位，5室，被鳞片，花柱单一，无毛，柱头稍增大。蒴果圆柱形，疏被鳞片，熟时5瓣裂；种子细小。果期7～8月。

生境分布：生于海拔1200～2600米的山坡和山谷林下、林缘或灌丛中；分布于各乡镇境内林区、林缘区。广布种。

用途：可供观赏。春季嫩枝叶有剧毒，牲畜误食，易中毒死亡。枝叶晒干入药，主治慢性气管炎、痛经、产后关节痛等病症。

花期及蜜源利用价值：花期6～7月，粉少量，可为辅助粉源。

（409）头花杜鹃 *Rhododendron capitatum* Maxim.

形态特征：常绿灌木，高达1米。分枝多；老枝皮剥落，幼枝密被圆形鳞片；单叶互生，密集于幼枝顶部，革质，长椭圆形，全缘，两面密被圆形鳞片，上面鳞片淡褐色，下面鳞片红褐色与淡黄色混生；叶柄被鳞片。花两性，整齐，4~5朵集生成顶生头状花序，总轴及花梗均极短，被鳞片；花萼5深裂，外被鳞片；花冠合生成漏斗状；5裂，紫蓝色，裂片开展，外面散生鳞片或脱落；雄蕊10枚，外露，花药顶孔开裂，花丝下部被白色长柔毛；子房上位，卵形，密被鳞片，花柱细长，明显长于雄蕊，无毛，柱头头状。蒴果卵形，粗短，密被鳞片，基部具宿存花萼；种子细小。果期8~9月。

生境分布：生于海拔2800~3800米的高山灌丛或草甸。分布于博铁梁、曲瓦、大峪、武坪、插岗、拱坝等乡境内高山林区。

用途：叶入药，治老年性慢性气管炎。花美丽，可供观赏。

花期及蜜源利用价值：花期6~7月，蜜、粉少量，可为辅助蜜源。

(410)秀雅杜鹃 *Rhododendron concinnum* Hemsl.

形态特征：常绿灌木，高2~4米。老枝纵裂，幼枝无毛，被褐色腺鳞。单叶互生，革质，宽披针形、椭圆状披针形，全缘，上面深绿色，疏被白色腺鳞；叶柄密被褐色腺鳞。花两性，3~5朵花生于枝顶组成近伞形花序；花梗密被腺鳞；花萼极短，5裂，外面被腺鳞；花冠合生成漏斗状，淡紫色或紫红色，5浅裂，外面疏被腺鳞，里面具斑点，中下部被短柔毛；雄蕊10，外露，花丝下部有白色短柔毛，花药顶孔开裂；子房上位，5室，外面密被绿白色腺鳞，花柱单一，无毛和腺鳞，柱头头状，伸出花冠之外。蒴果圆柱形，被腺鳞，熟时5瓣裂；种子细小，两端突起。果期7~9月。

生境分布：生于海拔1600~3600米的山顶、山坡及沟谷云杉、冷杉林下或灌丛中及石崖上。产于沙滩、插岗、博峪、黑峪沟、曲瓦沟、大峪沟、铁坝沟、三眼峪等地。

花期及蜜源利用价值：花期4~6月，蜜、粉少量，可为辅助蜜源。

(411)山光杜鹃 *Rhododendron oreodoxa* Franch. 土名:枇杷花

形态特征：常绿灌木或小乔木，高4~7米，幼枝粗壮，初被灰白色薄柔毛，皮剥落；花芽圆球形，无毛，单叶互生，常集生于小枝先端，革质，长圆形、倒披针状椭圆形，全缘，叶缘不反卷；叶柄上面具沟槽，无毛。花两性，10~12朵组成总状伞形花序，顶生，具腺毛和绒毛；花梗密被或散生腺毛；花萼小，7裂，稍被腺毛；花冠合生成宽钟状，淡粉红色，有或无紫色斑点；雄蕊14枚，内藏；子房上位，锥形，具沟槽，花柱单一，柱头盘状，浅裂，呈乳突状。蒴果长圆状圆柱形，熟时黑红色7~8瓣裂；果梗粗壮，被腺毛；种子细小，两端突起。果期7~8月。

生境分布：生于海拔1700~3200米的山坡和沟谷针叶林下。分布于拉尕沟、磨沟、曲瓦沟、拱坝河流域林区及博铁梁等地。

用途：花大美丽，可供观赏。叶入药，主治气管炎。

花期及蜜源利用价值：花期4~5月，蜜、粉少量，可为辅助蜜源。

(412)美容杜鹃 *Rhododendron calophytum* Franch. 土名:枇杷花

形态特征：常绿乔木或灌木状，高达10米。小枝粗壮，幼时被白色绵毛，后脱落，老枝具叶痕，无毛。单叶互生，厚革质，长圆状披针形或倒披针形，全缘，下面淡绿色，幼时仅中脉有绵毛；叶柄粗壮无毛，上面具浅沟槽。花两性，15~20朵簇生成顶生总状伞形花序；花轴散生白色柔毛，花萼短小，5浅裂；花冠合生成宽钟状，5~7裂，白色或粉红色，里面下方具深红色斑点，冠筒基部膨胀；雄蕊13~20枚，内藏，花药顶孔开裂，花丝仅基部被白色柔毛；子房上位，无毛，花柱单一，柱头盘形，无毛。蒴果长圆形，具纵棱，无毛，熟时开裂；种子细小，两端突起。果期6~8月。

生境分布：生于海拔2100~3350米的山坡针叶林下。分布于舟曲沙滩、插岗沟、嘎沟、卡子沟、博峪、瓜咱沟、磨沟等。

花期及蜜源利用价值：花期5~6月，蜜、粉少量，可为辅助蜜源。

(413)四川杜鹃 *Rhododendron sutchuenense* Franch.

形态特征：常绿灌木或小乔木，高2~8米。枝粗壮，具叶痕，幼枝初被短柔毛。单叶，多数集生枝顶，厚革质，长圆状倒披针形或狭倒卵状长圆形，全缘，微反卷，上面微皱，无毛，下面中脉初密被灰白柔毛。花两性，短总状伞形花序，具多花，顶生；花冠合生成宽钟状，粉红色，具红色斑点，下部内外两面均被短柔毛，檐部5浅裂或有时6浅裂，裂片先端具深缺刻；雄蕊13~15枚，不等长，花药顶孔开裂，花丝下部有柔毛；子房上位，花柱单一，无毛，柱头头状，红色。蒴果长圆形，粗壮，具棱。果期7~8月。

生境分布：生于海拔1700~2800米的山坡云杉、冷杉林下。分布于沙滩、插岗、卡子沟、曲瓦沟、瓜咱沟。

花期及蜜源利用价值：花期5~6月，蜜、粉少量，可为辅助蜜源。

（414）麻花杜鹃 *Rhododendron maculiferum* Franch.

形态特征：常绿灌木或小乔木，高2~10米。幼枝灰绿色，被白色柔毛。单叶互生，集生于枝条上部，革质，椭圆形、倒卵形或长圆形，全缘，幼时具缘毛，后脱落，上面微皱，下面仅沿中脉中上部以下密被淡褐色的丛卷毛；叶柄密被白色丛卷毛。花两性，整齐，顶生短总状伞形花序具7~11朵花，花梗被红褐色丛卷毛；花萼5裂，被柔毛；花冠合生成宽钟状，白色或带粉红色，里面基部具紫红色斑点，檐部5裂；雄蕊10，花药顶孔开裂，花丝仅基部疏被短柔毛；子房上位，锥形，被红褐色短柔毛，花柱单一，无毛，外露。蒴果圆柱形，微弯曲，密被短柔毛，熟时5瓣裂。果期7~8月。

生境分布：生于海拔2000~3400米的山坡云杉、冷杉林下。分布于曲瓦沟、插岗梁、嘎尔沟、羊布梁、博峪境内。

花期及蜜源利用价值：花期5~6月，蜜、粉少量，可为辅助蜜源。

（415）烈香杜鹃 *Rhododendron anthopogonoides* Maxim.

形态特征：常绿灌木，高1～2米。枝条粗壮，幼时密生鳞片或疏柔毛。单叶互生，常集于小枝上部，叶芳香，革质，卵状椭圆形、宽椭圆形，全缘，反卷，上面深绿色，初时疏被丛卷毛和鳞片，下面褐色，被密暗褐色和带红棕色的鳞片；叶柄被疏鳞片，上面有沟槽并被白色柔毛。花序头状顶生，有花10～20朵，花密集，花芽鳞在花期宿存；花冠狭筒状漏斗形，淡黄绿或绿白色，有浓烈的芳香，外面无鳞片，或稍有微毛，花管内面特别在喉部密被髯毛，裂片开展，远较花管短；雄蕊5，内藏于花冠；子房5室，被鳞片，花柱短，光滑。蒴果卵形，具鳞片，被包于宿萼内。果期8～9月。

生境分布：生于海拔2900～3700米的高山坡、山地林下、灌丛中。分布于沙滩、插岗、卡子沟、曲瓦沟等地。

花期及蜜源利用价值：花期6～7月，蜜、粉少量，可为辅助蜜源。

(416)陇蜀杜鹃 *Rhododendron przewalskii* Maxim. 土名:枇杷花

形态特征：常绿灌木，高1.5~3米，幼枝粗壮，树皮环节状开裂，具少数半圆形叶痕。单叶互生，集生枝顶，革质，椭圆形至长圆形，全缘，略反卷；上面无毛，微皱，下面绿白色，初被黄褐色薄绒毛，以后渐脱落；叶柄扁圆形，无毛。花两性，顶生伞房花序具花10~15朵；花梗无毛；花冠合生成钟状，乳白色或带粉红色，无毛，裂片5，先端有缺刻；雄蕊10，花药顶孔开裂，花丝下半部略有粗短毛；子房上位，5室，无毛，花柱单一，外露，柱头头状，绿色。蒴果圆柱形，光滑无毛，熟时5瓣裂。果期7~9月。

生境分布：生于海拔3000~4000米的高山草地。分布于插岗梁、博铁梁、瓜咱沟、曲瓦沟、沙滩等地。

用途：可入药，主治胃痉挛，溃疡病等。

花期及蜜源利用价值：花期6~7月，蜜、粉丰富，可为辅助蜜源。

六十四、报春花科 Primulaceae

191.珍珠菜属 *Lysimachia*

(417)狼尾花 *Lysimachia barystachys* Bunge 别名:虎尾花、狼尾珍珠菜

形态特征：多年生草本。茎直立，高30~100厘米。叶互生或近对生，长圆状披针形、倒披针形以至线形，先端钝或锐尖，基部楔形，近于无柄。总状花序顶生，花密集，常转向一侧；花萼分裂近达基部，裂片长圆形，顶端圆形，略呈啮蚀状；花冠白色，基部合生，裂片舌状狭长圆形，先端钝或微凹，常有暗紫色短腺条；雄蕊内藏，花丝基部连合并贴生于花冠基部，具腺毛；花药椭圆形；子房无毛，花柱短。蒴果球形。果期8~10月。

生境分布：生于海拔1400~1800米的山坡林缘和草丛中或路旁。各乡镇境内都有分布。

用途：全草入药，有活血、解毒消肿的功效。

花期及蜜源利用价值：花期5~7月，蜜、粉少量，可为辅助蜜源。

六十五、白花丹科 Plumbaginaceae

192.补血草属 *Limonium* Mill.

（418）二色补血草 *Limonium bicolor* (Bunge) Kuntze

形态特征：多年生草本，高20～50厘米，全株（除萼外）无毛。叶基生，偶可花序轴下部1～3节上有叶，匙形至长圆状匙形，先端通常圆或钝，基部渐狭成平扁的柄。花序圆锥状；花序轴单生，或2～5枚各由不同的叶丛中生出，通常有3～4棱角，有时具沟槽，自中部以上作数回分枝，末级小枝二棱形；穗状花序有柄至无柄，排列在花序分枝的上部至顶端，苞片紫红色，萼筒全部或下半部沿脉密被长毛，萼檐初时淡紫红或粉红色，后来变白；花冠黄色，雄蕊5，花柱5，离生，柱头圆柱状。果期6～8月。

生境分布：生于海拔1200～1600米的山坡、荒地、路旁，含盐碱的钙质土上或沙地。分布于南峪、大川境内及拱坝河下游两岸山坡。

用途：全草药用，能止血、散瘀。

花期及蜜源利用价值：花期5～7月，蜜、粉丰富，蜜琥珀色，有时可取到商品蜜，蜂蜜易结品。可为辅助蜜源。

六十六、柿科 Ebenaceae

193.柿树属 *Diospyros*

（419）柿树　*Diospyros kaki* Linn.f.

形态特征：落叶乔木，高达5～20米；树皮灰黑色，鳞块状开裂。枝粗壮，有隆起的皮孔；无顶芽。单叶互生，嫩叶膜质，老叶革质，椭圆状卵形或长圆形，全缘，上面初被毛，有光泽，下面被短柔毛；沿叶脉密生灰褐色柔毛；花杂性，异株或同株，辐射对称；1～3朵雄花组成短聚伞花序，雌花及两性花单生叶腋；花冠合生成钟状，黄白色，4裂，雄蕊在雄花中16枚，在两性花中8～16枚，雌花中有退化的雄蕊8枚；子房上位，花柱自基部分离，被短柔毛。浆果卵圆形或扁球形，熟时橙黄色至朱红色，肉质；宿存花萼木质肥厚，先端钝；种子少数，扁而大，淡褐色。果期8～10月。

生境分布：通常栽培于海拔1200～1500米的山坡、沟谷、田旁、村宅、路旁。白龙江河谷地带及拱坝、曲告纳乡境内有栽培。

用途：果实可食、酿酒或做柿饼，柿蒂、树根、树皮及柿饼外面的柿霜均可入药；木材可作家具、器具及文具材料。

花粉及其泌蜜规律：花粉粒黄色，近球形，极面观为三裂圆形，外壁具细网状雕纹。花期5～6月，开花顺序由树冠上层至中、下层依次开放，同一果枝则顺序相反。开花适温15℃～24℃，单株花期7～12天，群体花期20天左右，分布集中区可取到商品蜜。蜜浅琥珀色，质地浓稠。

(420)君迁子 *Diospyros lotus* Linn. 土名:软枣、黑枣

形态特征：落叶乔木，高4~10(15)米，树皮光滑不开裂。幼枝灰色，被灰色短柔毛。单叶互生，纸质或膜质，椭圆形至长圆形，全缘，上面密被柔毛，后渐脱落，下面绿白色被短柔毛；花两性，雌雄异株，辐射对称，腋生；雄花2~3朵簇生，雄蕊16枚；雌花单生，近无柄；花萼3或4裂，密被灰色柔毛；花冠合生成钟状，4深裂，淡黄色或淡红色；子房上位，由2~3心皮合成，花柱自基部分离，浆果球形，初为黄色，熟后变蓝黑色，外被白霜，基部有宿存的花萼；种子长圆形，扁平，淡黄色。果期10月。

生境分布：生于海拔1200~1600米沟谷、田旁、村旁及路旁。沿白龙江河谷地带及曲告纳、拱坝镇境内有栽培。

用途：果实可酿酒、食用，也可供药用；可作柿树的砧木；嫩枝叶可提取汁液，俗称柿油，可做伞、扇的涂料。

花期及蜜源利用价值：花期5月，泌蜜丰富，为过渡蜜源，集中处有时可产蜜3~5千克。

六十七、木樨科 Oleaceae

194.白蜡属 *Fraxinus*

(421)秦岭白蜡树 *Fraxinus paxina* Lingelsh.

形态特征：落叶乔木，高10~20米。小枝光滑，具皮孔，节部膨大。奇数羽状复叶，对生；叶轴无毛或在小叶柄着生处被锈褐色绒毛，总叶柄基部膨大；小叶7~9枚，纸质，卵状披针形或长圆状披针形，缘具细钝锯齿，两面无毛。花两性，小形；圆锥花序大而疏松，顶生，无毛；花梗纤细；花萼合生成钟状，先端4浅裂；花瓣4，白色，条状匙形，先端风帽状；雄蕊2枚，生于花瓣基部，稍长于花瓣或近等长；子房上位，2室，扁卵形，花柱单一，柱头2裂。翅果条状倒披针形，先端钝或凹缺；种子一粒。果期9月。

生境分布：生于海拔1700~2500米的阴湿山谷、山坡杂木林中。分布于峰迭磨沟及卡子沟、嘎沟。

用途：茎皮可入药，木材供制家具或建筑用材。

花期及蜜源利用价值：花期5~6月，蜜、粉中等，为辅助蜜源。

（422）白蜡树 *Fraxinus chinensis* Roxb.

形态特征：落叶乔木，高达15米；树皮灰褐色。小枝无毛，具皮孔，奇数羽状复叶，对生；总叶柄基部膨大；小叶5～9枚，多为7枚，厚纸质，椭圆形、椭圆状卵形至倒卵形，缘具不整齐细锯齿或波状钝齿，两面无毛或下面仅沿脉被短柔毛；小叶柄短。花单性，雌雄异株，小形；圆锥花序顶生或侧生于当年生枝条上，无毛；花梗纤细；花萼合生成钟状，不规则浅裂；无花瓣；雄蕊2枚；子房上位，2室，花柱单一，柱头2裂。翅果倒披针形，先端尖、钝或微凹；种子一粒。果期8～9月。

生境分布：生于海拔1100～2300米的山坡、沟谷杂木林中。分布于瓜咱沟、磨沟及插岗、卡子沟、铁坝沟、瓜子沟。

用途：木材可用于家具、农具等；枝、叶放养白蜡虫取蜡。

花期及蜜源利用价值：花期4～5月，蜜、粉中等，为辅助蜜源。

(423)尖叶白蜡树 *Fraxinus.chinensis Roxb. var. acuminata* Lingelsh.

形态特征：落叶小乔木，高3~8米；树皮灰色。小枝黄色，无毛，皮孔小而凸起，棕色，散生。羽状复叶；叶柄基部稍膨大，嫩时有成簇棕色曲柔毛；叶轴较细上面具窄沟，沟棱深，小叶着生处具关节；小叶3~5枚，硬纸质，卵状披针形至披针形，叶缘具锐锯齿，下面在中脉两侧和基部有时被淡黄色或白色柔毛；小叶柄极短或近无柄。圆锥花序顶生或腋生枝梢；雄花和两性花异株；无花冠；花柱较短，柱头2叉裂。翅果匙形，中上部最宽，翅下延至坚果中部，坚果隆起；萼宿存整齐。果期7~9月。

生境分布：生于海拔1200~2400米的山坡、沟谷杂木林中。分布于曲瓦、大峪、黑峪、瓜咱沟、磨沟及插岗、卡子、铁坝沟、瓜子沟。

用途：树皮供药用，也作“秦皮”。

花期及蜜源利用价值：花期4~5月，蜜、粉中等，为辅助蜜源。

（424）水曲柳 *Fraxinus mandshurica* Rupr.

形态特征：落叶乔木，高10～30米；树皮灰褐色，有粗细相间的纵裂。小枝对生，略呈四棱形，无毛，有褐色皮孔；冬芽鳞片边缘具黄褐色柔毛。奇数羽状复叶，叶轴上面有沟槽，两侧有狭翅；小叶7～11枚，卵状长圆形或椭圆状披针形，两侧不对称，边缘具锐锯齿，上面无毛，下面沿中脉及小叶与叶轴连接处生黄褐色柔毛。花小，单性，雌雄异株，圆锥花序侧生于二年生小枝上，花序柱有狭翅；花萼钟形，果期脱落；无花瓣；雄蕊有2枚雄蕊；雌花有2枚不发育的雄蕊，子房上位，柱头2裂。翅果稍扭曲，先端钝圆或微凹；具种子一粒，扁平。果期8～9月。

生境分布：生于海拔1300～2400米的山谷、山坡杂木林中及河岸。分布于瓦曲沟、瓜咱沟、磨沟、插岗、卡子沟。

用途：材优良，可制各种家具、乐器等。数量少，应注意保护。

花期及蜜源利用价值：花期4～5月，粉黄色，蜜、粉丰富，蜜蜂爱采，为重要辅助蜜源。

（425）钝翅象蜡树　*Fraxinus inopinata* Lingelsh.

形态特征：落叶乔木，高10～20米，小枝被短柔毛；冬芽被褐色绒毛。奇数羽状复叶，对生；叶轴具沟槽，密被短柔毛，总叶柄基部膨大；小叶7～11枚，厚纸质，长圆状披针形或长圆状椭圆形，缘具细钝锯齿；下面灰绿色，被乳突，沿中脉至基部被短柔毛。花单性，雌雄异株，小形；圆锥花序侧生于当年生枝下部，被短柔毛；花萼不规则深裂，微被短柔毛；无花瓣；雄蕊2枚，花丝短，花药稍长于花丝；子房上位，花柱单一，柱头2裂。翅果扁平，先端钝或微凹，翅下延至基部，基部具宿存花萼；种子一粒。果期8～9月。

生境分布：生于海拔1300～2800米的山坡、沟谷杂木林中。分布于曲瓦沟、磨沟、卡子沟、天干沟。

花期及蜜源利用价值：花期4～5月，蜜、粉中等，为辅助蜜源。

195.连翘属 *Forsythia*

（426）秦连翘　*Forsythia giraldiana* Lingelsh. 土名：燕麦花

形态特征：落叶灌木，高1～3米。小枝微具四棱，无毛，具圆形皮孔，髓呈膜质片状；幼枝常向上微弯。单叶，对生，纸质，卵状椭圆形或卵状披针形，全缘或仅具几个稀疏的小锯齿；下面被柔毛，或仅沿脉疏被柔毛；叶柄疏被柔毛或光滑。花两性，黄色，先叶开放；单花腋生于二年生枝条上；花梗粗壮；花萼合生，4深裂；花冠合生成钟状，檐部4深裂；雄蕊2枚，着生于冠筒基部；子房上位，花柱单一，细弱，柱头2裂。蒴果卵形，无毛，先端有长喙，熟时外弯，表面常有小瘤点；种子多数，具翅。果期7～9月。

生境分布：生于海拔1100～2300米的山坡、灌丛及沟谷疏林中。分布于全县境内。

用途：以果实入药，有去热、解毒、散结消肿之功效。

花期及蜜源利用价值：花期4月，蜜、粉少量，为辅助蜜源。

196.丁香属 *Syringa*

（427）毛叶丁香 *Syringa pubescens* Turcz.

形态特征：落叶灌木，高1～3米；小枝细长，微四棱形，具淡褐色皮孔，无毛。单叶，对生，纸质，卵形、卵状椭圆形或菱状卵形，全缘，具缘毛，下面灰沿脉被白色柔毛或近无毛。花两性，与叶同放，芳香；圆锥花序具多花，由枝条先端侧芽发出，无毛；花梗被短柔毛或无毛；花萼合生成钟形，外被短柔毛或近无毛；花冠合生成高脚碟形，淡紫色或紫红色，冠筒细长，檐部4裂，裂片先端呈风帽状；雄蕊2枚，内藏，着生于冠筒中部以上；花丝极短；子房上位，花柱单一，柱头2浅裂。蒴果圆柱形，密被疣状突起，熟时2裂，每室具种子2粒；种子具纵肋，先端尖。果期8～9月。

生境分布：生于海拔1400～2100米的山坡、沟谷灌丛中或路旁。分布于曲瓦沟、磨沟、瓜咱沟、南峪沟、花园沟、卡子沟、铁坝沟、博峪境内。

用途：花美丽，可作园林观赏树种，花还可作香料；茎入药。

花期及蜜源利用价值：花期5～6月，蜜、粉少量，为辅助蜜源。

（428）华北紫丁香　*Syringa oblate* Lindl.

形态特征：落叶灌木或小乔木，高1.5～4米。小枝光滑无毛；顶芽缺。单叶对生，厚纸质，圆卵形至肾状卵形，全缘，两面无毛。花两性，与叶同时开放，芳香；圆锥花序由枝条先端侧芽发出，花序轴及总花梗、花梗密被腺状短毛；花萼合生成钟形，先端4浅裂，疏被腺状短毛；花冠合生成高脚碟形，紫色或紫红色，冠筒细管状，檐部4裂，雄蕊2枚，着生于冠筒中部或以上，花丝极短；子房上位，花柱单一，柱头2浅裂。蒴果，压偏状，有光泽，熟时2裂，每室具种子2粒；种子周围具翅。果期6～7月。

生境分布：生于海拔1100～2500米的山坡、河谷灌丛中。分布于曲瓦沟、黑水沟、磨沟、憨班二喜山、杜坝山、岔路沟林区。

用途：为庭园观赏树种，在北方栽植普遍，花可提取芳香油。

花期及蜜源利用价值：花期4～5月，蜜、粉少量，可作为辅助蜜源。

(429)北京丁香 *Syringa reticulata subsp.pekinensis* (Ruprecht)P.S.Green & M.C.Chang

形态特征：落叶灌木或小乔木，高3~8米。小枝常无毛，具皮孔。单叶对生，纸质，卵形至卵状披针形，全缘，具缘毛或无毛，两面常无毛。花两性，与叶同时开放，芳香；圆锥花序宽大，密集，通常由去年生枝先端的侧芽发出；花萼合生成钟形，先端微波状或不规则4浅裂；花冠辐射状，中部以下合生成短筒状，黄白色，檐部4裂；雄蕊2枚，花丝细长；子房上位，花柱单一，柱头2浅裂。蒴果稍扁，微弯或直，平滑或有疣状突起，熟时2裂，淡黄褐色，每室具种子2粒；种子长圆形，周围具翅。果期8~10月。

生境分布：生于海拔1100~2600米的山坡、山谷、河流岸边灌丛中或林缘。分布于各乡镇境内林区。

用途：木材可制作农具、器具；花可提取芳香油。

花期及蜜源利用价值：花期6月，蜜、粉少量，可作为辅助蜜源。

197.茉莉属 *Jasminum*

(430)垫状迎春花 *Jasminum nudiflorum Lindl.var .pulvinatum* (W. W. Sm.) Kobudki

土名:看灯花、迎春花

形态特征：落叶小灌木，高20～45厘米，呈垫状。幼枝四棱形，对生，绿色，无毛，先端无叶，近刺状。常掌状三出复叶，对生；小叶纸质，卵形至长圆状卵形，全缘，具短缘毛。花两性，黄色，单生于二年生枝的叶腋，多数排列于垫状植株表面；先叶开放；花梗极短，完全为叶状绿色狭窄的苞片所包被；花萼合生成钟状，檐部5～6裂；花冠合生成高脚碟形，冠筒狭圆筒形，檐部6裂；雄蕊2枚；子房上位，花柱单一，细长，柱头2浅裂。浆果球形，1～2聚生，熟时黄色，基部具宿存萼片；种子1粒，稀2粒。果期7～8月。

生境分布：生于海拔1400～2100米的河谷两岸山坡、山谷石崖上或土崖上。全县境内有分布。本变种以植株呈低矮垫状，具密集错综的分枝，明显区别于正种。正种也是蜜源植物，栽培量少。

用途：可供制盆景或庭院栽植，观赏价值很高。叶、花入药。

花期及蜜源利用价值：花期3～4月，有粉少量，可为早春辅助粉源。

198.女贞属 *Ligustrum*

(431)女贞 *Ligustrum lucidum* Ait. 土名:冬青树

形态特征：常绿灌木或乔木，高可达25米。枝疏生圆形皮孔。叶片革质，卵形、长卵形或椭圆形，叶全缘平坦，两面无毛；叶柄上面具沟，无毛。圆锥花序顶生；花序轴及分枝轴无毛，果时具棱；花序基部苞片常与叶同型，小苞片披针形或线形，凋落；花无梗或近无梗；花萼无毛，齿不明显或近截形；花冠白色，裂片反折；花药长圆形；花柱长1.5~2毫米，柱头棒状。果肾形或近肾形，深蓝黑色，成熟时呈红黑色，被白粉。果期7月至翌年5月。

生境分布：在新老城区园林、道路绿化及各乡镇、村庭院绿化有栽培。

用途：种子油可制肥皂；花可提取芳香油；果含淀粉，可供酿酒或制酱油；枝、叶上放养白蜡虫，蜡可供工业及医药用；果入药称女贞子，为强壮剂；叶药用，具有解热镇痛的功效。

花期及蜜源利用价值：花期6~7月，蜜、粉丰富，但数量较少，可为辅助蜜源。

（432）小叶女贞 *Ligustrum quihoui* Carr.

形态特征：落叶灌木，高1～3米。小枝密被微柔毛，后脱落。叶片薄革质，形状和大小变异较大，披针形、长圆状椭圆形、椭圆形、倒卵状长圆形，叶缘反卷，上面深绿色，下面淡绿色，常具腺点，两面无毛；叶柄无毛或被微柔毛。圆锥花序顶生，近圆柱形，分枝处常有1对叶状苞片；小苞片卵形，具睫毛；花萼无毛；花冠管裂片卵形或椭圆形，先端钝；雄蕊伸出裂片外，花丝与花冠裂片近等长或稍长。果倒卵形、宽椭圆形或近球形，呈紫黑色。果期8～11月。

生境分布：在新老城区园林、道路绿化及各乡镇绿化有栽培。

用途：树皮、叶入药，具清热解毒等功效，治烫伤、外伤。

花期及蜜源利用价值：花期5～6月，蜜、粉少量，可为辅助蜜源。

199.木犀属 *Osmanthus*

（433）木犀　*Osmanthus fragrans* (Thunb.) Loureiro　土名:桂花

形态特征：常绿乔木或灌木，高可达18米。小枝无毛。叶片革质，椭圆形、长椭圆形或椭圆状披针形，全缘或通常上半部具细锯齿，两面无毛，腺点在两面连成小水泡状突起。聚伞花序簇生于叶腋，或近于帚状，每腋内有花多朵；苞片宽卵形，质厚，具小尖头，无毛；花梗细弱，无毛；花极芳香；花萼裂片稍不整齐；花冠黄白色、淡黄色、黄色或橘红色；雄蕊着生于花冠管中部，花丝极短，药隔在花药先端稍延伸呈不明显的小尖头；雌蕊长约1～5毫米。果歪斜，椭圆形，呈紫黑色。果期翌年3月。

生境分布：新老城区园林、公园、庭院绿化有栽培。

用途：花为名贵香料，并作食品香料。

花期及蜜源利用价值：花期9～10月，香气浓，蜜、粉少量，可为秋季辅助蜜源。

六十八、马钱科 Loganiaceae

200.醉鱼草属 *Buddleja*

（434）大叶醉鱼草 *Buddleja davidii* Fr.

形态特征：灌木，高1～5米。小枝外展而下弯，略呈四棱形；幼枝、叶片下面、叶柄和花序均密被灰白色星状短绒毛。叶对生，叶片膜质至薄纸质，狭卵形、狭椭圆形至卵状披针形，边缘具细锯齿，上面被疏星状短柔毛，后变无毛；叶柄间具有2枚卵形或半圆形的托叶，或早落。总状或圆锥状聚伞花序，顶生；花冠淡紫色，后变黄白色至白色，喉部橙黄色，芳香，外面被疏星状毛及鳞片，后变光滑无毛，花冠管细长，内面被星状短柔毛，花冠裂片边缘全缘或具不整齐的齿；花丝短，花药长圆形；子房卵形，无毛。蒴果狭椭圆形或狭卵形，2瓣裂，基部有宿存花萼。果期9～12月。

生境分布：生于海拔1200～3000米山坡、沟边灌木丛中或路旁。各乡镇境内都有分布。

用途：全株供药用，有祛风散寒、止咳、消积止痛之效。花可提制芳香油。枝条柔软多姿，花美丽而芳香，是优良的庭院观赏植物。

花期及蜜源利用价值：花期6～10月，有报道称大叶醉鱼草花芳香，早晨开花时泌蜜较多，蜜量丰富，可为良好的蜜源植物，也有报道为有毒蜜源，但具体观察蜜蜂采集没有发现中毒现象，待进一步观察研究。

六十九、龙胆科 Gentianaceae

201.龙胆属 *Gentiana*

（435）秦艽 *Gentiana macrophylla* Pall.

形态特征：多年生草本，高30～60厘米，基部被枯存的纤维状叶鞘包裹。枝少数丛生，黄绿色或有时上部带紫红色。莲座丛叶卵状椭圆形或狭椭圆形，叶柄宽，包被于枯存的纤维状叶鞘中；茎生叶椭圆状披针形或狭椭圆形。花多数，无花梗，簇生枝顶呈头状或腋生作轮状；花萼筒膜质，黄绿色或有时带紫色，一侧开裂呈佛焰苞状；花冠筒部黄绿色，冠澹蓝色或蓝紫色，壶形，裂片全缘；雄蕊着生于冠筒中下部，整齐；子房无柄，柱头2裂。蒴果内藏或先端外露，卵状椭圆形；种子红褐色，有光泽，矩圆形，表面具细网纹。

生境分布：生于海拔1400～2400米的路旁、山坡草地、草甸、林下及林缘。全县境内有零星分布。

用途：根供药用。

花期及蜜源利用价值：花期7～8月，蜜、粉量少，可作辅助蜜源。

202.獐牙菜属 *Swertia*

（436）北方獐牙菜 *Swertia diluta*(Turcz.) Benth. et Hook. f.

形态特征：一年生草本，高20～70厘米。根黄色。茎直立，四棱形，棱上具窄翅，多分枝，枝细瘦，斜升。叶无柄，线状披针形至线形，下面中脉明显突起。圆锥状复聚伞花序具多数花；花梗直立，四棱形；花5数；花萼绿色，长于或等于花冠，裂片线形，先端锐尖，背面中脉明显；花冠浅蓝色，裂片基部有2个腺窝，腺窝窄矩圆形，沟状，周缘具长柔毛状流苏；花丝线形，花药狭矩圆形；子房无柄，椭圆状卵形至卵状披针形，花柱粗短，柱头2裂，裂片半圆形。蒴果卵形；种子矩圆形，表面具小瘤状突起。

生境分布：生于海拔2000～2600米的阴湿山坡、山坡林下、田边、谷地。全县境内有分布。

用途：全草药用。

花期及蜜源利用价值：花期8～10月，有粉少量，可作辅助粉源。

（437）獐牙菜　*Swertia bimaculata*(Sieb.et Zucc.) Hook.f. et Thoms.ex C.B.Clarke

形态特征：一年生草本，高0.3~1.4米。茎直立，圆形，中空，中部以上分枝。基生叶在花期枯萎；茎生叶无柄或具短柄，叶片椭圆形至卵状披针形。大型圆锥状复聚伞花序疏松，开展，多花；花5数；花萼绿色，边缘具窄的白色膜质，常外卷；花冠黄色，上部具多数紫色小斑点，裂片中部具2个黄绿色、半圆形的大腺斑；花丝线形，花药长圆形；子房无柄，花柱短，柱头小，头状，2裂。蒴果无柄，狭卵形；种子圆形，表面具瘤状突起。

生境分布：生于海拔1500~2600米河滩、山坡草地、林下、灌丛中。拱坝河流域各支沟有分布。

用途：全草药用。清湿热，健胃。

花期及蜜源利用价值：花期7~10月，有粉少量，可作辅助粉源。

（438）红直獐牙菜　*Swertia erythrosticta* Maxim.

形态特征：多年生草本，高20～50厘米。茎直立，常带紫色，中空，具明显的条棱，不分枝。基生叶在花期枯萎，凋落；茎生叶对生，叶片矩圆形、卵状椭圆形至卵形，叶柄扁平下部连合成筒状抱茎，愈向茎上部叶愈小。圆锥状复聚伞花序，狭窄，具多数花；花5数；花萼裂片具狭窄的膜质边缘；花冠绿色或黄绿色，具红褐色斑点，裂片基部具1个腺窝，腺窝褐色，圆形，边缘具柔毛状流苏；花丝扁平，线状锥形，基部背面具流苏状柔毛，花药矩圆形；子房无柄，花柱短而明显，柱头小，2裂，裂片近圆形。蒴果无柄，卵状椭圆形；种子多数，周缘具宽翅。

生境分布：生于海拔2000～2800米的河滩、草坡、高山草甸及疏林下。分布于大草坡、嘎沟、铁坝沟、大峪沟。

用途：全草药用。清热解毒，健胃杀虫。

花期及蜜源利用价值：花期8～10月，有蜜、粉少量，可作辅助蜜源。

七十、旋花科 Convolvulaceae

203.旋花属 *Convolvulus*

（439）刺旋花　*Convolvulus tragacanthoides* Turcz.

形态特征：半灌木，高7～20厘米，全株被银灰色丝状毛。茎多分枝，铺散呈垫状，枝条先端呈棘刺状，节间很短。单叶互生，条形至条状披针形，全缘，稍反卷。花两性，单生，稀2～3朵生于叶腋；萼片5，卵圆形，果期宿存；花冠合生成宽漏斗状，不明显5浅裂，粉红色，外面被毛，在花蕾时呈折叠状；雄蕊5；子房上位，2室，柱头2裂。蒴果近球形，外被毛，熟时4瓣裂；种子卵圆形，无毛。果期6～9月。

生境分布：生于海拔1100～2200米干旱山坡或石缝中及小檗、甘蒙锦鸡儿旱生灌丛中。分布于舟曲白龙江流域两岸山坡。

作用：可作羊的饲料。

花期及蜜源利用价值：花期6～9月，有粉量少，可作辅助粉源。

（440）田旋花　*Convolvulus arvensis* Linn.

形态特征：多年生草本，根状茎横走。叶互生，卵状长圆形至披针形，全缘或3裂。花序腋生，1或有时2~3至多花；苞片2，线形；萼片5，长圆状椭圆形；花冠宽漏斗形，白色或粉红色，5浅裂；雄蕊5；雌蕊较雄蕊稍长，2室，柱头2，线形。蒴果卵状球形，或圆锥形。种子4，卵圆形，暗褐色或黑色。

生境分布：生于耕地、荒坡上。全县境内有分布，田间杂草。

用途：全草入药，调经活血，滋阴补虚。

花期及蜜源利用价值：花期4~9月，花粉量多，利于蜂群繁殖。

204.打碗花属 *Calystegia*

(441)打碗花　*Calystegia hederacea* Wall.ex.Roxb.

形态特征：一年生草本，光滑，常自基部分枝。茎细，有细棱。基部叶片长圆形，上部叶片3裂；花腋生，1朵，花梗有细棱；苞片宽卵形；萼片5长圆形；花冠淡紫色或淡红色，漏斗形；雄蕊5，近等长，子房无毛，柱头2裂，扁平。蒴果卵球形，光滑。种子黑褐色，表面有小疣。

生境分布：生于农田、荒地、路旁。各乡镇均有，常见的杂草。

用途：根药用。

花期及蜜源利用价值：花期6~7月，粉量中等，可作辅助粉源，对蜂群繁殖有一定作用。

205.牵牛属 *Pharbitis*

(442)圆叶牵牛 *Pharbitis purpurea* (Linn.)Voisgt

形态特征：一年生缠绕草本。叶圆心形或宽卵状心形，通常全缘，偶有3裂。花腋生，单一或2~5朵着生于花序梗顶端成伞形聚伞花序，花序梗比叶柄短或近等长；苞片线形，被开展的长硬毛；萼片近等长，外面3片长椭圆形；花冠漏斗状，紫红色、红色或白色；雄蕊与花柱内藏；雄蕊5不等长；子房无毛，3室，柱头头状。蒴果近球形，3瓣裂。种子卵状三棱形，黑褐色或米黄色，被极短的糠秕状毛。

生境分布：生于田边、路边、宅旁或沦为野生。城关、大川、丰迭、立节等乡境内有栽培，或逸为野生。

用途：观赏花卉。

花期及蜜源利用价值：花期6~9月，粉量中等，可作辅助粉源。

七十一、紫草科 Boraginaceae

206.附地菜属 *Trigonotis*

（443）附地菜　*Trigonotis peduncularis* (Trev.) Benth. ex Baker et Moore

形态特征：一年生或二年生草本。茎通常多条丛生，密集，铺散，高5~30厘米，被短糙伏毛。基生叶呈莲座状，有叶柄，叶片匙形，两面被糙伏毛，茎上部叶长圆形或椭圆形，无叶柄或具短柄。花序生茎顶，幼时卷曲，后渐次伸长；花梗短，花后伸长，顶端与花萼连接部分变粗呈棒状；花冠淡蓝色或粉色，筒部甚短，裂片平展，白色或带黄色；花药卵形，先端具短尖。小坚果4，有短毛或平滑无毛，具3锐棱，腹面的2个侧面近等大而基底面略小，凸起，具短柄，向一侧弯曲。早春开花，花期甚长。

生境分布：生于山坡草地、林缘、田间及荒地。各乡境内有分布。

用途：全草入药，能温中健胃，消肿止痛，止血。嫩叶可供食用。

花期及蜜源利用价值：花期4~5月，粉量少，可作辅助粉源。

207.琉璃草属 *Cynoglossum*

（444）倒提壶　*Cynoglossum amabile* Stapf et Drumm.

形态特征：多年生草本，高15～60厘米。茎单一或数条丛生，密生贴伏短柔毛。基生叶具长柄，长圆状披针形或披针形，两面密生短柔毛；茎生叶长圆形或披针形，无柄。花序锐角分枝，分枝紧密，集为圆锥状；花萼外面密生柔毛；花冠通常蓝色，稀白色，檐部直径8～10毫米，裂片圆形，喉部具5个梯形附属物；花丝着生花冠筒中部，花药长圆形；花柱线状圆柱形，与花萼近等长或较短。小坚果卵形，背面微凹，密生锚状刺，成狭或宽的翅状边。

生境分布：生于海拔1250～4565米的山坡草地、灌丛、干旱路边及荒地。各乡境内有分布。

用途：入药，味苦性寒，入肝肾二经，有利尿消肿及治黄疸之功效。

花期及蜜源利用价值：花期6～9月，有蜜、粉少量，可作辅助粉源。

七十二、马鞭草科

208.马鞭草属 *Verbena*

（445）马鞭草 *Verbena officinalis* Linn.

形态特征：多年生草本，高30～120厘米。茎四方形，近基部可为圆形，节和棱上有硬毛。叶片卵圆形至倒卵形或长圆状披针形，基生叶的边缘通常有粗锯齿和缺刻，茎生叶多数3深裂，裂片边缘有不整齐锯齿，两面均有硬毛，背面脉上尤多。穗状花序顶生和腋生，细弱，花小，无柄，最初密集，结果时疏离；苞片稍短于花萼，具硬毛；花萼有硬毛；花冠淡紫至蓝色，外面有微毛，裂片5；雄蕊4，着生于花冠管的中部，花丝短；子房无毛。果长圆形，外果皮薄，成熟时4瓣裂。果期7～10月。

生境分布：常生于海拔1600～2400米的路边、山坡、溪边或林旁。各乡境内均有分布。

用途：全草供药用，性凉，有凉血、清热、解毒的功效。

花期及蜜源利用价值：花期6～9月，花期长，分布多，为重要的辅助蜜源植物。

209.牡荆属 *Vitex*

(446)荆条　*Vitex negundo Linn. var. heterophylla* (Franch.) Rehd.　土名:荆梢

形态特征：落叶灌木，高1.5～4米。有香气。小枝四棱形，密被灰白色短柔毛。掌状复叶，对生；小叶5或3枚，纸质，中间小叶最大，椭圆状卵形至披针形，小叶片边缘有缺刻状锯齿，浅裂以至深裂，背面密被灰白色绒毛。花两性，两侧对称；多花组成顶生圆锥状聚花序，花梗极短；花萼合生成钟状，5齿裂，果期宿存增大；花冠合生成筒状，淡紫色，外被绒毛，里面喉部有短柔毛，檐部呈二唇形，上唇2裂，下唇3裂；雄蕊4，2强。每花丝着生花药2个；子房上位，花柱单一，柱头2裂。核果球形，熟时黑色；周围包有宿存扩大花萼，种子4粒。果期9～10月。

生境分布：生于海拔1200～1600米的山坡、沟谷两岸。分布于白龙江及拱坝河中下游流域干旱河谷两岸及山坡及各支沟下部，常组成灌丛。分布多。

用途：枝条可编筐；茎皮可作造纸及人造棉原料；果、根、茎及叶可入药；花和枝叶可提取芳香油。

花粉形态及泌蜜规律：花粉长球形，外壁具网状雕纹，具3沟。花期6～9月，泌蜜适温25℃～28℃。在夜间温度高、湿度大、闷热的情况下，泌蜜较好。以2～3年生枝条上的花泌蜜较好。春季干旱，对开花泌蜜影响较大。荆条蜜浅琥珀色，结晶乳白色细腻，为一等蜜。

七十三、唇形科 Labiatae

210、夏至草属 *Lagopsis*

(447)夏至草 *Lagopsis supina* (Steph. ex Willd.) Ik.-Gal. ex Knorr.

形态特征：多年生草本，披散于地面或上升。茎高15~35厘米，四棱形，具沟槽，带紫红色，密被微柔毛。叶轮廓为圆形，3深裂或不裂，上面疏生微柔毛，下面沿脉上被长柔毛，边缘具纤毛。轮伞花序疏花。花萼管状钟形，外密被微柔毛，齿5，先端刺尖，边缘有细纤毛。花冠白色，稀粉红色，外面被绵状长柔毛，内面被微柔毛，在花丝基部有短柔毛；冠檐二唇形，上唇直伸，比下唇长，全缘，下唇斜展，3浅裂。雄蕊4，着生于冠筒中部稍下。花柱先端2浅裂。花盘平顶。小坚果长卵形，有鳞秕。果期6~7月。

生境分布：生于海拔1200~2600米的山坡、草坡、路旁、旷地上；为一杂草，各乡镇境内都有分布。

用途：全草入药，功用同益母草。

花期及蜜源利用价值：花期5~6月，花期较长，分布较广，蜜、粉量中等，为辅助蜜源植物，分布集中区可维持饲料。

211.荆芥属 *Nepeta*

（448）荆芥 *Nepeta cataria* Linn.

形态特征：多年生植物。茎坚强，基部木质化，多分枝，高40～150厘米，上部钝四棱形，具浅槽，被白色短柔毛。叶卵状至三角状心脏形，边缘具粗圆齿或牙齿，草质，上面黄绿色，被极短硬毛，下面略发白，被短柔毛但在脉上较密。花序为聚伞状，下部的腋生，上部的组成连续或间断的顶生分枝圆锥花序，聚伞花序呈二歧状分枝。花冠白色，下唇有紫点，外被白色柔毛，内面在喉部被短柔毛，冠檐二唇形，上唇短先端具浅凹，下唇3裂，边缘具粗牙齿。雄蕊内藏，花丝扁平，无毛。花柱线形，先端2等裂。花盘杯状，裂片明显。子房无毛。小坚果卵形，几三棱状。果期9～10月。

生境分布：多生于海拔1300～2000米的荒坡、灌丛中、路旁或宅旁。分布于各乡镇境内。

用途：种子含芳香油，油用于化妆品香料，全草供药用，用于防治感冒。

花期及蜜源利用价值：花期7～9月，数量多，蜜量丰富，分布集中区可采到商品蜜，为重要的辅助蜜源植物。

（449）康藏荆芥 *Nepeta prattii* Levl.

形态特征：多年生草本。茎高70～90厘米，四棱形，被倒向短硬毛或变无毛。叶卵状披针形、宽披针形至披针形，边缘具密的牙齿状锯齿，上面微被短柔毛，下面沿脉疏被短硬毛，余部被腺微柔毛及黄色小腺点。轮伞花序生于茎、枝上部3～9节上，顶部的3～6密集成穗状，多花而紧密。花萼疏被短柔毛及白色小腺点。花冠紫色或蓝色，外疏被短柔毛，冠筒微弯，冠檐二唇形，上唇裂至中部成2钝裂片，下唇中先端中部具弯缺，边缘嚼齿状，基部内面具白色髯毛。雄蕊短于下唇。花柱先端近相等2裂，伸出上唇之外。小坚果腹面具棱，褐色，光滑。果期8～11月。

生境分布：生于海拔1800～2800米的山坡草地，路边、沟边或灌丛中。分布九原梁、大草坡。

花期及蜜源利用价值：花期7～10月，泌蜜中等，可为辅助蜜源。

212.益母草属 *Leonurus*

（450）益母草 *Leonurus artemisia* (Laur.) S. Y. Hu

形态特征：一年生或二年生草本。茎直立，高30~120厘米，钝四棱形，微具槽，有倒向糙伏毛，在节及棱上尤为密集。叶轮廓变化很大，茎下部叶轮廓为卵形，掌状3裂，裂片上再分裂，上面有糙伏毛，下面被疏柔毛及腺点；茎中部叶轮廓为菱形或长条形。轮伞花序腋生，具8~15花，组成长穗状花序。花冠粉红至淡紫红色，冠檐二唇形，上唇直伸，内凹，全缘，边缘具纤毛，下唇内面在基部疏被鳞状毛，3裂。雄蕊4，花丝丝状，疏被鳞状毛，花药卵圆形，二室。花柱丝状，先端相等2浅裂。花盘平顶。子房褐色，无毛。小坚果淡褐色，光滑。果期9~10月。

生境分布：生于海拔1200~2800米的山坡、草地、田旁、路旁，为常见杂草，全县境内都有分布。

用途：全草入药，有效成分为益母草素，广泛用于治妇科病。

花期及蜜源利用价值：花期6~9月，蜜、粉丰富，是一种有价值的蜜源植物。

213.夏枯草属 *Prunella*

（451）夏枯草　*Prunella vulgaris* Linn.

形态特征：多年生草木。茎高20～30厘米，上升，下部伏地，钝四棱形，其浅槽，紫红色，被稀疏的糙毛或近于无毛。茎叶卵状长圆形或卵圆形，边缘具不明显的波状齿或几近全缘，草质，上面具短硬毛或几无毛。轮伞花序密集组成顶生长2～4厘米的穗状花序。花冠紫、蓝紫或红紫色，冠檐二唇形，上唇近圆形，内凹，多少呈盔状，下唇中裂片先端边缘具流苏状小裂片。雄蕊4，花丝略扁平，无毛，前对花丝先端2裂，1裂片能育具花药，花药2室。花柱纤细，先端相等2裂，裂片外弯。花盘近平顶。子房无毛。小坚果长圆状卵珠形，微具沟纹。果期7～10月。

生境分布：生于海拔1200～3000米荒坡、草地、溪边及路旁等湿润地上。全县境内都有分布。

用途：全株入药。

花期及蜜源利用价值：花期4～6月，蜜粉丰富，为重要的辅助蜜源植物。

214.牛至属 *Origanum*

（452）牛至 *Origanum vulgare* Linn.

形态特征：多年生草本或半灌木，芳香。通常高25~60厘米，四棱形，具倒向或微蜷曲的短柔毛。叶片卵圆形或长圆状卵圆形，全缘或有疏小锯齿，上面亮绿色，常带紫晕，具不明显的柔毛，下面淡绿色，明显被柔毛。花序呈伞房状圆锥花序，多花密集。花冠紫红、淡红至白色，管状钟形，超出花萼，而雌性花冠筒短于花萼，外面疏被短柔毛，内面在喉部被疏短柔毛，冠檐明显二唇形，上唇2浅裂，下唇3裂。雄蕊4，花丝丝状，扁平，无毛，花药2室。花盘平顶。花柱2浅裂。小坚果微具棱无毛。果期10~12月。

生境分布：生于海拔1200~3000米山坡、林下、草地及路旁。各乡镇境内都有分布。

用途：全草入药，可预防流感，治中暑、感冒、腹痛、呕吐、胸膈胀满、气阻食滞等症，其散寒发表功用，尤胜于薄荷。

花期及蜜源利用价值：花期7~9月，蜜、粉丰富，为重要的辅助蜜源植物。

215.紫苏属 *Perilla*

（453）紫苏　*Perilla frutescens* (Linn.)Britt.　土名：荏子

形态特征：一年生、直立草本。茎高0.3～2米，绿色或紫色，钝四棱形，具四槽，密被长柔毛。叶阔卵形或圆形,边缘在基部以上有粗锯齿，膜质或草质，两面绿色或紫色，或仅下面紫色，上面被疏柔毛，下面被贴生柔毛。轮伞花序2花，密被长柔毛、偏向一侧的顶生及腋生总状花序。花冠白色至紫红色，外面略被微柔毛，内面在下唇片基部略被微柔毛，冠檐近二唇形，上唇微缺，下唇3裂。雄蕊4，离生，花丝扁平，花药2室。花柱先端相等2浅裂。花盘前方呈指状膨大。小坚果近球形，具网纹。果期8～11月。

生境分布：立节、憨班、峰迭等乡境内沿河川有栽培。

用途：供药用和香料用。叶又供食用，和肉类煮熟可增加后者的香味。种子榨出的油，名苏子油，供食用和工业用。

花期及蜜源利用价值：花期8～10月，蜜、粉少量，为辅助蜜源。

216.香薷属 *Elsholtzia*

（454）香薷 *Elsholtzia ciliata* (Thunb.)Hyland. 土名：香眉儿

形态特征：直立草本，高30~60厘米。茎通常自中部以上分枝，钝四棱形，具槽，无毛或被疏柔毛。叶卵形或椭圆状披针形，边缘具锯齿，上面疏被小硬毛，下面主沿脉上疏被小硬毛；叶柄边缘具狭翅，疏被小硬毛。穗状花序，偏向一侧，由多花的轮伞花序组成；花梗纤细，序轴密被白色短柔毛。花冠淡紫色，外面被柔毛，喉部被疏柔毛，冠檐二唇形，上唇直立，先端微缺，下唇开展，3裂。雄蕊4，外伸，花丝无毛，花药紫黑色。花柱内藏，先端2浅裂。小坚果长圆形，棕黄色，光滑。果期10~11月。

生境分布：生于海拔1200~3000米的路旁、山坡、荒地、灌丛、河岸。分布广，全县境内有分布。

用途：全草入药，治急性肠胃炎、头痛发热、恶寒无汗、霍乱、水肿等症。嫩叶尚可喂猪。

泌蜜规律：花期7~10月，花期长，每个花穗开7~15天，全株开花20天以上。流蜜气温低，在17℃以上即可泌蜜，早晨开花即泌蜜。蜜琥珀色，花粉白色，量少。为重要的夏、秋季商品蜜源之一。

（455）密花香薷　*Elsholtzia densa* Benth.

形态特征：草本，高20～60厘米。茎直立，茎及枝均四棱形，具槽，被短柔毛。叶长圆状披针形至椭圆形，边缘在基部以上具锯齿，草质，上面绿色下面较淡，两面被短柔毛。穗状花序长圆形或近圆形，密被紫色串珠状长柔毛，由密集的轮伞花序组成；最下的一对苞叶与叶同形，向上呈苞片状，外面及边缘被具节长柔毛。花冠小，淡紫色，外面及边缘密被紫色串珠状长柔毛，冠檐二唇形，上唇直立，下唇稍开展，3裂。雄蕊4，花药近圆形。花柱先端2裂。小坚果腹面略具棱，顶端具小疣突起。果期7～10月。

生境分布：生于海拔1800～3000米的林缘、高山草甸、山坡、荒地、河边及路旁。分布广，全县境内有分布。

用途：全草入药。

花期及蜜源利用价值：花期7～10月，蜜量中上等，是秋季非常好的蜜源。

（456）鸡骨柴　*Elsholtzia fruticosa* (D. Don) Rehd.

形态特征：直立灌木，高0.8～2米，多分枝。茎、枝钝四棱形，具浅槽，老时皮层剥落，幼时被白色蜷曲疏柔毛。叶披针形或椭圆状披针形，边缘在基部以上具粗锯齿，近基部全缘，上面被糙伏毛，下面被弯曲的短柔毛，两面密布黄色腺点。穗状花序圆柱状，顶生或腋生；花梗与总梗、序轴密被短柔毛。花冠白色至淡黄色，外面被蜷曲柔毛，冠檐二唇形，上唇直立，边缘具长柔毛，下唇开展，3裂。雄蕊4，花丝丝状，无毛，花药卵圆形。花柱先端2深裂，外卷。小坚果长圆形，腹面具棱，无毛。果期10～11月。

生境分布：生于海拔1200～2800米的山谷、谷底、路旁、山坡及草地中。全县境内有分布。

用途：根、叶入药，治风湿关节痛等。此外植株亦含芳香油，但出油率甚低。

花期及蜜源利用价值：花期7～9月，蜜量中等，可为辅助蜜源。

217.黄芩属 *Scutellaria*

（457）甘肃黄芩　*Scutellaria rehderiana* Diels

形态特征：多年生草本。茎弧曲，直立，高12~35厘米，基四棱形，沿棱角被下曲的短柔毛。叶片草质，卵圆状披针形，三角状狭卵圆形至卵圆形，全缘，或自下部每侧有2~5个不规则浅牙齿，两面略被毛，边缘密被短睫毛。花序总状，顶生；花梗与序轴密被具腺短柔毛。花萼密被具腺短柔毛。花冠粉红、淡紫至紫蓝，外面被具腺短柔毛，内面无毛；冠檐2唇形，上唇盔状，先端微缺。雄蕊4，前对较长，具能育半药，后对较短，具全药，药室具髯毛；花丝丝状，下半部具小疏柔毛。花柱细长，微裂。花盘环状。子房无毛。

生境分布：生于海拔1300~3150米的山地、向阳草坡、田旁和路旁。分布于曲瓦、大峪、巴藏、峰迭、坪定、东山、果耶等乡境内。

用途：供药用，具有清热燥湿的功效。

花期及蜜源利用价值：花期5~8月，蜜、粉少量，可为辅助蜜源。

218.鼠尾草属 *Salvia*

(458)甘西鼠尾草 *Salvia przewalskii* Maxim.

形态特征：多年生草本。茎高达60厘米，丛生，密被短柔毛。叶有基出叶和茎生叶两种，均具柄，叶片三角状或椭圆状戟形，稀心状卵圆形，边缘具近于整齐的圆齿状牙齿，草质，上面被微硬毛，下面密被灰白绒毛。轮伞花序2~4花，疏离，组成顶生的总状花序，或具腋生的总状花序；花梗与序轴密被疏柔毛。花冠紫红色，外被疏柔毛，在上唇散布红褐色腺点，冠檐二唇形，上唇全缘，边缘具缘毛，下唇3裂。花丝扁平，无毛，药隔弧形。花柱先端2浅裂。花盘前方稍膨大。小坚果倒卵圆形，无毛。

生境分布：生于海拔1800~3000米林缘、路旁、沟边、灌丛下。全县境内有分布。

用途：根入药，四川作秦艽代用品，云南丽江作丹参代用品。

花期及蜜源利用价值：花期5~8月，蜜量中等，可为辅助蜜源。

219.香茶菜属 *Rabdosia*

(459)小叶香茶菜 *Rabdosia parvifolia* (Batal.) Hara.

形态特征：落叶小灌木，高0.2～1.2米。老枝近圆柱形，皮常剥落；小枝纤细，四棱形，当年生枝密被灰白色贴生短柔毛。单叶，对生，纸质，卵形至宽卵形，全缘或疏生细圆齿，上面密生小腺点，并杂有微毛，下面灰白色，密被贴生短柔毛。花两性，小形；3～7朵花组成小聚伞花序，腋生，密被微毛和腺点；花冠合生成二唇形，蓝紫色至白色，外被短柔毛和腺点，冠筒基部上方浅囊状，上唇反折，4等裂，下唇舟形，全缘；雄蕊4枚，2强，花丝基部疏生柔毛，花药1室，紫黑色；子房上位，花柱单一，柱头2裂。小坚果4个，熟时褐色，光滑无毛。果期7～11月。

形态特征：生于海拔1100～2400米的干旱山顶及路边灌丛中。分布于巴藏、立节、峰迭、城关等乡境内及拱坝河中下游河谷两岸。

花期及蜜源利用价值：花期6～10月，蜜量少，可为辅助蜜源。

（460）碎米桠 *Rabdosia rubescens* (Hensl.) Hara

形态特征：落叶小灌木，高0.5~1米。老枝圆柱形，皮常剥落；小枝四棱形，沿棱密被长柔毛。单叶，对生，纸质，狭卵形、卵形至宽卵形，缘具三角状粗齿，上部的叶近全缘，两面均被密集的腺点或短腺毛及片节状柔毛。花两性，小形；3~7朵组成小聚伞花序，腋生，多数在枝上部排列成假圆锥花序，花序轴、总花梗及小花梗均密被片节状柔毛和短柔毛；花冠合生成二唇形，白色或带粉红色，具紫色斑点，上唇反折，4圆裂，下唇舟形，全缘；雄蕊4枚，2强，花药1室，淡蓝色；子房上位，花柱单一，柱头2裂。小坚果4，倒卵形，熟时淡褐色，光滑无毛。果期8~11月。

生境分布：生于海拔1100~2400米的干旱山坡、沟谷及路边灌丛中。分布于各乡镇境内。

用途：全草入药，对多种癌症有缓解症状、延长生命的作用。

花期及蜜源利用价值：花期7~10月，蜜量少，可为辅助蜜源。

七十四、茄科

220、枸杞属

(461)枸杞　*Lycium chinense* Mill.

形态特征：多分枝灌木，高0.5～1米；枝条细弱，弓状弯曲或俯垂，有纵条纹，有棘刺，生叶和花的棘刺较长，小枝顶端锐尖成棘刺状。叶纸质，单叶互生或2～4枚簇生，卵形、卵状菱形、卵状披针形。花在长枝上单生或双生于叶腋，在短枝上则同叶簇生。花萼通常3中裂或4～5齿裂，裂片多少有缘毛；花冠漏斗状，淡紫色，檐部5深裂，裂片平展或稍向外反曲，边缘有缘毛；雄蕊较花冠稍短，花丝在近基部处密生一圈绒毛并交织成椭圆状的毛丛，与毛丛等高处的花冠筒内壁亦密生一环绒毛；花柱上端弓弯，柱头绿色。浆果红色，卵状。种子扁肾脏形，黄色。果期6～10月。

生境分布：常生于海拔1200～1800米的山坡、荒地、地坎、路旁及村边宅旁。分布于全县各乡镇境内。有野生也有栽培。

用途：果实药用功能与宁夏枸杞同；根皮（中药称地骨皮），有解热止咳之效用；嫩叶可作蔬菜；种子油可制润滑油或食用油。

花期及蜜源利用价值：花期6～10月，粉浅黄色，量中等；蜜量丰富，分布集中区可采到商品蜜，蜜琥珀色，气味芬芳。

221.烟草属

（462）烟草　*Nicotiana rustica* Linn.

形态特征：一年生草本，高40~60厘米。茎直立，粗壮，生腺毛，分枝较细弱。叶生腺毛，叶片卵形、矩圆形、心脏形、有时近圆形或矩圆状披针形，叶柄常短于叶片之半。花序圆锥式，顶生，疏散或紧缩；花冠黄绿色，裂片短，宽而钝；雄蕊4枚较长，1枚显著短。蒴果矩圆状卵形或近球状。种子矩圆形，通常褐色。

生境分布：各乡镇境内广为栽培。以东山栽培较多。

用途：作烟草工业的原料；全株也可作农药杀虫剂；亦可药用，作麻醉、发汗、镇静和催吐剂。

花期及蜜源利用价值：花期7~9月，蜜粉少量，可为辅助蜜源。

222.茄属 *Solanum*

（463）茄　*Solanum melongena* Linn.

形态特征：直立分枝草本至亚灌木，高可达1米，小枝，叶柄及花梗均被星状绒毛，小枝多为紫色，渐老则毛被逐渐脱落。叶大，卵形至长圆状卵形，边缘浅波状或深波状圆裂，上下面密被星状绒毛。能孕花单生，花柄毛被较密，不孕花蝎尾状与能孕花并出；萼近钟形外面密被与花梗相似的星状绒毛及小皮刺，萼裂片内面疏被星状绒毛，花冠辐状，外面星状毛被较密，内面仅裂片先端疏被星状绒毛，花冠筒状，冠檐5~6裂；子房圆形，顶端密被星状毛，花柱中部以下被星状绒毛，柱头浅裂。果实深紫色，形状大小变异极大。

生境分布：全县各乡境内均有栽培。

用途：果可供蔬食。根、茎、叶入药，为收敛剂，叶也可以作麻醉剂。种子为消肿药。

花期及蜜源利用价值：花期6~8月，有蜜粉少量，可为辅助蜜源。

（464）青杞　*Solanum septemlobum* Bunge

形态特征：直立草本或灌木状，茎具棱角，被白色具节弯卷的短柔毛至近于无毛。叶互生，卵形，通常7裂，有时5~6裂或上部的近全缘，裂片全缘或具尖齿，两面均疏被短柔毛，在中脉，侧脉及边缘上较密。二歧聚伞花序，顶生或腋外生，总花梗具微柔毛或近无毛；萼小，杯状，外面被疏柔毛，5裂；花冠青紫色，花冠筒隐于萼内，冠檐先端深5裂，裂片开放时常向外反折；花药黄色，长圆形，顶孔向内；子房卵形，花柱丝状，柱头头状，绿色。浆果近球状，熟时红色；种子扁圆形。花期夏秋间，果期秋末冬初。

生境分布：喜生于海拔1200~2000米山坡向阳处，分布后北山、金钱沟，立节、憨班、八楞、拱坝、铁坝等乡境内。

花期及蜜源利用价值：花期6~8月，有蜜粉少量，可为辅助蜜源。

（465）龙葵　*Solanum nigrum* Linn.

形态特征：一年生直立草本，高0.25～1 米，茎无棱或棱不明显，绿色或紫色，近无毛或被微柔毛。叶卵形，全缘或每边具不规则的波状粗齿，光滑或两面均被稀疏短柔毛。蝎尾状花序腋外生，由3～6(10)花组成，花梗近无毛或具短柔毛；萼小，浅杯状；花冠白色，筒部隐于萼内，冠檐5深裂，裂片卵圆形；花丝短，花药黄色，顶孔向内；子房卵形，花柱中部以下被白色绒毛，柱头小，头状。浆果球形，熟时黑色。种子多数，近卵形，两侧压扁。

生境分布：喜生于田边，草坡、荒地、路旁及村庄附近。广泛分布于全县境内。

用途：全株入药，可散瘀消肿，清热解毒。

花期及蜜源利用价值：花期6～11 月，粉蜜量少，为有毒蜜源。

223.番茄属 *Lycopersicon*

(466)番茄　*Lycopersicon esculentum* Mill. 土名:洋柿子

形态特征：体高0.6~2米，全体生黏质腺毛，有强烈气味。茎易倒伏。叶羽状复叶或羽状深裂，小叶极不规则，大小不等，常5~9枚，卵形或矩圆形，边缘有不规则锯齿或裂片。花序总梗长2~5厘米，常3~7朵花；花梗长1~1.5厘米；花萼辐状，裂片披针形，果时宿存；花冠辐状，直径约2厘米，黄色。浆果扁球状或近球状，肉质而多汁液，橘黄色或鲜红色，光滑；种子黄色。果期夏秋季。

生境分布：各乡镇境内广泛栽培。以峰迭、城关、大川为多。

用途：果实为盛夏的蔬菜和水果。

花期及蜜源利用价值：花期6~8月，有蜜粉少量，可为辅助蜜源。

224.辣椒属 *Capsicum*

（467）辣椒 *Capsicum annuum* Linn.

形态特征：一年生或有限多年生草本植物；高40~80厘米。茎近无毛或微生柔毛，分枝稍之字形折曲。叶互生，枝顶端节不伸长而成双生或簇生状，矩圆状卵形、卵形或卵状披针形，全缘。花单生，俯垂；花萼杯状，不显著5齿；花冠白色，裂片卵形；花药灰紫色。果梗较粗壮；果实长指状，顶端渐尖且常弯曲，未成熟时绿色，成熟后成红色、橙色或紫红色，味辣。种子扁肾形，淡黄色。果期5~10月。

生境分布：各乡镇境内普遍栽培。

用途：重要的蔬菜和调味品，种子油可食用、果亦有驱虫和发汗之药效。

花期及蜜源利用价值：花期5~10月，粉少蜜多，由于花朵数量少，可为辅助蜜源。

225.曼陀罗属

（468）曼陀罗　*Datura stramonium* Linn.

形态特征：草本或半灌木状，高0.5~1.5米，全体近于平滑或在幼嫩部分被短柔毛。茎粗壮，下部木质化。叶广卵形，边缘有不规则波状浅裂，有时亦有波状牙齿。花单生于枝杈间或叶腋，直立；花萼筒状，筒部有5棱角，两棱间稍向内陷，5浅裂，裂片三角形，后向外反折；花冠漏斗状，下半部带绿色，上部白色或淡紫色，檐部5浅裂；雄蕊不伸出花冠；子房密生柔针毛。蒴果直立生，卵状，表面生有坚硬针刺或有时无刺而近平滑，成熟后淡黄色，规则4瓣裂。种子卵圆形，稍扁，黑色。果期7~11月。

生境分布：常生于荒坡、草地、住宅旁和路边，广布于全县境内；

用途：全株有毒！含莨菪碱，药用，有镇痉、镇静、镇痛、麻醉的功能。种子油可制肥皂和掺合油漆用。

花期及蜜源利用价值：花期6~10月，有蜜粉少量，花蜜和花粉对蜂有毒，为有毒蜜源。

226.天仙子属

（469）天仙子　*Hyoscyamus niger* Linn.

形态特征：二年生草本，高达1米，全体被黏性腺毛。一年生的茎极短，自根茎发出莲座状叶丛，卵状披针形或长矩圆形，边缘有粗牙齿或羽状浅裂，基部半抱根茎；第二年春茎伸长而分枝，下部渐木质化，茎生叶卵形或三角状卵形，边缘羽状浅裂或深裂，向茎顶端的叶成浅波状，两面除生黏性腺毛外，沿叶脉并生有柔毛。花在茎中部以下单生于叶腋，在茎上端聚集成蝎尾式总状花序，通常偏向一侧，近无梗或仅有极短的花梗。花冠钟状，黄色具紫堇色脉纹；雄蕊稍伸出花冠。蒴果包藏于宿存萼内。夏季开花、结果。

生境分布：常生于山坡、路旁、住宅区及河岸沙地。

用途：根、叶、种子药用，含莨菪碱及东莨菪碱，有镇痉镇痛之效，可作镇咳药及麻醉剂。种子油可供制肥皂。

花期及蜜源利用价值：花期6~8月，有毒蜜源，蜜蜂采集后会造成成虫、幼虫死亡。

七十五、玄参科

227.泡桐属 *Paulownia*

（470）毛泡桐 *Paulownia tomentosa* (Thunb.) Steud.

形态特征：乔木高达20米；小枝有明显皮孔，幼时常具黏质短腺毛。叶片心脏形，全缘或波状浅裂，上面毛稀疏，下面毛密或较疏，老叶下面密被树状分枝毛，新枝上的叶较大，其毛常不分枝，有时具黏质腺毛；叶柄常有黏质短腺毛。花两性，花3~5朵组成小聚伞花序，集生成金字塔形或狭圆锥形；萼浅钟形外面绒毛不脱落，分裂至中部或裂过中部；花冠紫色或淡紫色，漏斗状钟形，冠筒内具紫色斑点及条纹，外面有腺毛，檐部2唇形；雄蕊4，2强；花药先端2分叉，子房卵圆形，花柱单一。蒴果，幼时密生黏质腺毛，熟时2裂或不完全4裂；种子小具膜质翅。果期8~9月。

生境分布：各乡镇境内都有零星栽培。

用途：叶、花、果、树皮均可入药。

花期及蜜源利用价值：花期4~5月，泌蜜丰富，为较好的辅助蜜源。

228.婆婆纳属　*Veronica*

（471）婆婆纳　*Veronica polita* Fries

形态特征：铺散多分枝草本，多少被长柔毛，高10～25厘米。叶仅2～4对，叶片心形至卵形，每边有2～4个深刻的钝齿，两面被白色长柔毛。总状花序很长；苞片叶状，下部的对生或全部互生；花梗比苞片略短；花萼裂片卵形，顶端急尖，果期稍增大，三出脉，疏被短硬毛；花冠淡紫色、蓝色、粉色或白色，裂片圆形至卵形；雄蕊比花冠短。蒴果近于肾形，密被腺毛，略短于花萼，裂片顶端圆，脉不明显，宿存的花柱与凹口齐或略过之。种子背面具横纹。

生境分布：田间杂草，各乡镇境内都有分布。

花期及蜜源利用价值：花期3～10月，泌蜜丰富，但分布零星，为较好的辅助蜜源。该属植物阿拉伯婆婆纳 *Veronica Persica poir* 也为辅助蜜源植物。

七十六、紫葳科

229.梓属 *Catalpa*

（472）楸　*Catalpa bungei* C.A.Mey.

形态特征：落叶乔木或小乔木，高8~12米。叶三角状卵形或卵状长圆形，长6~15厘米，宽达8厘米，顶端长渐尖，基部截形，阔楔形或心形，有时基部具有1~2牙齿，叶面深绿色，叶背无毛。顶生伞房状总状花序，有花2~12朵。花萼蕾时圆球形，2唇开裂，顶端有；2尖齿。花两性，花冠淡红色或白色，内面具有2黄色条纹及暗紫色斑点。蒴果线形，长达45厘米。种子狭长椭圆形，两端生长毛。果期6~10月。

生境分布：生于海拔1300~2200米的山坡、地边、村旁。分布于南峪安门、东山鲁家及沟门阳山村、憨班拉尕沟。

用途：花可炒食，叶可喂猪。茎皮、叶、种子入药，果实味苦性凉，清热利尿。

花期及蜜源利用价值：花期5~6月，泌蜜丰富，蜜蜂爱采集，是良好的辅助蜜源植物。

七十七、胡麻科 Pedaliaceae

230.胡麻属 *Sesamum*

（473）芝麻 *Sesamum indicum* Linn.

形态特征：一年生直立草本。高60~150厘米，分枝或不分枝，中空或具有白色髓部，微有毛。叶矩圆形或卵形，下部叶常掌状3裂，中部叶有齿缺，上部叶近全缘。花单生或2~3朵同生于叶腋内。花萼裂片披针形，被柔毛。花冠筒状，白色而常有紫红色或黄色的彩晕。雄蕊4，内藏。子房上位，4室，被柔毛。蒴果矩圆形，有纵棱，直立，被毛，分裂至中部或至基部。种子有黑白之分。

生境分布：立节、憨班、峰迭等乡境内有栽培。

用途：芝麻种子可供食用，又可榨油，油供食用，种子亦供药用。

花期及蜜源利用价值：花期7~8月，花期长，蜜、粉丰富，分布集中区可采到商量蜜。

七十八、忍冬科

231.接骨木属 *Sambucus*

（474）接骨木 *Sambucus williamsii* Hance

形态特征：落叶灌木或小乔木，高5～6米；老枝具明显的长椭圆形皮孔，髓部淡褐色。羽状复叶有小叶2～3对，有时仅1对或多达5对，侧生小叶片卵圆形、狭椭圆形，边缘具不整齐锯齿，有时基部或中部以下具1至数枚腺齿，初时上面及中脉被稀疏短柔毛，后无毛，叶搓揉后有臭气。花与叶同出，圆锥形聚伞花序顶生，具总花梗；花小而密；萼筒杯状，黄色；雄蕊与花冠裂片等长，花丝基部稍肥大，花药黄色；子房3室，花柱短，柱头3裂。果实红色，极少蓝紫黑色;分核2～3枚，略有皱纹。果期9～10月。

生境分布：生于海拔1500～2400米的山坡、灌丛、沟边、路旁、宅边等地。分布于各乡镇境内林区。

花期及蜜源利用价值：花期4～5月，蜜、粉少量，为辅助蜜源植物。

232.荚蒾属 *Viburnum*

（475）桦叶荚蒾 *Viburnum betulifolium* Batal. 土名：刺落、透花儿柴

形态特征：落叶灌木或小乔木，高可达7米；小枝稍有棱角，散生小皮孔，无毛或初时稍有毛。叶厚纸质，宽卵形至菱状卵形，边缘离基近中部以上具开展的不规则浅波状牙齿，上面无毛，下面中脉及侧脉被少数短伏毛，脉腋集聚簇状毛。复伞形式聚伞花序，通常多少被疏或密的黄褐色簇状短毛，花生于第4~5级辐射枝上；萼筒有黄褐色腺点，疏被簇状短毛，萼齿小有缘毛；花冠白色，辐状，无毛；雄蕊常高出花冠；柱头高出萼齿。果实红色，近圆形；核扁，有1~3条浅腹沟和2条深背沟。果期9~10月。

生境分布：生于海拔1300~3100米的山谷林中或山坡灌丛中。各乡镇境内都有分布。

用途：茎皮纤维可制绳索及造纸。

花期及蜜源利用价值：花期6~7月，蜜、粉少量，为辅助蜜源植物。

（476）聚花荚蒾　*Viburnum glomeratum* Maxim.　土名：岩石

形态特征：落叶灌木或小乔木，高达3米；当年小枝、芽、幼叶下面、叶柄及花序均被黄色或黄白色簇状毛。叶纸质，卵状椭圆形、卵形或宽卵形，边缘有牙齿，上面疏被簇状短毛，下面初时被由簇状毛组成的绒毛，后毛渐变稀。聚伞花序，第一级辐射枝5~7条；萼筒被白色簇状毛，萼齿卵形，与花冠筒等长或为其2倍；花冠白色，辐状，裂片卵圆形，长约等于或略超过筒；雄蕊稍高出花冠裂片，花药近圆形。果实红色，后变黑色；核椭圆形，扁，有2条浅背沟和3条浅腹沟。果期7~9月。

生境分布：生于海拔1300~2600米山谷林中、灌丛中或草坡的阴湿处。各乡镇境内都有分布。

花期及蜜源利用价值：花期4~6月，蜜、粉少量，为辅助蜜源植物。

（477）陕西荚蒾　*Viburnum schensianum* Maxim.

形态特征：落叶灌木，高可达3米；幼枝、叶下面、叶柄及花序均被由黄白色簇状毛组成的绒毛；芽常被带锈褐色簇状毛；二年生小枝稍四角状，老枝散生圆形小皮孔。叶纸质，卵状椭圆形、宽卵形或近圆形，边缘有较密的小尖齿，初时上面疏被叉状或簇状短毛。聚伞花序，第一级辐射枝3~5条，花大部生于第三级分枝上；花冠白色，辐状，无毛；雄蕊与花冠等长或略长，花药圆形。果实红色而后变黑色，椭圆形；核卵圆形，背部龟背状凸起而无沟或有2条不明显的沟，腹部有3条沟。果期8~9月。

生境分布：生于海拔1200~2200米的山谷杂木林和松林下或山坡灌丛中。分布于卡子沟、瓜子沟、铁坝沟、三眼峪、南峪沟等地。

花期及蜜源利用价值：花期5~7月，蜜、粉少量，为辅助蜜源植物。

(478)香荚蒾　*Viburnum farreri* W. T. Stearn

形态特征：落叶灌木，高达5米；当年小枝绿色，近无毛，二年生小枝红褐色。叶纸质，椭圆形或菱状倒卵形，边缘基部除外具三角形锯齿，幼时上面散生细短毛，下面脉上被微毛，后除脉腋集聚簇状柔毛外均无毛。圆锥花序生于能生幼叶的短枝之顶，有多数花，幼时略被细短毛，后变无毛，花先叶开放，芳香；苞片具缘毛；花冠蕾时粉红色，开后变白色，高脚碟状，裂片5(4)枚，开展；雄蕊生于花冠筒内中部以上，花丝极短，花药黄白色，近圆形；柱头3裂。果实紫红色；核扁，有1条深腹沟。

生境分布：新区绿化、安门村及庭院有栽培。

用途：花于早春开放，为北方园林绿化中的佳品。

花期及蜜源利用价值：花期5~6月，蜜、粉少量，为辅助蜜源植物。

(479)红荚蒾　*Viburnum erubescens* Wallich　别名:细梗淡红荚蒾

形态特征：落叶灌木或小乔木，高达6米；当年小枝被簇状毛至无毛。叶纸质，通常倒卵形或椭圆状倒卵形，基部带圆形，边缘除基部外具细锐锯齿，上面无毛或中脉有细短毛，下面中脉和侧脉被簇状毛；叶柄被簇状毛或无毛。圆锥花序生于具1对叶的短枝之顶，被簇状短毛或近无毛，有时毛密而呈绒状，花序具稀疏花，花梗纤细，部分花具细长梗；萼碟状，通常无毛，有时具红褐色微腺；花冠白色或淡红色，高脚碟状；雄蕊生于花冠筒顶端，花药黄白色，微外露。果实紫红色，后转黑色，椭圆，形较细长。果熟期8月。

生境分布：生于海拔1500~2750米的山坡、杂林林及灌木中。分布于瓜咱沟、磨沟、南峪沟、沙滩、插岗、卡子沟、天干沟、瓜子沟、峡子梁。

用途：可为北方园林绿化中的佳品。

花期及蜜源利用价值：花期4~6月，蜜、粉少量，为辅助蜜源植物。

233.忍冬属 *Lonicera*

（480）忍冬　*Lonicera japonica* Thunb.

形态特征：半常绿藤本；幼枝密被开展的硬直糙毛、腺毛和短柔毛，下部常无毛。叶纸质，卵形至矩圆状卵形，小枝上部叶通常两面均密被短糙毛，下部叶常平滑无毛；叶柄密被短柔毛。总花梗通常单生于小枝上部叶腋，密被短柔后，并夹杂腺毛；苞片大，叶状，两面均有短柔毛或有时近无毛；萼筒无毛，萼齿外面和边缘都有密毛；花冠白色，有时基部向阳面呈微红，后变黄色，唇形；雄蕊和花柱均高出花冠。果实圆形，熟时蓝黑色，有光泽；种子卵圆形或椭圆形，褐色，中部有1凸起的脊，两侧有浅的横沟纹。果熟期10~11月。

生境分布：生于山坡灌丛或疏林中、乱石堆、山脚路旁。分布于大峪沟、插岗、卡子沟。沿白龙江庭院也常栽培。

用途：金银花性甘寒，功能清热解毒、消炎退肿，对细菌性痢疾和各种化脓性疾病都有效。金银花商品以花蕾为佳。

花期及蜜源利用价值：花期5~6月，泌蜜丰富，蜜蜂爱采，是良好的辅助蜜源植物。

（481）金银忍冬 *Lonicera maackii* (Rupr.) Maxim.

形态特征：落叶灌木，高达6米；凡幼枝、叶两面脉上、叶柄、苞片、小苞片及萼檐外面都被短柔毛和微腺毛。叶纸质，形状变化较大，通常卵状椭圆形至卵状披针形。花芳香，生于幼枝叶腋，总花梗短于叶柄；苞片条形，小苞片多少连合成对；相邻两萼筒分离，无毛或疏生微腺毛，萼檐钟状；花冠先白色后变黄色，外被短伏毛或无毛，唇形，内被柔毛；雄蕊与花柱长约达花冠的2/3，花丝中部以下和花柱均有向上的柔毛。果实暗红色，圆形；种子具蜂窝状微小浅凹点。果熟期8~10月。

生境分布：生于海拔达1600~2800米的林中或林缘、溪流附近的灌木丛中。分布于拉尕沟、黑峪沟、瓜咱沟、磨沟、卡子沟、铁坝沟、博峪等地。

用途：茎皮可制人造棉。花可提取芳香油。种子榨成油可制肥皂。

花期及蜜源利用价值：花期5~6月，蜜、粉少量，为辅助蜜源植物。

(482)金花忍冬　*Lonicera chrysantha* Turcz.

形态特征：落叶灌木，高达4米；幼枝、叶柄和总花梗常被开展的直糙毛、微糙毛和腺。叶纸质，菱状卵形、菱状披针形、倒卵形，两面脉上被直或稍弯的糙伏毛，中脉毛较密，有直缘毛。苞片条形或狭条状披针形，常高出萼筒；相邻两萼筒分离，常无毛而具腺；花冠先白色后变黄色，外面疏生短糙毛，唇形，筒内有短柔毛，基部有1深囊或有时囊不明显；雄蕊和花柱短于花冠，花丝中部以下有密毛，药隔上半部有短柔伏毛；花柱全被短柔毛。果实红色，圆形。果期7~9月。

生境分布：生于海拔1250~2600米的山坡、沟谷、林下或林缘灌丛中。分布于拉尕沟、黑峪沟、瓜咱沟、磨沟、南峪色、嘎沟、卡子沟、博峪等地。

花期及蜜源利用价值：花期5~6月，蜜、粉少量，为辅助蜜源植物。

(483)葱皮忍冬　*Lonicera ferdinandii* Franch.

形态特征：落叶灌木，高达3米；幼枝有密或疏、开展或反曲的刚毛，常兼生微毛和红褐色腺，老枝有乳头状突起而粗糙，壮枝的叶柄间有盘状托叶。叶纸质或厚纸质，卵形至卵状披针形或矩圆状披针形，边缘有时波状，有睫毛，上面疏生刚伏毛或近无毛，下面脉上连同叶柄和总花梗都有刚伏毛和红褐色腺；小苞片合生成坛状壳斗，完全包被相邻两萼筒，幼时外面密生直糙毛，内面有贴生长柔毛；花冠白色，后变淡黄色，外面密被反折短刚伏毛、开展的微硬毛及腺毛，内面有长柔毛，唇形，上唇浅4裂，下唇细长反曲；花柱上部有柔毛。果实红色，卵圆形，外包以撕裂的壳斗，各内含2~7颗种子；种子椭圆形，密生锈色小凹孔。果期9~10月。

生境分布：生于海拔1000~2000米的向阳山坡林中或林缘灌丛中，分布全县境内。

用途：枝条韧皮纤维可制绳索、麻袋，亦可作造纸原料。

花期及蜜源利用价值：花期4~6月，蜜、粉量中等，为辅助蜜源。

(484)刚毛忍冬　*Lonicera hispida* Pall.ex Roem.et Schult.

形态特征：落叶灌木，高1～3米；幼枝连同叶柄和总花梗均具刚毛或兼具微糙毛和腺毛。叶厚纸质，形状、大小和毛被变化很大，椭圆形、卵状椭圆形、矩圆形，近无毛或下面脉上有少数刚伏毛或两面均有疏或密的刚伏毛和短糙毛，边缘有刚睫毛。苞片有时带紫红色，毛被与叶片同；相邻两萼筒分离，常具刚毛和腺毛；花冠白色或淡黄色，漏斗状，外面有短糙毛或刚毛或几无毛，筒基部具囊；雄蕊与花冠等长；花柱伸出，至少下半部有糙毛。果实先黄色后变红色，卵圆形；种子稍扁，果期7～9月。

生境分布：生于海拔1700～3600米的山坡林中、林缘灌丛中或高山草地上。分布于瓜咱沟梁、博铁梁、沙滩林场、插岗等林区。

用途：花蕾供药用，功能清热解毒，用以治感冒、肺炎等症。

花期及蜜源利用价值：花期6～7月，泌蜜丰富，为良好的辅助蜜源植物。

234.双盾木属 *Dipelta*

（485）双盾木　*Dipelta floribunda* Maxim.　土名：狗骨柴、脱皮子

形态特征：落叶灌木或小乔木，高达6米；枝纤细，初时被腺毛；树皮剥落。叶卵状披针形或卵形，全缘，有时顶端疏生2~3对浅齿，上面初时被柔毛，下面灰白色，侧脉与主脉均被白色柔毛。聚伞花序簇生于侧生短枝顶端叶腋；2对小苞片形状、大小不等，紧贴萼筒的一对盾状，宿存而增大，紧裹花梗；萼筒疏被硬毛，萼齿具腺毛，坚硬而宿存；花冠粉红色，筒上部开展呈钟形，稍呈二唇形，下唇喉部橘黄色；花柱丝状，无毛。果实具棱角，连同萼齿为宿存而增大的小苞片所包被。果熟期8~9月。

生境分布：生于海拔1250~2200米的山坡杂木林下或灌丛中。分布于全县境内。

花期及蜜源利用价值：花期4~7月，蜜、粉少量，为辅助蜜源植物。

235.六道木属 *Abelia*

（486）六道木 *Abelia biflora* Turcz. 土名：六棱木

形态特征：落叶灌木，高1～3米；幼枝被倒生硬毛。叶矩圆形至矩圆状披针形，全缘或中部以上羽状浅裂而具1～4对粗齿，上面深绿色，下面绿白色，两面疏被柔毛，脉上密被长柔毛，边缘有睫毛；叶柄基部膨大且成对相连，被硬毛。花单生于小枝上叶腋，无总花梗；萼筒疏生短硬毛，萼齿4枚；花冠白色、淡黄色或带浅红色，狭漏斗形或高脚碟形，外面被短柔毛，4裂，裂片内密生硬毛；雄蕊4枚，二强，着生于花冠筒中部，花药长卵圆形；子房3室，仅1室发育，柱头头状。果实具硬毛，冠以4枚宿存而略增大的萼裂片；种子圆柱形，具肉质胚乳。果期8～9月。

生境分布：生于海拔1400～2000米的山坡灌丛、林下及沟边。分布于插岗角里、果耶楞干、磨沟、庙沟、南峪沟。

花期及蜜源利用价值：花期4～6月，蜜粉量中等，为辅助蜜源植物。

（487）南方六道木 *Abelia dielsii* (Graebn.) Rehd.

形态特征：落叶灌木，高2～3米；当年小枝红褐色。叶长卵形、矩圆形、倒卵形、椭圆形至披针形，变化幅度很大，嫩时上面散生柔毛，下面除叶脉基部被白色粗硬毛外，光滑无毛，全缘或有1～6对齿牙，具缘毛；叶柄基部膨大，散生硬毛。花2朵生于侧枝顶部叶腋；总花梗长1()2厘米；花梗极短或几无；苞片3枚，形小而有纤毛；萼筒长散生硬毛，萼檐4裂；花冠白色，后变浅黄色，4裂，筒内有短柔毛；雄蕊4枚，二强，内藏；花药黄色，花柱细长，柱头头状，不伸出花冠筒外。瘦果状核果，先端具4个宿存萼裂片；种子柱状。果熟期8～9月。

生境分布：生于海拔1600～3500米的山坡灌丛、路边林下及草地。分布于曲瓦沟、大峪沟、黑峪、瓜咱沟、磨沟及拱坝河流域林区。

本种与六道木很相近，但具明显的总花梗

花期及蜜源利用价值：花期4～6月，蜜、粉少量，为辅助蜜源植物。

七十九、川续断科

236.川续断属 Dipsacus

（488）川续断 *Dipsacus asper* Wallich ex Candolle

形态特征：多年生草本，高达2米；茎中空，具6~8条棱，棱上疏生下弯的硬刺。基生叶稀疏丛生，叶片琴状羽裂，两侧裂片3~4对，叶面被白色刺毛或乳头状刺毛，背面沿脉密被刺毛；茎生中下部叶为羽状深裂，边缘具疏粗锯齿，侧裂片2~4对，上部叶披针形，不裂或基部3裂。头状花序球形；总苞片叶状，被硬毛；花萼四棱、皿状，外面被短毛；花冠淡黄色或白色，顶端4裂，外面被短柔毛；雄蕊4，着生于花冠管上，花丝扁平，花药紫色；子房下位，柱头短棒状。瘦果，仅顶端外露于小总苞外。果期9~11月。

生境分布：生于海拔1200~1900米的山坡、草丛、林缘、沟边和田野路旁。各乡镇境内有分布。

用途：本种根入药，有行血消肿、生肌止痛、续筋接骨、补肝肾、强腰膝、安胎的功效。

花粉及花期及蜜源利用价值：花粉黄白色，近球形，表面具刺，呈网状雕纹。花期7~9月，泌蜜较好，在分布集中区，天气晴好时，可采集商品蜜，为重要的辅助蜜源植物。

（489）日本续断　*Dipsacus japonicus* Miq.

形态特征：多年生草本，高1米以上。茎中空，具4~6棱，棱上具钩刺。基生叶长椭圆形，分裂或不裂；茎生叶对生，叶片椭圆状卵形至长椭圆形，常为3~5裂，边缘具粗齿或近全缘，有时全为单叶对生，正面被白色短毛，叶柄和叶背脉上均具疏的钩刺和刺毛。头状花序顶生，圆球形；总苞片具白色刺毛；小苞片两侧具长刺毛；花萼盘状，4裂，被白色柔毛；花冠管4裂，裂片不相等，外被白色柔毛；雄蕊4，着生在花冠管上；子房包于囊状小总苞内，小总苞具4棱，被白色短毛，顶端具8齿。瘦果。果期9~11月。

生境分布：生于山坡、路旁和草坡。各乡镇境内都有分布。

花期及蜜源利用价值：花期8~9月，蜜、粉中等量，招蜂，泌蜜较好，为辅助蜜源植物。

八十、桔梗科

237.党参属 *Codonopsis*

(490)党参　*Codonopsis pilosula* (Franch.) Nannf.

形态特征：茎基具多数瘤状茎痕，根常肥大呈纺锤状或纺锤状圆柱形，上端有细密环纹，肉质。茎缠绕，长1～2米，有多数分枝，侧枝具叶。叶在主茎及侧枝上的互生，在小枝上的近于对生，叶片卵形或狭卵形，边缘具波状钝锯齿，上面绿色，下面灰绿色，两面疏或密地被贴伏的长硬毛或柔毛。花单生于枝端，与叶柄互生或近于对生，有梗。花萼贴生至子房中部，花冠上位，阔钟状，黄绿色，内面有明显紫斑，浅裂，裂片全缘；花丝基部微扩大，花药长形；柱头有白色刺毛。蒴果下部半球状，上部短圆锥状。种子多数，无翼，细小，棕黄色，光滑无毛。果期7～10月。

生境分布：生于海拔1600～2800米的山地林边、草坡及灌丛中。曲瓦、大峪、武坪、插岗、博峪、峰迭、拱坝、果耶等乡镇境内有野生，也有大量栽培。以博峪、曲瓦、大峪种植较多。

用途：根入药，性平，味甘，有补中益气，健脾强身的作用。为甘肃省四大名药之一，也是一种滋补药材，养气兼能养血。

泌蜜规律：花期7～10月，花期25天左右，最长可达 40天，蜜粉丰富。党参开花由下而上，每个枝条每天开一朵，或几天开一朵。党参花的蜜腺就位于星状花盘的每个角上，蜜腺在花尚未完全开放时就开始分泌花蜜，所以党参一开花即泌蜜。且全天都可泌蜜，但以9 时至16时蜜蜂采集的积极性最高。夏季生长阶段雨水充足，花期不旱，气温在22℃以上，相对湿度70％左右时，泌蜜较好。另外，党参流蜜和生长状况、通风透光也有一定关系，一般生长健壮、通风透光好的泌蜜多，但生长茂密过旺的党参泌蜜较少。是博峪镇的主要蜜源植物之一。

238.沙参属 *Adenophora*

（491）泡沙参　*Adenophora potaninii* Korsh.

形态特征：茎高30~100厘米，不分枝，疏被倒生短硬毛。茎生叶无柄，卵状椭圆形，矩圆形，每边具2至数个粗大齿，两面有疏或密的短毛。花序通常在基部有分枝，组成圆锥花序，也有时仅数朵花，集成假总状花序。花梗短；花萼无毛，裂片边缘有一对细长齿；花冠钟状，紫色、蓝色或蓝紫色，少为白色；花盘筒状，至少顶端被毛；花柱与花冠近等长，或稍稍伸出。蒴果球状椭圆形或椭圆状。种子棕黄色，长椭圆状，有一条翅状棱。果期10~11月。

生境分布：生于海拔3100米以下的阳坡草地、灌丛或林下。各乡镇境内都有分布。

用途：根药用，味甘；微苦；性微寒，归肺、胃经；养阴清热；润肺化痰；益胃生津。主阴虚久咳；燥咳痰少；津伤口渴。

花期及蜜源利用价值：花期7~10月，蜜、粉少量，可为辅助蜜源。

八十一、菊科

239.紫菀属 *Aster*

(492)紫菀　*Aster tataricus* Linn. f.

形态特征：多年生草本。茎直立，高40~50厘米，粗壮，基部有纤维状枯叶残片且常有不定根，有棱及沟，被疏粗毛，有疏生的叶。基部叶在花期枯落，边缘有具小尖头的圆齿或浅齿。下部叶渐狭或急狭成具宽翅的柄，边缘除顶部外有密锯齿；中部叶无柄，全缘或有浅齿，上部叶狭小；全部上面被短糙毛，下面沿脉被较密的短粗毛。头状花序多数，在茎和枝端排列成复伞房状。总苞片3层，线形或线状披针形，被密短毛。舌状花20余个，舌片蓝紫色；管状花稍有毛。瘦果倒卵状长圆形，两面各有1或少有3脉，上部被疏粗毛。冠毛污白色或带红色，有多数不等长的糙毛。果期8~10月。

生境分布：生于海拔1400~2000米的低山阴坡湿地、山顶和低山草地及沼泽地。全县境内均有分布。

花期及蜜源利用价值：花期7~9月，粉量丰富，蜜量少，对繁殖越冬蜂很有利，可为良好的辅助蜜源。

（493）小舌紫菀　*Aster albescens* (DC.) Hand.-Mazz.

形态特征：灌木，高30~180厘米，多分枝。叶卵圆、椭圆或长圆状，全缘或有浅齿，叶近纸质，近无毛或上面被短柔毛而下面被白色或灰白色蛛丝状毛或茸毛，常杂有腺点或沿脉有粗毛。头状花序，多数在茎和枝端排列成复伞房状。总苞倒锥状，总苞片3~4层，覆瓦状排列，被疏柔毛或茸毛或近无毛。舌状花15~30个；舌片白色，浅红色或紫红色；管状花黄色，常有腺。冠毛污白色，后红褐色，1层，有多数微糙毛。瘦果长圆形，有4~6肋，被白色短绢毛。果期8~10月。

生境分布：生于海拔1300~2600米的山坡、路边及灌丛中。全县境内有分布。

花期及蜜源利用价值：花期6~9月，蜜、粉少量，可为辅助蜜源。

240.向日葵属 *Helianthus*

（494）向日葵　*Helianthus annuus* Linn.

形态特征：一年生高大草本。茎直立，高1～3米，粗壮，被白色粗硬毛。叶互生，心状卵圆形或卵圆形，边缘有粗锯齿，两面被短糙毛，有长柄。头状花序极大，单生于茎端或枝端，常下倾。总苞片多层，覆瓦状排列，被长硬毛或纤毛。花托平或稍凸、有半膜质托片。舌状花多数，黄色、舌片开展，长圆状卵形或长圆形，不结实。管状花极多数，棕色或紫色，结果实。瘦果，稍扁压，有细肋，常被白色短柔毛，上端有2个膜片状早落的冠毛。果期8～9月。

生境分布：各乡镇村都均有栽培，东山等境内乡有成片种植。

用途：种子含油量很高，味香可口，供食用、榨油。花穗、种子皮壳及茎秆可作饲料及工业原料，花穗也供药用。

花粉及泌蜜规律：花期7～9月，花粉粒黄色，球形，外壁有刺。管状花序雄蕊先熟，从开花到柱头萎缩约36小时，花期25天左右。蜜腺位于管状花萼周围，蜜腺组织肥厚。蜜浅琥珀色，浓稠。粉量丰富，为重要的商品蜜源之一。但向日葵葡萄糖含量多于果糖，结晶快，颗粒大，故向日葵不宜做越冬饲料。

(495)菊芋　*Helianthus tuberosus* Linn.　土名:洋姜

形态特征：多年生草本，高1～3米，有块状的地下茎及纤维状根。茎直立，有分枝，被白色短糙毛或刚毛。叶通常对生，上部叶互生；下部叶卵圆形或卵状椭圆形，边缘有粗锯齿，上面被白色短粗毛、下面被柔毛，叶脉上有短硬毛，上部叶长椭圆形至阔披针形，下延成短翅状。头状花序较大，少数或多数，单生于枝端，有1～2个线状披针形的苞叶，总苞片多层，背面被短伏毛，边缘被开展的缘毛。舌状花通常12～20个，舌片黄色；管状花花冠黄色。瘦果小，楔形，上端有2～4个有毛的锥状扁芒。

生境分布：立节、憨班、峰迭、城关、插岗等乡境内广泛栽培。

用途：块茎含有丰富的淀粉，可做蔬菜、加工制成酱菜，还可制菊糖供药用及酒精，新鲜的茎、叶作青贮饲料。

花期及蜜源利用价值：花期8～10月，蜜、粉丰富，可作为秋季辅助蜜源。

241.鬼针草属 *Bidens*

（496）鬼针草　*Bidens pilosa* Linn.

形态特征：一年生草本，茎直立，高30~100厘米，钝四棱形，无毛或上部被极稀疏的柔毛。茎下部叶较小，3裂或不分裂，通常在开花前枯萎，中部叶三出，小叶3枚，边缘有锯齿、顶生小叶较大，长椭圆形或卵状长圆形，无毛或被极稀疏的短柔毛，上部叶小，3裂或不分裂。头状花序。总苞基部被短柔毛，苞片7~8枚，边缘疏被短柔毛或几无毛。无舌状花，盘花筒状，冠檐5齿裂。瘦果黑色，具棱，上部具稀疏瘤状突起及刚毛，顶端芒刺3~4枚，具倒刺毛。

生境分布：生于山坡、村旁、路边及荒地中。各乡境内有分布。

用途：可供药用，有清热解毒、散瘀活血的功效。

花期及蜜源利用价值：花期7~10月，蜜、粉丰富，为良好的辅助蜜源。

242.菊属 *Dendranthema*

（497）野菊 *Chrysanthemum lavandulifolium* (Fischer ex Trautvetter) Makino 别名：甘野菊

形态特征：多年生草本，高达1米。茎直立或铺散，分枝或仅在茎顶有伞房状花序分枝。茎枝被稀疏毛，上部及花序枝上毛稍多。基生叶和下部叶花期脱落。中部茎叶卵形、长卵形或椭圆状卵形，羽状半裂、浅裂或分裂不明显而边缘有浅锯齿。两面同色或几同色，淡绿色，有稀疏的短柔毛，或下面的毛稍多。头状花序，多数在茎枝顶端排成疏松的伞房圆锥花序或少数在茎顶排成伞房花序。总苞片约5层。全部苞片边缘白色或褐色宽膜质。舌状花黄色，顶端全缘或2~3齿。瘦果。

生境分布：生于山坡草地、灌丛、河边水湿地、田边及路旁。各乡境内均有分布。

用途：野菊的叶、花及全草入药。味苦、辛、凉，清热解毒，疏风散热，散瘀，明目，降血压。

花期及蜜源利用价值：花期8~11月，蜜、粉丰富，对贮备越冬饲料有重要作用。蜜琥珀色，芳香。为良好的辅助蜜源。

243.蜂斗菜属 *Petasites*

（498）蜂斗菜　*Petasites japonicus* (Sieb. et Zucc.) Maxim.

形态特征：多年生草本，雌雄异株。雄株花茎在花后高10～30厘米，不分枝，被密或疏褐色短柔。基生叶具长柄，叶片圆形或肾状圆形，不分裂，边缘有细齿，上面绿色幼时被卷柔毛，下面被蛛丝状毛。苞叶紧贴花葶。头状花序多数，25～30在上端密集成密伞房状，有同形小花；总苞片2层近等长，无毛；全部小花管状，两性，不结实；花冠白色；花柱顶端锥状二浅裂。雌性花葶高15～20厘米，有密苞片，在花后常伸长；密伞房状花序，花后排成总状；头状花序具异形小花；雌花多数，花冠丝状；花柱明显伸出花冠，顶端头状，二浅裂，被乳头状毛。瘦果，无毛；冠毛白色，细糙毛状。果期6月。

生境分布：常生于海拔1600～2600米的溪流边、草地或灌丛中。分布于各乡镇境内林区、林缘。

用途：根状茎供药用，能解毒祛瘀，外敷治跌打损伤、骨折及蛇伤。可作为蔬菜，叶柄和嫩花芽供食用，味美可口。

花期及蜜源利用价值：花期4～5月，有粉少量，可为辅助粉源。

244.千里光属 *Senecio*

(499)千里光 *Senecio scandens* Buch.-Ham.Ex D.Don

形态特征：多年生攀援草本。长2~5米，多分枝，被柔毛或无毛。叶片卵状披针形至长三角形，通常具浅或深齿，稀全缘，有时具细裂或羽状浅裂，两面被短柔毛至无毛；叶柄具柔毛或近无毛；上部叶变小。头状花序有舌状花，多数，在茎枝端排列成顶生复聚伞圆锥花序；分枝和花序梗被密至疏短柔毛。苞片约8。总苞片12~13，上端和上部边缘、背面有短柔毛或无毛。舌状花8~10；舌片黄色，具3细齿；管状花多数；花冠黄色，上端有乳头状毛。花药基部有钝耳，向基部略膨大；花柱顶端有乳头状毛。瘦果圆柱形，被柔毛；冠毛白色。

生境分布：常生于海拔1200~3200米的山坡、灌丛中，攀援于灌木、岩石上或溪边。全县境内有分布。

花期及蜜源利用价值：花期8~10月，蜜量中等，气温18℃以上即可泌蜜，20℃以上流蜜好。花粉丰富，为良好的辅助蜜粉源植物。

（500）林荫千里光　*Senecio nemorensis* Linn.

形态特征：多年生草本。茎单生，直立，高达1米，花序下不分枝，被疏柔毛或近无毛。基生叶和下部茎叶在花期凋落；中部茎叶近无柄，披针形或长圆状披针形，边缘具密锯齿，稀粗齿，两面被疏短柔毛或近无毛，上部叶渐小，无柄。头状花序具舌状花，多数，在茎端或枝端或上部叶腋排成复伞房花序；花序梗具3~4小苞片被疏柔毛。苞片4~5。总苞片12~18，外面被短柔毛。舌状花8~10，舌片黄色；管状花15~16，花冠黄色，上端具乳头状毛。花药基部具耳；花柱被乳头状毛。瘦果圆柱形，无毛；冠毛白色。

生境分布：生于海拔1780~3000米的疏林下、林中开旷处、草地或溪边。分布于曲瓦沟、瓜咱沟、磨沟及沙滩、插岗嘎沟、卡子沟。

花期及蜜源利用价值：花期7~10月，蜜、粉中等，可为辅助蜜源。

(501)密齿千里光 *Senecio densiserratus* C.C.Chang

形态特征：多年生草本，茎单生，直立，高70～120厘米，花序以下不分枝，被疏蛛丝状绒毛。基生叶和下部茎叶在花期凋落；中部茎叶多数，具短柄，狭披针形或线状披针形，纸质，上面绿色，被贴生柔毛，下面除中脉外被白色绒毛。头状花序有舌状花，多数在茎端或上部叶腋排列成复伞房花序；花序梗细，被密短柔毛，具2～3个丝状小苞片。舌状花5，舌片黄色，长圆形，顶端具3细齿，具4脉；管状花7～9；花冠黄色，檐部漏斗状。花药基部具短钝耳。花柱分枝，顶端截形，被乳头状毛。瘦果圆柱形，无毛。

生境分布：生于海拔2400～3000米的疏林下、林中开旷处、草地或溪边。分布于曲瓦沟、瓜咱沟、磨沟及沙滩、插岗嘎沟、卡子沟。

花期及蜜源利用价值：花期8～9月，蜜、粉中等，招蜂，可为辅助蜜源。

245.华蟹甲属 *Sinacalia*

(502)华蟹甲　*Sinacalia tangutica* (Maxim.) B.Nord.　土名:毛核儿

形态特征：多年生草本。茎粗壮，中空，高50~100厘米，被毛。下部茎叶花期常脱落，中部叶羽状深裂，每边各有侧裂片3~4，上面深绿色，被疏贴生短硬毛，下面浅绿色，沿脉被短柔毛及疏蛛丝状毛；上部叶渐小。头状花序小，多数排成多分枝宽塔状复圆锥状，花序轴及花序梗被黄褐色腺状短柔毛。总苞片5，线状长圆形，边缘狭干膜质。舌状花2~3个，黄色；管状花4，稀7，花冠黄色。花药长圆形，基部具短尾；花柱分枝弯曲，顶端被乳头状微毛。瘦果圆柱形，无毛，具肋；冠毛糙毛状，白色。

生境分布：常见于海拔1250~3450米的山坡草地、悬崖、沟边、草甸或林缘和路边。除东山、坪定乡境内分布少以外，其余于各乡镇境内广泛分布。

花期及蜜源利用价值：花期7~9月，蜜、粉中等，可为辅助蜜源。

246.牛蒡属 *Arctium*

(503)牛蒡　*Arctium lappa* Linn.　土名:染染子、牛包叶、大力子

形态特征：二年生草本。茎直立，高达2米，粗壮，有多数条棱，分枝多数，全部茎枝被稀疏的乳突状短毛及长蛛丝毛并具棕黄色的小腺点。基生叶宽卵形，边缘稀疏的浅波状凹齿或齿尖，上面绿色，有稀疏的短糙毛及黄色小腺点，下面灰白色或淡绿色，被薄绒毛或绒毛稀疏，有黄色小腺点。茎生叶与基生叶同形或近同形。头状花序多数或少数在茎枝顶端排成疏松的伞房花序或圆锥状伞房花序。总苞片多层，多数。小花紫红色。瘦果，两侧压扁，有多数细脉纹。冠毛多层，糙毛状，基部不连合成环，分散脱落。花果期7~9月。

生境分布：生于海拔1200~3500米山坡、山谷、林缘、林中、灌木丛中、河边潮湿地、村庄路旁或荒地。全县境内普遍分布。

用途：由于瘦果和根入药。果实入药，性味辛、苦寒，疏散风热，宣肺透疹、散结解毒；根入药，有清热解毒、疏风利咽之效。

花期及蜜源利用价值：花期7~9月，蜜、粉少量，可为辅助蜜源。

247.飞廉属 *Carduus*

（504）飞廉 *Carduus nutans* Linn. 土名：大马刺盖

形态特征：二年生或多年生草本，高30～100厘米。茎单生或少数茎成簇生，全部茎枝有条棱，被稀疏毛，上部被密厚的蛛丝状绵毛。中下部茎叶长卵圆形或披针形，羽状半裂或深裂，侧裂片5～7对，顶端有淡黄白或褐色的针刺；向上茎叶羽状浅裂或不裂，顶端及边缘具等样针刺。叶两面同色，两面沿脉被长节毛。茎翼连续，边缘有针刺。头状花序通常下垂或下倾，单生茎顶或长分枝的顶。总苞片多层，覆瓦状排列。全部苞片无毛或被稀疏蛛丝状毛，在顶端成针刺状伸出。小花紫色，5深裂。瘦果稍压扁，有果缘，果缘全缘。冠毛白色，多层；冠毛刚毛锯齿状，基部连合成环。花果期6～10月。

生境分布：生于海拔1200～2400米的山谷、荒坡、田边或草地。各乡镇境内广有分布。

花期及蜜源利用价值：花期6～10月，粉丰富，为辅助粉源。

248.蓟属 *Cirsium*

（505）刺儿菜 *Cirsium setosum*(Willd.) MB. 土名：绵刺盖

形态特征：多年生草本。茎直立，高30～100厘米，上部有分枝，无毛或有薄绒毛。基生叶和中部茎叶椭圆形或椭圆状倒披针形，上部茎叶渐小，叶缘有细密的针刺。或大部茎叶羽状浅裂或半裂或边缘粗大圆锯齿，齿顶及裂片顶端有较长的针刺。全部茎叶两面同色，两面无毛，或极少两面异色被薄绒毛。头状花序单生茎端，少数或多数头状花序在茎枝顶端排成伞房花序。总苞片约6层，覆瓦状排列；苞片顶端具短针刺。小花紫红色或白色。瘦果淡黄色，压扁，冠毛污白色，多层，整体脱落；冠毛刚毛长羽毛状，顶端渐细。花果期6～9月。

生境分布：生于海拔1170～2700米山坡、路旁或荒地、田间。全县境内有分布。

花期及蜜源利用价值：花期6～9月，蜜量丰富，有利于蜂群繁殖。

(506)蓟　*Cirsium japonicum* Fisch.ex DC. 土名:马刺盖

形态特征：多年生草本，茎直立，30~150厘米，分枝或不分枝，全部茎枝有条棱，被稠密或稀疏的多细胞长节毛，接头状花序下部灰白色，被稠密绒毛及多细胞节毛。基生叶较大，全形卵形、椭圆形或长椭圆形，羽状深裂或几全裂，基部渐狭成短或长翼柄，柄翼边缘有针刺及刺齿。自基部向上的叶渐小，与基生叶同形并等样分裂。头状花序直立。总苞片约6层，覆瓦状排列。全部苞片外面有微糙毛并沿中肋有黏腺。瘦果压扁。小花红色或紫色，不等5浅裂。冠毛浅褐色，多层，基部联合成环，整体脱落；冠毛刚毛长羽毛状，内层向顶端纺锤状扩大或渐细。果期6~10月。

生境分布：生于海拔1200~2200米山坡林中、林缘、灌丛中、草地、荒地、田间、路旁或溪旁。全县境内都有分布。

花期及蜜源利用价值：花期6~10月，分布广，泌蜜丰富，分布集中区可取到商品蜜。泌蜜受阴雨、早霜影响。蜜琥珀色。

（507）魁蓟 *Cirsium leo* Nakai & Kitagawa

多年生草本，高40～100厘米。茎直立，单生或少数茎成簇生，全部茎枝有条棱，被长节毛，上部及接头状花序下部的毛较稠密。基部和下部茎叶全形长椭圆形或倒披针状长椭圆形，羽状深裂；侧裂片8～12对，全部侧裂片边缘三角形刺齿不等大，齿顶长针刺，齿缘短针刺。向上的叶渐小，无柄或基部扩大半抱茎。全部叶两面同色，绿色，被多细胞长节毛，下面沿脉的毛稍稠密。头状花序在茎枝顶端排成伞房花序，极少单生茎顶而植株仅有1个头状花序的。小花紫色或红色，花冠檐部不等大5浅裂。瘦果灰黑色，偏斜椭圆形，顶端斜截形，压扁。冠毛污白色，多层，基部连合成环，整体脱落；冠毛刚毛长羽毛状，向顶端渐细。

生境分布：生于海拔1200～3400米山谷、山坡草地、林缘或溪旁、河旁或路边潮湿地及田间。各乡镇境内有分布。

花期及蜜源利用价值：花期6～9月，蜜、粉少量，为辅助蜜源。

249.风毛菊属 *Saussurea*

(508)风毛菊 *Saussurea japonica* (Thunb.) DC.

形态特征：二年生草本，高50~150厘米。茎直立，通常无翼，极少有翼，被稀疏的短柔毛及金黄色的小腺点。基生叶与下部茎叶有叶柄，有狭翼，叶片全形椭圆形或披针形，羽状深裂，边缘全缘或极少边缘有少数大锯齿；中部茎叶与基生叶同形；上部茎叶羽状浅裂或不裂；全部两面同色，两面有稠密的凹陷性的淡黄色小腺点。头状花序多数，在茎枝顶端排成伞房状或伞房圆锥花序，有小花梗。总苞被白色稀疏的蛛丝状毛；总苞片6层。小花紫色。瘦果圆柱形。冠毛白色，2层，外层短，糙毛状，内层长，羽毛状。果期7~10月。

生境分布：生于海拔1200~2800米山坡、山谷、林下、山坡路旁、山坡灌丛、荒坡、水旁、田中。全县境内均有分布。

花期及蜜源利用价值：花期7~10月，蜜粉量中等，可为辅助蜜源。

250.蒲公英属 *Taraxacum*

(509)蒲公英　*Taraxacum mongolicum* Hand.-Mazz. 土名:黄黄儿菜

形态特征：多年生草本。叶倒卵状披针形、倒披针形，边缘有时具波状齿或羽状深裂，有时倒向羽状深裂或大头羽状深裂，全缘或具齿，每侧裂片3~5片，通常具齿，叶柄及主脉常带红紫色，疏被蛛丝状白色柔毛或几无毛。花葶1至数个，上部紫红色，密被蛛丝状白色长柔毛；头状花序；总苞钟状，淡绿色；总苞片2~3层；舌状花黄色，边缘花舌片背面具紫红色条纹，花药和柱头暗绿色。瘦果倒卵状披针形，上部具小刺，下部具成行排列的小瘤，顶端逐渐收缩为圆锥至圆柱形喙基，喙纤细；冠毛白色。果期5~10月

生境分布：广泛生于中、低海拔地区的山坡草地、路边、田野、河滩。全县境内均有分布。

用途：全草供药用，有清热解毒、消肿散结的功效。

花期及蜜源利用价值：花期4~9月，花期长，蜜粉量丰富，是蜂群繁殖的好蜜源。

251.苦苣菜属 *Sonchus*

（510）苣荬菜　*Sonchus arvensis* Linn.　土名：苦麻菜

形态特征：一年生草本。茎直立，上部伞房花序状分枝，或自基部多分枝或少分枝，全部茎枝无毛。基生叶花期生存，线形或线状披针形；中下部茎叶披针形或线形，基部箭头状半抱茎，中上部茎叶同形，但不成箭头状半抱茎；全部叶两面无毛，边缘全缘。头状花序多数，在茎枝顶端排成伞房状花序，花序梗细。总苞圆柱状，果期扩大成卵球形；总苞片3层。舌状小花黄色，极少白色，10~25枚。瘦果压扁，褐色，长椭圆形，无毛，有10条高起的尖翅肋，顶端急尖成喙，细丝状。冠毛白色，纤细。果期6~8月。

生境分布：生于海拔1200~2600米的山坡林缘、灌丛、草地、田野路旁、农田。分布广，全县境内都有分布。

用途：全草入药，具清热解毒、去腐化脓、止血生机功效；可治疗疮、无名肿毒、子宫出血等症。

花期及蜜源利用价值：花期6~8月，蜜粉量中等，可为辅助蜜源。

(511)苦苣菜 *Sonchus oleraceus* Linn. 土名:苘苘菜

形态特征：一年生或二年生草本。茎直立，单生，中空，有纵条棱或条纹，全部茎枝光滑无毛。基生叶羽状深裂，全部基生叶基部渐狭成长或短翼柄；中下部茎叶羽状深裂或大头状羽状深裂，柄基圆耳状抱茎；全部叶或裂片边缘有大小不等的急尖锯齿或大锯齿或全缘，两面光滑毛。头状花序少数在茎枝顶端排紧密的伞房花序或总状花序或单生茎枝顶端。总苞宽钟状；总苞片3~4层，覆瓦状排列。舌状小花多数，黄色。瘦果褐色，压扁，无喙，冠毛白色，单毛状。

生境分布：生于海拔170~3200米的山坡或山谷林缘、林下或平地田间、空旷处或近水处。全县境内有分布。

用途：全草入药，有祛湿、清热解毒功效。

花期及蜜源利用价值：花期5~10月，蜜粉量少，可为辅助蜜源。

252.旋覆花属 *Inula*

(512)旋覆花 *Inula japonica* Thunb.

形态特征：多年生草本。茎单生，有时2~3个簇生，直立，高30~70厘米，有时基部具不定根，基部径有细沟，被长伏毛。基部叶常较小，在花期枯萎；中部叶长圆形，长圆状披针形，常有圆形半抱茎的小耳，无柄，边缘有小尖头状疏齿或全缘，上面有疏毛或近无毛，下面有疏伏毛和腺点。头状花序，多数或少数排列成疏散的伞房花序。总苞半球形约6层,背面有伏毛或近无毛，有缘毛；内层有腺点和缘毛。舌状花黄色；舌片线形；管状花花冠有三角披针形裂片；冠毛1层，白色有20余个微糙毛，与管状花近等长。瘦果，圆柱形，有10条沟，顶端截形，被疏短毛。果期9~11月。

生境分布：生于海拔1200~2400米的山坡、路旁、湿润草地、河岸和田埂上。各乡镇境内都有分布。

用途：根及叶治刀伤、疔毒，煎服可平喘镇咳；花是健胃祛痰药，也治胸中丕闷、胃部膨胀、暖气、咳嗽、呕逆等。

花期及蜜源利用价值：花期7~10月，蜜粉丰富，有利于蜂群繁殖。

八十二、鸢尾科 Iridaceae

253.鸢尾属 *Iris*

(513)鸢尾 *Iris tectorum* Maxim. 土名:马兰花、马莲

形态特征:多年生草本,植株基部围有老叶残留的膜质叶鞘及纤维。根状茎粗壮,二歧分枝;须根较细而短。叶基生,黄绿色,稍弯曲,中部略宽,宽剑形,有数条不明显的纵脉。花茎光滑,顶部常有1~2个短侧枝,中、下部有1~2枚茎生叶;苞片2~3枚,内包含有1~2朵花;花蓝紫色;花梗甚短;花被管细长,上端膨大成喇叭形;花药鲜黄色,花丝细长,白色;花柱分枝扁平,淡蓝色,有疏齿,子房纺锤状圆柱形。蒴果长椭圆形或倒卵形,有6条明显的肋,成熟时自上而下3瓣裂;种子黑褐色,梨形。果期6~8月。

生境分布:生于向阳坡地、林缘及水边湿地。全县境内都有分布。

用途:根状茎治关节炎、跌打损伤、食积、肝炎等症。

花期及蜜源利用价值:花期4~5月,蜜粉量中等,可为辅助蜜源。

八十三、百合科 Liliaceae

254.萱草属 *Hemerocallis*

(514)黄花菜　*Hemerocallis citrina* Baroni

形态特征：植株一般较高大；根近肉质，中下部常有纺锤状膨大。叶7~20枚。花葶长短不一，一般稍长于叶，基部三棱形，上部多少圆柱形，有分枝；苞片披针形；花梗较短，通常长不到1厘米；花多朵，最多可达100朵；花被淡黄色，有时在花蕾时顶端带黑紫色。蒴果钝三棱状椭圆形。种子约20多个，黑色，有棱。花果期5~7月。

生境分布：立节、峰迭、城关、东山等乡境内个别农村有栽培。

用途：黄花菜是重要的经济作物。它的花经过蒸、晒，加工成干菜，即金针菜或黄花菜；根及药，可以酿酒；叶可以造纸和编织草垫。但鲜花不宜多食，会引起腹泻等中毒现象。

花期及蜜源利用价值：花期5~7月，幼蕾夜间能分泌大量甜汁，蜜、粉丰富，蜜蜂易采，可为辅助蜜源。

（515）萱草 *Hemerocallis fulva* (L.) L.

形态特征：多年生草本，根状茎短近肉质，中下部有纺锤状膨大；叶基生，排成两列，条形，一般较宽；花葶粗壮，高60～80厘米，聚伞花序复组成圆锥状，具花6～12朵，苞片卵状披针形，花早上开晚上凋谢，无香味，桔红色至桔黄色，内花被裂片下部一般有彩斑。花被管较粗短，花被合生成筒状，开花时雄蕊和花柱均伸出。蒴果矩圆形。

生境分布：生于海拔1200～1800米的山坡、灌丛中，有栽培，也有野生的。分布于东山、立节、憨班、峰迭、城关、插岗、拱坝、曲告纳、博峪境内。

用途：根作药用。

花期及蜜源利用价值：花期6～7月，有粉少量，可为辅助粉源。

255.藜芦属 *Veratrum*

(516)藜芦 *Veratrum nigrum* Linn.

形态特征：植株高可达1米，通常粗壮，基部的鞘枯死后残留为有网眼的黑色纤维网。叶椭圆形、宽卵状椭圆形或卵状披针形，薄革质，两面无毛。圆锥花序密生黑紫色花；侧生总状花序近直立伸展，通常具雄花；顶生总状花序常较侧生花序长2倍以上，几乎全部着生两性花；总轴和枝轴密生白色绵状毛；小苞片边缘和背面有毛；生于侧生花序上的花梗密生绵状毛；花被片开展或在两性花中略反折，全缘；雄蕊长为花被片的一半；子房无毛。蒴果。果期7～9月。

生境分布：生于海拔1200～3300米的山坡林下或草丛中。分布于曲瓦沟、黑峪沟，磨沟、插岗沟、卡子沟等地。

用途：根药用，有催叶祛痰、杀虫之效。

花粉形态、花期及蜜蜂的危害：花期7～9月，蜜、粉丰富，蜜蜂采食后抽搐、痉挛而死，也能毒死幼蜂和蜂王，使蜂群群势下降而减产。为有毒蜜源。

256.葱属 *Allium*

(517)韭　*Allium tuberosum* Rottler ex Sprengle

形态特征：具倾斜的横生根状茎。鳞茎簇生，近圆柱状；鳞茎外皮暗黄色至黄褐色，破裂成纤维状，呈网状或近网状。叶条形，扁平，实心，比花葶短，边缘平滑。花葶圆柱状，常具2纵棱，下部被叶鞘；总苞单侧开裂，或2~3裂，宿存；伞形花序半球状或近球状，具多但较稀疏的花；小花梗近等长，基部具小苞片；花白色；花被片常具绿色或黄绿色的中脉；花丝等长，基部合生并与花被片贴生；子房倒圆锥状球形，具3圆棱，外壁具细的疣状突起。果期7~9月。

生境分布：全县广泛栽培。

用途：叶、花葶和花均作蔬菜食用；种子入药。

花期及蜜源利用价值：花期6~7月，泌蜜丰富，分布集中区可取到商品蜜。每群可产蜜20千克左右，蜜浅琥珀色，气味芳香；但由于采割韭菜、苔影响，只可为辅助蜜源。

（518）葱　*Allium fistulosum* Linn.

形态特征：鳞茎单生，圆柱状，稀为基部膨大的卵状圆柱形；鳞茎外皮白色，稀淡红褐色，膜质至薄革质，不破裂。叶圆筒状，中空，向顶端渐狭，约与花葶等长。花葶圆柱状，中空，中部以下膨大，向顶端渐狭，约在1/3以下被叶鞘；总苞膜质，2裂；伞形花序球状，多花，较疏散；小花梗纤细，与花被片等长；花白色；花被片先端渐尖，具反折的尖头；花丝，锥形，在基部合生并与花被片贴生；子房倒卵状，腹缝线基部具不明显的蜜穴；花柱细长，伸出花被外。果期5~7月。

生境分布：全县各地广泛栽培。

用途：作蔬菜食用，鳞茎和种子亦入药。

花粉形态及花期及蜜源利用　花期5~7月，花粉黄色，卵形，外壁具网状雕纹。泌蜜20多天，泌蜜极为丰富，蜜蜂喜采，西蜂能采到商品蜜。蜜浅琥珀色，具葱味，质差。但中蜂采集葱花后会引起食物中毒，群势急剧下降，严重时会引起整群死亡。

（519）洋葱　*Allium cepa* Linn.

形态特征：鳞茎粗大，近球状至扁球状；鳞茎外皮紫红色、褐红色、淡褐红色、黄色至淡黄色，纸质至薄革质，内皮肥厚，肉质，均不破裂。叶圆筒状，中空，中部以下最粗，向上渐狭，比花葶短。花葶粗壮，中空的圆筒状，在中部以下膨大，向上渐狭，下部被叶鞘；总苞2～3裂；伞形花序球状，具多而密集的花。花粉白色；花被片具绿色中脉，矩圆状卵形；花丝等长，约在基部1/5处合生，合生部分下部的1/2与花被片贴生；子房近球状，腹缝线基部具有帘的凹陷蜜穴。果期5～7月。

生境分布：全县境内都有栽培。

用途：鳞茎供食用。

花期及蜜源利用价值：花期5～7月，蜜、粉丰富，可为辅助蜜源。但会引起中蜂中毒，不可利用。

（520）野葱 *Allium chrysanthum* Regel 土名：葱花

形态特征：鳞茎圆柱状至狭卵状圆柱形；鳞茎外皮红褐色至褐色，薄革质，常条裂。叶圆柱状，中空，比花葶短。花葶圆柱状，中空，下部被叶鞘；总苞2裂，近与伞形花序等长；伞形花序球状，具多而密集的花；小花梗近等长，略短于花被片至为其长的1.5倍，基部无小苞片；花黄色至淡黄色；花被片卵状矩圆形，钝头，外轮的稍短；花丝锥形，无齿，等长，在基部合生并与花被片贴生；子房倒卵球状，腹缝线基部无凹陷的蜜穴1；花柱伸出花被外。果期7~9月。

生境分布：生于海拔2000~4500米的山坡或草地上。分布于溪藏沟梁、博铁梁、花草坡、吊草坡等高山草坡。

用途：花可做调味品。

花期及蜜源利用价值：花期7~9月，蜜、粉少量，可为辅助蜜源。

(521)卵叶韭　*Allium ovalifolium* Hand.-Mazz.　土名:萝儿韭

形态特征：鳞茎单一或2~3枚聚生，近圆柱状；鳞茎外皮灰褐色至黑褐色，破裂成纤维状，呈明显的网状。叶2枚，靠近或近对生状，极少3枚，披针状矩圆形至卵状矩圆形；叶柄明显，同叶片的两面和叶缘常具乳头状突起，较少光滑。花葶圆柱状，下部被叶鞘；总苞2裂，宿存，稀早落；伞形花序球状，具多而密集的花；小花梗近等长，果期伸长，基部无小苞片；花白色，稀淡红色；花被片先端钝或凹陷，或具不规则小齿；花丝等长，基部合生并与花被片贴生；子房具3圆棱，基部收狭成长柄，每室1胚珠。果期6~7月。

生境分布：生于海拔1500~4000米的林下、阴湿山坡、湿地、沟边或林缘。白龙江以南各沟系林区都有分布。

用途：嫩叶可食用。

花期及蜜源利用价值：花期6~7月，蜜、粉少量，可为辅助蜜源。

（522）青甘韭 *Allium przewalskianum* Regel

形态特征：鳞茎数枚聚生，有时基部被以共同的网状鳞茎外皮，狭卵状圆柱形；鳞茎外皮红色，破裂成纤维状，呈明显的网状，常紧密地包围鳞茎。叶半圆柱状至圆柱状，具4~5纵棱，短于或略长于花葶。花葶圆柱状，下部被叶鞘；总苞与伞形花序近等长或较短，单侧开裂，具常与裂片等长的喙，宿存；伞形花序球状或半球状，具多而稍密集的花；小花梗近等长；花淡红色至深紫红色；花被片先端微钝；花丝等长，在基部合生并与花被片贴生；子房球状，基部无凹陷的蜜穴；花柱在花刚开放时被包围在3枚内轮花丝扩大部分所组成的三角锥体中，花后期伸出。果期6~9月。

生境分布：生于海拔1600~3800米的干旱山坡、石缝、灌丛下或草坡。分布于东山、坪定、插岗、拱坝境内及磨沟、三眼峪。

本种以其红色的网状鳞茎外皮而易于被识别。

花期及蜜源利用价值：花期6~9月，蜜、粉少量，可为辅助蜜源。

257.贝母属 *Fritillaria*

（523）川贝母 *Fritillaria cirrhosa* D.Don

形态特征：植株长20～40厘米。叶通常最下面的2枚对生，上面的2～3枚散生，条形，先端通常不卷曲。花通常单朵，少有2朵的，浅黄色，有黑紫色斑点；叶状苞片1枚，先端稍卷曲或不卷曲；花被片长2～3厘米，蜜腺窝不很明显；雄蕊长约为花被片的一半；花药近基着，花丝具小乳突；柱头裂片通常很短。蒴果棱上的翅很狭。果期8月。

生境分布：通常生于林中、灌丛下、草地或河滩、山谷等湿地或岩缝中。分布于曲瓦结拜梁、博铁梁、大草坡、插岗梁等地。

用途：本种是药材“川贝”的主要来源之一。

花期及蜜源利用价值：花期6～7月，蜜、粉丰富，数量较少，可为辅助蜜源。

八十四、薯蓣科 Dioscoreaceae

258.薯蓣属 *Dioscorea*

(524)穿龙薯蓣 *Dioscorea nipponica* Makino

形态特征：缠绕草质藤本。茎左旋，近无毛，长达5米。单叶互生，叶片掌状心形，变化较大，茎基部叶边缘作不等大的三角状浅裂或深裂，顶端叶片小，近于全缘，叶表面无毛或有稀疏的白色细柔毛，尤以脉上较密。花雌雄异株。雄花序为腋生的穗状花序，花序基部常由2~4朵集成小伞状，至花序顶端常为单花；花被碟形，6裂；雄蕊6枚，药内向。雌花序穗状，单生；雌花具有退化雄蕊，有时雄蕊退化仅留有花丝；雌蕊柱头3裂，裂片再2裂。蒴果成熟后枯黄色，三棱形，每棱翅状；种子每室2枚，有时仅1枚发育，四周有不等的薄膜状翅。果期8~10月。

生境分布：常生于海拔1200~1700米的山腰的河谷两侧半阴半阳的山坡灌木丛中和稀疏杂木林内及林缘。分布于瓜咱沟、磨沟、大年山、卡子沟、插岗境内。

用途：根状茎含薯蓣皂苷元是合成甾体激素药物的重要原料；民间用来治腰腿疼痛、筋骨麻木、跌打损伤、咳嗽喘息。

花期及蜜源利用价值：花期6~7月，粉丰富，可为辅助粉源。

八十五、禾本科

259.玉蜀黍属 *Zea*

(525)玉蜀黍 *Zea mays* Linn. 别名:玉米、苞谷

形态特征：一年生高大草本。秆直立，通常不分枝，高1～4米，基部各节具气生支柱根。叶鞘具横脉；叶舌膜质；叶片扁平宽大，线状披针形，基部圆形呈耳状，边缘微粗糙。顶生雄性圆锥花序大型，主轴与总状花序轴及其腋间均被细柔毛；雄性小穗孪生，小穗柄被细柔毛；两颖膜质，被纤毛；花药橙黄色。雌花序被多数宽大的鞘状苞片所包藏；雌小穗孪生，成16～30纵行排列于粗壮之序轴上，具纤毛；外稃及内稃透明膜质，雌蕊具极长而细弱的线形花柱。颖果球形或扁球形，成熟后露出颖片和稃片之外，花果期秋季。

生境分布：全县境内均有种植。

用途：主要粮食作物，果实供食用或制淀粉、糖等的原料。根、叶及须、花柱入药。新鲜秆叶可作青饲料。

花粉形态及花期及蜜源利用价值：花期6～8月，花粉淡黄色，具一单孔，近球形，外壁具细网状雕纹。花粉丰富，正常发育的雄花大约有小花2000～4000朵，蜜蜂多在上午采集花粉，在湿度大的情况下大量采粉，对蜂群繁殖和培育冬蜂及修脾、产浆、生产商品花粉等作用很大。

260、高粱属 *Sorghum*

(526)高粱　*Sorghum bicolor*(L.) Moench

形态特征：一年生草本。秆较粗壮，直立，高3~5米，基部节上具支撑根。叶鞘无毛或稍有白粉；叶舌硬膜质，先端圆，边缘有纤毛；叶片线形至线状披针形，背面淡绿色或有白粉，两面无毛，边缘软骨质，具微细小刺毛。圆锥花序疏松，主轴裸露，总梗直立或微弯曲；分枝3~7枚，轮生；每一总状花序具3~6节；雄蕊3枚，子房倒卵形；花柱分离，柱头帚状。颖果两面平凸，淡红色至红棕色，顶端微外露。有柄小穗线形至披针形，雄性或中性，宿存，褐色至暗红棕色。花果期6~9月。

生境分布：各乡镇境内均有种植。

用途：食用或供酿酒、制糖。花序可做扫帚；秆供纺织器物。

花粉形态及花期及蜜源利用价值：花期6~9月，花粉淡黄色，具一孔，近球形，外壁具细网状雕纹。群体花期15~20天，花粉丰富，蜜蜂上午采集花粉，对蜂群秋季繁殖作用大。但高粱生蚜虫后会产生甘露蜜，应防止蜜采集甘露蜜中毒。

八十六、棕榈科

261.棕搁属 *Trachycarpus*

（527）棕榈　*Trachycarpus fortune* (Hook.) H.Wendl.

形态特征：乔木状，高3～10米或更高，树干圆柱形，被不易脱落的老叶柄基部和密集的网状纤维。叶片呈3/4圆形或者近圆形，深裂成30～50片具皱折的线状剑形，裂片先端具短2裂或2齿。花序粗壮，通常是雌雄异株。雄花序具有2～3个分枝花序；雄花无梗，每2～3朵密集着生于小穗轴上，也有单生的；黄绿色，卵球形，钝三棱；花萼3片，花瓣阔卵形，雄蕊6枚，花药卵状箭头形；雌花序上有3个佛焰苞包着，具4～5个圆锥状的分枝花序，2～3回分枝；雌花淡绿色，通常2～3朵聚生；花无梗，球形，萼片3裂，基部合生，退化雄蕊6枚，心皮被银色毛。果实阔肾形，有脐，成熟时由黄色变为淡蓝色，有白粉。种子胚乳均匀，胚侧生。果期12月。

生境分布：憨班林场院内、新老城区、三眼峪园林绿化有栽培。

用途：棕皮纤维（叶鞘纤维），作绳索，编蓑衣、棕绷等；嫩叶经漂白可制扇和草帽；未开放的花苞又称“棕鱼”，可供食用；棕皮及叶柄（棕板）煅炭入药，果实、叶、花、根等亦入药。

花期及蜜源利用价值：花期5月，单株开花10天左右。蜜、粉丰富，蜜蜂爱采，对养王、分蜂、繁殖有一定价值，但数量少，只可为辅助蜜源。

八十七、香蒲科 Typhaceae

262.香蒲属 *Typha*

（528）水烛 *Typha angustifolia* Linn.

形态特征：多年生，水生或沼生草本。地上茎直立，粗壮，高达2米。叶片长达120厘米，上部扁平，中部以下腹面微凹。雌雄花序相距2~7厘米；雄花序轴具褐色扁柔毛，单出，或分叉；雌花序长15~30厘米，基部具1枚叶状苞片；雄花由3枚雄蕊合生，有时2枚或4枚组成，花粉单体，花丝短，细弱，下部合生成柄；雌花具小苞片；孕性雌花柱头窄条形或披针形，子房具褐色斑点，子房柄纤细；不孕雌花子房倒圆锥形，具褐色斑点，先端黄褐色，不育柱头短尖；白色丝状毛着生于子房柄基部，并向上延伸。果期6~9月。

生境分布：生于白龙江、拱坝河边浅水处或池塘，沼泽、沟渠亦常见。

用途：花粉即蒲黄入药；叶片用于编织、造纸等；幼叶基部和根状茎先端可作蔬食；雌花序可作枕芯和坐垫的填充物。

花期及蜜源利用价值：花期6~7月，粉量中等，可为辅助粉源。

主要参考文献

[1]甘肃省养蜂研究所.甘肃蜜源植物志[M] 兰州：甘肃科学技术出版社，1987.

[2]徐万林.中国蜜源植物[M] .哈尔滨:黑龙江科学技术出版社, 1983.

[3]甘肃植物志编辑委员会[编].甘肃植物志第二卷[M]. 兰州:甘肃科学技术出版社, 2005.

[4]中国农业科学院养蜂研究所编著.西北蜜源植物及其利用[M].银川：宁夏人民出版社, 1986.

[5]冯自诚，徐梦龙.甘南州树木图志[M] .兰州：甘肃科学技术出版社，1994.

[6]胡正海 中国西北地区20种蜜源植物的研究[M].北京：中国科学技术出版社, 1993.

[7]李平， 三种单子叶蜜源植物的花蜜腺的发育解剖学研究，《西北植物学报》 2003.:1231～1236.

[8]喻文虎.甘肃草原常见植物图集[M].兰州：甘肃科学技术出版社，2014.

[9]中国科学院西北植物研究所秦岭植物志[M]. 北京：科学出版社, 1985年

[10]梁诗魁,任再金.蜜源植物要览[M]. 北京：农业出版社,1992年

[11]罗术东,吴杰.主要有毒蜜粉源植物识别与分布[M]. 北京：化学工业出版社, 2018.

[12]罗其花, 北方地区重要的蜜粉源植物——大花溲疏 [特种经济动植物]. 2013,08.33,

[13]赵燕燕,酢浆草和车轴草作为螟黄赤眼蜂田间蜜源植物的可行性分析 《浙江农业学报》2017年第1期106～112,

[14]刘炳仑，我国14种有毒蜜源植物及其花粉形态（一）[蜜蜂杂志]. 1995,02.

[15]陈廷珠，李树军，郝泉等；山西省六道木蜜源植物分布特点及利用价值[中国蜂业]2012,33.

[16]陈廷珠，赵照林，李树军等；山西省党参蜜源植物分布及流蜜规律调查研究 [中国蜂业].2014,07.

[17]曹九明.甘肃蜜源植物概况[蜜蜂杂志].1990,04.

[18]葛佳. 大叶醉鱼草（Buddleja davidii）种质资源评价与园林应用前景研究[D]. 北京. 中国科学院大学,2013.

[19]赵利琴，张小平，张小凤；木藤蓼化学成分的分离鉴定 [食品科学].2012,7.

[20]杜品.甘南高原天然药用植物资源[M].兰州：甘肃科学技术出版社,2009,12.